每个人的Python

数学、算法和游戏编程训练营

张益珲 编著

清华大学出版社

北京

内 容 简 介

本书以数学为切入点，以 Python 编程语言为工具，介绍大量流行的编程题目的解题思路，并且提供了多种解题方案。本书涉及的编程题目领域广泛，包括数字类题目、图形类题目、字符串类题目、数据结构类题目以及游戏类题目等，由浅入深地训练读者的编程思维能力。通过本书的学习，读者可以掌握使用编程工具解决问题的核心思路，并能够独立思考和解决各种场景下的编程问题。

对于从未接触过编程的人员来说，本书以问题驱动的教学方法，因为有趣且强调动手实践，非常适合初学者快速入门。对于编程人员来说，本书介绍的解题思路和算法可以帮助编程人员提高代码质量。本书也适合编程领域的求职者使用，书中提供的编程题目很多都是面试中常见的算法问题。

本书封面贴有清华大学出版社防伪标签，无标签者不得销售。

版权所有，侵权必究。举报：010-62782989，beiqinquan@tup.tsinghua.edu.cn。

图书在版编目（CIP）数据

每个人的 Python：数学、算法和游戏编程训练营/张益珲编著. —北京：清华大学出版社，2021.9
ISBN 978-7-302-58976-1

Ⅰ. ①每… Ⅱ. ①张… Ⅲ. ①软件工具—程序设计 Ⅳ. ①TP311.561

中国版本图书馆 CIP 数据核字（2021）第 173004 号

责任编辑： 王金柱
封面设计： 王　翔
责任校对： 闫秀华
责任印制： 刘海龙

出版发行： 清华大学出版社
　　　　　网　　址： http://www.tup.com.cn，http://www.wqbook.com
　　　　　地　　址： 北京清华大学学研大厦 A 座　　　　　　　　**邮　编：** 100084
　　　　　社 总 机： 010-62770175　　　　　　　　　　　　　　　**邮　购：** 010-62786544
　　　　　投稿与读者服务： 010-62776969，c-service@tup.tsinghua.edu.cn
　　　　　质量反馈： 010-62772015，zhiliang@tup.tsinghua.edu.cn
印 装 者： 三河市天利华印刷装订有限公司
经　　销： 全国新华书店
开　　本： 190mm×260mm　　　　　**印　张：** 21　　　　　　**字　数：** 566 千字
版　　次： 2021 年 10 月第 1 版　　　　　　　　　　　　　　**印　次：** 2021 年 10 月第 1 次印刷
定　　价： 89.00 元

产品编号：087461-01

前　　言

    首先感谢读者愿意花时间阅读本书。选择本书说明你了解编程，或者至少对编程有兴趣。本书定义为一本计算机科学的编程书其实并不确切，因为书中并不会介绍晦涩难懂的编程语言语法，也不会介绍实际应用中的项目开发方法，本书只是提供了一系列的问题，然后介绍如何使用编程这种工具来解决它。但是将本书定义为数学学科的图书也不正确，虽然书中很多问题与数学有关，有时甚至需要我们了解底层的数学原理才能解决，但是同样，对于本书来说，数学也是解决问题的工具。那么，我们姑且称此书为"问题之书"吧。

    阅读任何一本书的过程实际上都是一种学习的过程，你现在最关心的应该是如何学习本书，以及本书能够带给你什么。首先，阅读本书需要有一定的编程基础，至少了解和学习过一门编程语言，当然如果掌握了 Python 编程语言就最好不过了。在本书中，每一节的开头都会提出一个问题，当你看到问题时，可以先思考如何解决，尝试自己动手编程来解决此问题，无论你是否能够成功解答，思考的过程都能使你受益，自主尝试解答后，再继续阅读书中提供的解题思路与方法，最终与自己的思考结果相结合，从而不断进步。

    在章节安排上，本书共 13 章。除了第 1 章与第 13 章之外，每一章都是一个独立的专题，并没有严格的先后顺序。因此，如果你在阅读本书时对某一章节的内容不太感兴趣，完全可以跳过它。但是笔者依然建议按照书中章节的安排顺序进行阅读，从易到难的学习节奏对大多数读者来说是更科学的。本书中的示例题目收集自互联网上流行的编程训练集，笔者对其中的题目大多都进行了修正和改编，以期更适合入门级的读者学习。

    第 1 章是本书的入门章节，本书中提供的问题解答示例都是以 Python 编程语言为基础进行编程解答的，因此读者需要对 Python 编程语言本身有简单的了解。在本章中，将首先为读者介绍 Python 语言在编程领域的用武之地，本书之所以选择 Python 作为主语言，正是由于其拥有使用简单、应用广泛的特点。你完全不需要担心没有基础能否顺利地学习，本章会对 Python 中核心的基础语法进行介绍，只要掌握了这些技能，阅读本书的后续章节就不会有任何障碍。本章也将带领读者一起安装完成 Python 编程所需的相关开发环境。

    第 2 章以数学为切入点，介绍编程在数学领域的应用方式，也将向读者介绍一些基础的计算机原理知识，帮助读者理解程序的工作原理。

    第 3、4 章提供了一系列与数字相关的编程题。第 3 章主要介绍特殊的数字，比如阿姆斯特朗数、回文数、完全平方数等。第 4 章主要介绍与数字计算相关的编程题，例如二进制运算、分数运算等。通过这些题目的练习，能够使读者更加深刻地理解二进制，运用二进制。

    第 5 章介绍的编程题都与几何图形相关，与图形相关的题目能够锻炼大脑的抽象思维能力。本章提供的题目重点关注生活中几何图形的点、线、面的关系，其中可能会使用到一些简单的几何定理，但更多需要读者对问题进行思考与分析，设计出合适的算法来编写程序解决问题。

第 6、7 章的题目都与字符相关，字符与字符串的操作是实际编程工作中非常重要的技能，因此本章提供的题目相对更加面向应用，在计算机语义识别、数据整理与报表等诸多领域，字符串操作技术都有广泛应用。

第 8~10 章是计算机数据结构相关的内容，通过对数组、链表、堆栈和树相关结构的题目进行练习，可以帮助读者更加深入地理解数据结构的原理以及数据结构设计的巧妙之处。这几章的题目难度也略高。

第 11、12 章以游戏的方式来介绍编程题目，在数学上，我们也称此类题目为应用题。其中提供的大部分题目都来自生活中的场景，如何将生活场景问题进行抽象，之后通过编程的方式解决，是本章的核心内容。

第 13 章是本书的附加章节，当读者完成本书前 12 章的学习后，相信对编程也会有新的理解。此时对于读者来说，编程不应该是结束，而是新的开始。本章将向读者介绍更多 Python 编程领域，例如网站开发、游戏开发等，读者可以选择自己感兴趣的内容继续深入学习。

最后，对于本书的出版，感谢支持笔者的家人和朋友，感谢清华大学出版社王金柱编辑的勤劳付出。在王编辑的指导下，笔者才得以完成本书的章节规划、内容修正等工作。重中之重是感谢读者的耐心，笔者由衷地希望本书可以带给读者预期的收获。无论是学习还是工作，都希望读者在阅读本书后能够更上一层楼。同时，由于编者水平所限，书中难免出现疏漏和欠妥之处，欢迎读者批评指正。

本书源码获取

读者可用微信扫描下方的二维码下载本书源代码。如果在学习本书的过程中遇到问题，请联系 booksaga@163.com，邮件主题为"每个人的 Python：数学、算法和游戏编程训练营"。

张益珲

2021 年 4 月 24 日

目　　录

第1章

走进 Python 世界

修行的路总是孤独的，因为智慧必然来自孤独。

——龙应台

计算机运行程序的本质是按照开发者的意图执行任务。编写程序实际上就是将要执行的任务指派给计算机完成。如何能够让计算机正确理解我们的意图呢？这就需要使用计算机可以理解的语言来和计算机交流。编程语言就是我们与计算机交流的工具。目前，编程语言的种类成百上千，十分流行的编程语言也有数十种，这些编程语言各有特色，其适用的场景也不尽相同。要学习编程，首先需要选择一门适合自己的编程语言，这就如行走江湖需要一件顺手的兵器一样。

本章将介绍一件编程界的"神兵利器"：Python 编程语言。无论这件兵器是不是你行走编程江湖的第一件兵器，熟练掌握 Python 编程语言的使用，一定会使你的编程能力和思维能力大大提升。

如果你是编程初学者，那么在进入编程世界之前，还有一句话要送给你：修行的路总是孤独的，因为智慧必然来自孤独。学习编程的过程也是一个修行的过程，在刚开始学习时，你可能会觉得枯燥无味，但是只要坚持不懈，相信 Python 带来的收获一定比你想象中的还要多。

1.1　认识 Python

Python 是一种应用非常广泛、语法简单、上手快的编程语言。由于其这种特点，在各个领域内工作者都可以用 Python 作为工具来帮助自己提高工作效率。在学习 Python 编程语言之前，我们首先简单地了解一下 Python。

 ### 1.1.1　Python 的由来

吉多·范罗苏姆是一名荷兰计算机程序员，他的名字之所以被人熟知，是由于他就是大名鼎鼎的 Python 编程语言的作者。相传，在 1989 年的圣诞节期间，吉多为了打发节日无聊的时间，决定开发一种新的脚本解释程序，其就是 Python 编程语言的最初版本。这种编程语言之所以取名为 Python，传言是吉多从当时社会上非常流行的一部电视喜剧《蒙提·派森的飞行马戏团》获取的灵感。

Python编程语言的发明过程貌似有些戏剧化，但是并非偶然。实际上，Python语言是ABC语言的一种继承与发展，ABC语言是吉多之前参加设计的一种教学语言。ABC语言由于其封闭性并没有取得成功，但是由它发展而来的Python已经成为当今最受欢迎的程序设计语言之一。

每一种优秀的编程语言的设计都有其宗旨，这些宗旨也被称为编程语言的设计哲学。Python 编程语言的设计哲学简单概括就是 3 个词语："优雅""明确""简单"。"优雅"是指 Python 编程风格上的优雅，其使用缩进来匹配代码块，使用终极简洁的方式来组织代码逻辑，使得 Python 的使用者在编写代码时有着"畅快淋漓"的编程体验。"明确"也是 Python 编程语言的一大特点，其提倡解决某个问题只使用一种方法，且使用最高效、最简洁的方法。"简单"是指 Python 的语法简单，入门简单，并且拥有丰富的模块支持，开发者可以使用最少的代码实现所需要的功能。

牢记"优雅""明确""简单"这 3 个词语，这将贯穿本书的整个学习过程。

1.1.2 Python 可以做什么

Python 可以做什么？这是一个比较难回答的问题。编程语言只是一种工具，Python 能做什么其实更多取决于你想使用它做什么。下面我们从几个方面简单举例说明 Python 的一些应用场景。

1. Python 可以编写工具脚本

Python 本身就是一种脚本语言，其有非常强大的文件访问能力，因此用 Python 编写脚本工具十分方便。无论你做什么工作，脚本工具都可以大大提高生产力，图片处理工具、表格处理工具、自动化工作流等都可以使用 Python 脚本实现。

2. Python 可以编写跨平台的桌面软件

桌面软件指运行在 PC 机上的软件，Python 拥有很好的跨平台特性，使用其编写的软件可以在 Windows、Mac OS 和 Linux 上完美运行。并且，Python 有许多扩展模块可以支持页面相关的开发，对于开发桌面软件来说，Python 非常高效。

3. Python 可以开发游戏

如果你热爱游戏，Python 也可以满足你，基于 Python 的优秀游戏引擎并不少。借助这些游戏引擎可以十分轻松地开发出炫酷的跨平台游戏。

4. Python 可以开发大型网站

虽然 Python 的使用非常简单，但是其功能并不弱。使用基础 Python 的 Web 框架完全可以开发出大型的 Web 项目，目前非常多的大型商业 Web 项目都是使用 Python 开发的。

5. Python 可以开发后台接口

Python 的后台接口处理功能也非常强大，使用其可以开发后台接口为前端应用提供数据支持。

6. Python 可以进行科学计算

由于 Python 的学习成本很低，且有庞大的模块库可以支持各种功能，因此在科学计算、人工智能、机器学习领域也是很好的选择。目前非常流行的人脸识别开源库都对应有 Python 实现的应用层接口。

7. Python 可以编写网页爬虫

Python 有着强大的网络访问和数据处理能力，使用一些开源的模块可以方便地编写爬虫程序，在数据统计、数据整理与归纳等方面有着广泛的应用。

8. Python 可以编写自动化工具

自动化测试、自动化程序打包、自动化发布等工具都可以使用 Python 进行开发，这些工具不仅可以提高工作效率，还能保障产品交付的可靠性。

上面列举了很多 Python 应用的场景，掌握这样一门优秀的编程语言定能使你受益匪浅。

1.2　开发环境准备

在正式开始学习编程前，我们首先需要准备好开发环境。就像上战场前必须有顺手的武器一样，有好的工具可以让你的学习效率事半功倍。本书中介绍的编程方法和解题思路都是以 Python 语言为载体的，因此我们首先需要安装 Python 语言包。

1.2.1　安装 Python 语言包

如果你使用的是 Mac OS 系统的计算机，那么系统中一般会预置 Python 语言程序，使用系统的终端应用可以检查你是否已安装了 Python，在终端中输入如下指令：

```
python --version
```

如果终端有输出 Python 的版本，则表明已经内置了 Python 语言程序，可以直接使用，如果没有，则需要手动安装 Python 程序，可以在 Python 官网下载 Python 的安装程序，网址为 https://www.python.org/downloads/。

在官网的下载列表中，可以看到有许多 Python 版本，为了便于学习，我们统一使用 Python 3.6.4 版本。下载安装包后，直接双击安装程序安装即可。

安装完成后，在终端输入 python 即可进入 Python 交互模式，命令如下：

```
-> ~python
Python 3.6.4 (default, Apr 30 2018, 20:32:30)
[GCC 4.2.1 Compatible Apple LLVM 9.1.0 (clang-902.0.39.1)] on darwin
Type "help", "copyright", "credits" or "license" for more information.
>>>
```

在交互模式中，可以直接输入 Python 代码来运行，例如输入如下代码将进行简单的数学运算并将结果输出在终端：

```
10 + 10
```

要退出 Python 交互模式，输入如下命令即可：

```
quit()
```

现在，我们已经可以使用终端中的可交互环境执行 Python 代码，但这远远不够，下一小节将给大家介绍一款编写和运行 Python 程序的神器。

1.2.2 使用 Sublime Text 编程工具

在终端中启用Python交互模式虽然可以运行Python脚本代码，但是代码的编写非常不方便，运行的结果也不太直观。我们需要使用一个更加高级的工具来进行 Python 代码的编写和运行。

关于 Python 开发，可以使用的编辑器很多，也有非常强大的集成开发环境可以使用。作为学习使用，Sublime Text 是一款非常优秀的编辑器，首先其非常小巧，纯粹的编辑器很小，下载即可使用，并且其支持插件包的安装和运行脚本的配置，通过插件包可以实现编写代码时的语法高亮提示、自动补全等功能，通过配置运行脚本可以在 Sublime Text 编辑器中直接运行编写的代码，十分方便。

首先下载 Sublime Text 3 软件，下载地址为 http://www.sublimetext.com/3。

上面的网站中会提供各个系统平台的 Sublime Text 3 软件下载，选择自己所使用的平台对应的版本即可。安装软件后，还需要安装 Package Control 工具，Package Control 用来安装和管理 Sublime Text 中的插件。Package Control 的安装也非常简单，安装教程网址为 https://packagecontrol.io/installation。

安装 Package Control 工具后，在 Sublime Text 中使用 Command+Shift+P 组合键可以呼出 Sublime Text 的命令面板，在其中输入 Install Package 即可筛选出 Package Control 提供的安装插件包的相关功能，如图 1-1 所示。

选择其中的 Install Package 选项后，会弹出可用的插件列表，如图 1-2 所示。需要注意，插件列表的加载可能需要一段时间，需要耐心等待。

在插件列表中搜索 SublimeCodeIntel 插件，这个插件非常强大，其支持多种编程语言，可以提供语法补全、关键字高亮等功能，当然也支持 Python 编程语言。

```
install Package

Package Control: Install Package

Package Control: Install Local Dependency

Package Control: Advanced Install Package
```

图 1-1 使用 Package Control 安装插件

```
1337 Color Scheme
1337 - A Color Scheme for dark Sublime Text
install v1.1.0; github.com/MarkMichos/1337-Scheme

1Self
Track your activity with the 1self Sublime Text 2/3 Plugin
install v0.0.17; www.1self.co/

3024 Color Scheme
3024 theme for TextMate & Sublime Text
install v2014.04.29.09.25.21; github.com/0x3024

3D Tool (Async Burst-Mode)
Asynchronous Burst-Mode 3D Tool for Sublime Text
install v0.1.1; github.com/leoheck/sublime-3d-tool

3v4l Uploader
A SublimeText Package to upload PHP Scripts to 3v4l
install v1.0.0; github.com/onlineth/3v4l Uploader
```

图 1-2 可安装的插件列表

安装完成需要使用的插件后，我们还需要配置运行脚本。打开 Sublime Text 编辑器，在其菜单中选择 Tools→Build System→New Build System 选项来新建一个运行脚本，在打开的文件中输入如下配置项：

```
{
    "cmd": ["python", "$file"],
    "selector": "source.py"
}
```

保存文件，将配置文件命名为 Python3.sublime-build 即可。之后重启 SublimeText，新建一个 Python 源码文件，例如命名为 test.py，即可在其中编写 Python 代码，当需要运行代码时，只需要使用 Command+B 即可启动运行脚本。并且在编写代码时，通过 SublimeCodeIntel 插件的帮助，语法提示与关键字高亮的功能非常好用，如图 1-3 所示。

需要注意，上面所设置的按键中有使用 Command 键，这个按键是 Mac 计算机键盘所特有的，如果你使用的是其他类型的键盘，可以使用 Ctrl 键代替。

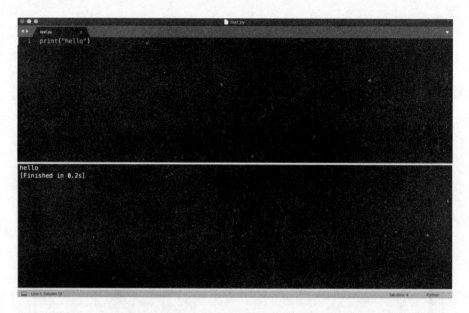

图 1-3　在 Sublime Text 中编写和运行 Python 代码

1.3　编程中的基础概念

阅读本书需要有一定的计算机操作能力，但是并不要求你有编程基础。因此，在学习之前还有一件重要的事情，我们需要先对编程中所涉及的基础概念有一个简单的了解。这样在之后的学习中可以有效避免因理解偏差而产生的疑惑。本节将逐一介绍这些重要概念。

1.3.1　面向过程编程中的基础概念

根据编程思想的不同，编程可以分为面向过程编程与面向对象编程。面向过程编程注重具体的算法与逻辑，面向对象编程则注重抽象的属性与行为。在学习算法和编程思路时，一般都以面向过程的思想来编程，本书也主要采用面向过程的编程方式来进行讲解，并且本书提供的示例代码大多是面向过程的。但是在实际的项目开发中，更多使用面向对象的思想来编程，面向对象的编程方式有着更好的复用性与扩展性，可以大大提高大型项目的开发效率。

下面将介绍在面向过程编程中常见的几个基础概念。

1. 数据类型

编程的本质是数据结构加算法。数据结构是指计算机存储、组织数据的方式。不同的数据结构实际上构成了不同的数据类型。Python 中的数据类型分为标准数据类型与自定义数据类型。

标准数据类型有 6 种，分别为 Number（数字）类型、String（字符串）类型、List（列表）类型、Tuple（元组）类型、Set（集合）类型、Dictionary（字典）类型。不同的数据类型用来描述不同的数据，例如 Number 类型专门用来描述数字数据，如整数、小数等。

自定义类型通常指自定义的类，类在面向对象编程中非常重要，后面会介绍。

2. 变量

在编程中，变量是一个非常重要的概念。简单理解，变量是用来存放数据的容器，在一些编程语言中，变量也有类型，指定类型的变量只能存放指定类型的数据，例如整型的变量只能存放整型的数据。在 Python 中，数据有类型，但是变量本身没有类型，Python 中的变量可以存放任意类型的数据，使用起来十分方便。

3. 函数

函数是一段拥有具体功能的代码块，在需要使用函数的功能时，只需要简单地进行调用即可。由于函数的存在，使得我们编写的程序可以复用，软件开发的过程也变得可拆解。编程中的函数有 3 要素：参数、返回值和函数体。参数决定函数的输入，返回值决定函数的输出，函数体是具体的函数功能代码。

4. 表达式

表达式是组成程序逻辑的最小单元。在 Python 中，通常一个表达式独占一行，表达式可以是某个逻辑结构，例如条件判断逻辑，也可以是一个运算过程，例如进行数学运算。表达式描述了程序的运行逻辑。

5. 流程控制

流程控制是编程中的一种专业术语，编程语言都会有流程控制的功能，不然就无法实现复杂的程序逻辑。几乎所有编程语言都有这样几种流程控制语句：条件语句、循环语句和中断语句。

6. 算法

算法并不是编程中特有的概念，其是指解决问题的方案。编程的目的是解决问题，无论是理论上的问题还是应用上的问题，实际上都是通过算法来解决的。算法也是程序的灵魂，好的算法可以用最高的效率解决最复杂的问题。

7. 时间复杂度

时间复杂度是描述算法优劣的一种维度，通常情况下，随着算法输入规模的增加，时间复杂度越小的算法性能表现会越好，算法执行所消耗的时间越短。

8. 空间复杂度

与时间复杂度类似，空间复杂度也是描述算法优劣的一种维度，空间复杂度决定了随着算法输入规模的增加，算法执行所需占用空间的情况。很多时候，时间复杂度低的算法往往空间复杂度会高，空间复杂度低的算法时间复杂度相对会高。

9. 运算符

从字面意思上理解，运算符即用来执行运算的符号。在编程中，大部分的表达式都是由变量和运算符构成的，变量用来存储数据，运算符用来对数据进行运算。Python 中默认集成了常用的数学运算相关的运算符，使用十分方便。

10. 内存

任何程序的运行都需要开辟内存，从硬件上讲，内存是计算机中的一种快速存储设备，从逻辑上讲，内存可以理解为一大块存储数据的空间，程序运行前都会被先加载到内存中，在编程时，创建的变量、函数等各种数据也都会临时存储在内存中。

1.3.2　面向对象编程中的基础概念

面向对象是一种软件开发方法，其核心为将数据和方法组织成一个整体，从而更抽象地对软件的结构进行设计。早期的计算机更多是用来进行算数运算，因此编程方式也大多是面向过程的，只需要设计一个算法即可解决当前的问题。随着计算机越来越普及，功能越来越强大，产生了更多生活类应用和游戏类应用需要编程人员开发，这种与现实生活非常契合的软件使用面向过程的方式开发会变得异常复杂，从而面向对象的编程方法开始流行。

1. 类

编程中的类与生活中的分类有些许类似，类用来描述一种事物，生活中的一种事物可以通过属性和行为进行描述；就像天空中飞翔的小鸟都有一些共性，从属性上来讲，它们都有翅膀、羽毛等，从行为上来讲，它们都能够飞翔。如果我们要编写一个游戏程序，其中有飞鸟这种元素，就可以将其设计为一个类。Python 是一种面向对象的语言，其本身支持类的定义。

2. 属性

属性是针对类而言的，类中存储的数据被称为属性，与变量不同的是，类中的属性是与具体的实例相绑定的，有相关实际意义，例如编程中定义的飞鸟类有羽毛属性，不同的飞鸟其羽毛的长短和颜色都可能不同。

3. 方法

方法是类中定义的函数，其描述类的行为，通常表示一种动作。属性和方法是类中重要的两个概念。

4. 对象

对象是类的实例，类是对象的模板。在面向对象编程中，我们所操作的大部分数据都是对象。

5. 继承

继承是面向对象编程中的一种特性，继承可以使得子类具有父类的属性和方法，并且允许子类对父类进行修改和扩展。通过继承增强了代码的复用性，提高了架构的可扩展性。继承、多态与封装是面向对象编程的三个基本特征。

6. 多态

多态是面向对象编程中的一种特性，在编程时，开发者可以通过定义接口的方式来将具体的实现延后，相同的接口可以有多种不同的实现，通过这种技术可以实现同一操作作用于不同的对象时产生不同的结果。

7. 封装

封装即隐藏对象的属性和实现细节，在面向对象编程中，类就是一种很好的封装，其将属性和方法聚合在类的内部，只对外暴露交互接口。

1.4 Python 语法初步

为什么 Python 这么流行，很重要的一点就是其语法简单，上手容易，入门快，初学者很容易就能掌握其语法。Python 语言本身只封装了基础的功能，针对不同的开发场景，开发者可以选择使用不同的 Python 扩展框架或模块。本节将对 Python 语法进行初步的学习，为后面的解题之旅做好准备。

1.4.1 编程风格

如果你有类 C 语言的编程经验，那么 Python 语言的语法可能会使你感到不太习惯。在 Python 中，你会很少看到大括号，但是会发现有非常多的缩进。Python 使用缩进来区分代码块，在 Python 中缩进的空格数量是可变的，但是用来区别代码块的缩进必须有相同的空格数。例如下面这段语句：

```
if True:
    print("真")
else:
    print("假")
```

上面的代码是 Python 中简单的分支逻辑语句，if 判断如果成立，会进入之后紧随的代码块，否则会进入 else 对应的代码块。

在 Python 中，一般一条语句独占一行，在实际编程中有时会出现很长的一条语句，这时我们可以使用符号"\"来进行折行，折行不会中断 Python 的语句本身，这条语句依然会被当成一条语句进行处理，例如：

```
params_one = 1
params_two = 2
params_three = 3
params_four = 4
total =  params_one + \
        params_two + \
         params_three+ \
         params_four
print(total)
```

字符串是编程中的一种重要的数据类型，在 Python 中，使用单引号、双引号或者三引号来定义字符串。其中使用三引号可以定义多行字符串，示例如下：

```
'HelloWorld'
"HelloWorld"
"""Hello
World"""
'''
Hello
World
'''
```

由于三引号可以方便地定义多行字符串，因此在很多 Python 项目中都会使用三引号来编写注释。注释在 Python 中其实还有一种更加标准的方式，即使用"#"号来将某行内容设置为注释内容，示例如下：

```
# 这里是注释的代码
```

注释虽然本身对程序的运行没有任何影响，但是优秀的代码离不开注释，尤其是代码的接口部分，优雅地编写注释可以减少多人项目对接时产生的各种问题。

最后，我们来看一下 Python 中的输出，print 函数用来将数据输出到控制台，对于脚本程序来说，输出信息有着非常重要的作用，开发者使用输出函数可以实时地定位到程序运行过程中的问题，当程序被用户使用时，有输出提示的程序也可以帮助用户更好地进行使用。

 ## 1.4.2 变量与数据类型

关于变量与数据类型的概念，前面我们提到过，变量用来存储数据，因此定义一个变量就意味着在内存中开辟一块用来存储的空间。Python 中的变量本身没有类型，可以将任意类型的数据赋值给变量。

Python与大多数语言一样，符号"="用来进行变量赋值，"="也被称为赋值运算符。变量需要有一个名字，变量的命名非常重要，原则上变量的命名要见名知意，例如下面创建的变量：

```
# 姓名
name = "珲少"
# 年龄
age = 29
```

在变量赋值时，Python 支持同时对多个变量进行赋值，如下：

```
name = first_name = last_name = "Lucy"
one, two, three = 1, 2, 3
```

在上面的代码中，变量 name、first_name、last_name 都被赋值为"Lucy"，变量 one、two、three 分别被赋值为 1、2 和 3。

Python 中有 6 种标准的数据类型，分别为数值、字符串、列表、元组、集合和字典。

数值类型用来存储数值数据，数值有 3 种，即整型数值、浮点型数值和复数数值。在编程中，使用最多的数值是整型数值，浮点型用来存储带小数的数值，复数更多用在数学运算中，示例代码如下：

```
a = 10       # 整数
b = 3.14     # 浮点数
c = 3.14j    # 复数
```

字符串类型是基本的文本数据类型，在 Python 中，通过索引可以方便地对字符串进行截取。字符串的索引有两种计算方式，从左到右计算时，最左边的索引为 0，依次相加。从右向左计算时，最右边的索引为–1，依次相减。示例如下：

```
string = "HelloWorld"
print(string[0:3])     #按照从左向右的索引截取第 1 个到第 3 个字符，结果为 Hel
print(string[-3:-1])   #按照从右向左的索引截取倒数第 3 个到倒数第 2 个字符，结果为 rl
print(string[:2])      #从头开始截取，截取到第 2 个字符，结果为 He
print(string[2:])      #从第 3 个字符开始，截取到最后，结果为 lloWorld
print(string[:])       #从开始截取到结束，结果为 HelloWorld
```

需要注意，进行字符串的截取时，设置的左边边界会被包含，右边边界不会被包含。使用类似的方式也可以通过下标获取到字符串中某个位置的字符，例如：

```
print(string[2])       #获取下标为 2 的字符，结果为 l
print(string[-1])      #获取下标为–1 的字符，结果为 d
```

关于字符串的截取，还有一个非常有意思的用法，我们可以设置截取字符串时参考的步长。假设我们需要将字符串每隔一个字符进行截取，可以这样做：

```
print(string[::2]) #以 2 为步长进行截取，结果为 Hlool
```

Python 中的字符串也可以直接进行相加与相乘操作，这在许多编程语言中是做不到的，我们可以直接将两个字符串相加来组成新的字符串，也可以将字符串乘以一个整数实现字符串的复制，例如：

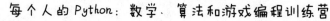

```
print("Hello" + "World")        #作用和字符串拼接一样，结果为 HelloWorld
print("Hello" * 3)              #结果为 HelloHelloHello
```

列表用来有序地存储一组数据，Python 中使用中括号来创建列表，例如：

```
list = [1, "2", 3.14]
```

列表是一个复合的数据容器，其内部可以存放任意类型的数据。和字符串类似，列表也可以通过下标来获取其中的元素或者对其进行截取，也可以进行加法与乘法运算，示例代码如下：

```
print(list[1])                  #获取列表中的第 2 个元素 结果为"2"
print(list[0:2])                #截取列表 结果为[1, '2']
print([1, 2] + [3, 4])          #列表拼接 结果[1, 2, 3, 4]
print([1, 2] * 3)               #列表复制 结果为[1, 2, 3, 4]
```

元组是一种数据容器，其用法和列表很像，元组也是通过下标来进行访问的，可以截取，进行加法运算和乘法运算。不同的是，列表支持修改，通过下标可以修改列表中的元素，元组不能进行修改，请看下面的示例：

```
list = [1, "2", 3.14]
tuple = (1, 2, 3)
list[0] = 0             #修改列表中的第一个元素
tuple[0] = 0            #不可以修改元组中的元素，会报错
```

集合是 Python 中提供的一种无序的容器类型，其中的元素无序且不可重复，例如：

```
set = {1, 2, 3, 1}
print(set) #{1, 2, 3}
```

在数学中，集合可以进行交集、并集、补集、非集等运算，Python 中的集合也是一样，示例如下：

```
set1 = {1, 2, 3}
set2 = {2, 3, 4}
print(set1 | set2) #求并集 {1, 2, 3, 4}
print(set1 & set2) #求交集 {2, 3}
print(set1 - set2) #求集合 1 中包含，集合 2 中不包含的元素
print(set1 ^ set2) #求集合 1 和集合 2 并集的补集{1, 4}
```

字典用来进行键值对的存储，在字典中，值可以重复，键必须是唯一的。字典不是通过下标来获取元素的，而是通过键来获取值的，示例代码如下：

```
dic = {"a":1, "b": "Hello"}
print(dic["a"]) #结果为 1
```

上面介绍的几种基本数据类型在 Python 中非常重要，它们是组成程序数据结构的基本骨架。

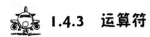 ### 1.4.3 运算符

我们知道，大部分表达式都是由运算符与操作数组成的。Python 中的运算符很多，可以分为如下几类：

- 算数运算符。
- 比较运算符。
- 赋值运算符。
- 逻辑运算符。
- 位运算符。
- 成员运算符。
- 身份运算符。

算数运算符用来进行简单的数学运算，例如加减乘除、取整、取余等。示例代码如下：

```
print(1 + 1)        #加法运算，结果为 2
print(10 - 4)       #减法运算，结果为 6
print(2 * 2)        #乘法运算，结果为 4
print(10 / 2)       #除法运算，结果为 5
print(10 % 3)       #取余运算，结果为 1
print(10 // 3)      #取整运算，结果为 3
print(2 ** 3)       #幂运算，结果为 8
```

比较运算符用来进行数据的比较，比较后会返回一个布尔值作为结果。布尔类型的数据只可能有两种值：一种为 True，表示真；另一种为 False，表示假。比较运算符的使用举例如下：

```
print(1 == 2)       #相等比较，结果为 False
print(1 != 2)       #不相等比较，结果为 True
print(1 > 2)        #大于比较，结果为 False
print(1 < 2)        #小于比较，结果为 True
print(1 >= 2)       #大于等于比较，结果为 False
print(1 <= 2)       #小于等于比较，结果为 True
```

赋值运算符只有一个作用，就是将数据的值设置给变量。最常用的赋值运算符为 "="，Python 中还提供了许多复合赋值运算符，可以将运算与赋值结合，示例代码如下：

```
a = 1           #普通赋值
a += 2          #相当于 a = a + 2
a -= 2          #相当于 a = a - 2
a *= 2          #相当于 a = a * 2
a /= 2          #相当于 a = a / 2
a %= 2          #相当于 a = a % 2
a **= 2         #相当于 a = a ** 2
a //= 2         #相当于 a = a // 2
```

位运算符的作用是将数据按二进制位进行运算，在计算机中，所有的数据都是以二进制的方式存储的，关于二进制的相关知识，这里我们不做过多介绍，你只需要明白在二进制中只有 0 和 1 两种数字即可。Python 中的位运算包括按位与运算、按位或运算、按位异或运算、按位取反运算、按位左移运算和按位右移运算。按位与运算规定进行运算的二进制位都为 1 时结果为 1，否则为 0。按位或运算规定进行运算的二进制位有一个为 1 时结果就为 1，否则为 0。按位异或运算规定进行运算的两个二进制位相异时结果为 1，否则为 0。按位取反运算规定将为 1 的位置为 0，为 0 的位置为 1。按位左移与按位右移运算是指将整体二进制位左移或右移若干位。示例代码如下：

```python
print(1 & 2)        #按位与运算，结果为 0
print(1 | 2)        #按位或运算，结果为 3
print(1 ^ 2)        #按位异或运算，结果为 3
print(~2)           #按位取反运算，结果为 -3
print(1 << 2)       #按位左移，结果为 4
print(4 >> 2)       #按位右移，结果为 1
```

其中按位取反运算后，结果与运算前差异很大，这是由于计算机存储负数使用的是补码的方式。在位运算中还有一个有趣的地方，按位左移与按位右移实际上就是对数值进行乘以 2 和除以 2 的操作。

逻辑运算符用来对布尔值进行运算，Python 中的逻辑运算符有 3 种：and、or 和 not。and 进行逻辑与运算，or 进行逻辑或运算，not 进行逻辑非运算，示例如下：

```python
print(True and False)        #结果为 False
print(True or False)         #结果为 True
print(not True)              #结果为 False
```

成员运算符用来检查包含关系。在 Python 中有很多集合类型，例如字符串、列表、元组等。成员运算符用来判断某个元素是否包含在集合中，示例如下：

```python
print(1 in [1, 2, 3])        # 包含，结果为 True
print(1 not in (1, 2, 3))    #不包含，结果为 False
```

身份运算符用来判断变量引用的对象是不是同一个对象，示例如下：

```python
a = [1, 2, 3]
b = a
c = [1, 2, 3]
print(a is b)           #True
print(a is not c)       #True
```

关于运算符，还有一点需要注意，在数学中运算是有优先级的，四则运算中是先乘除后加减，Python 中的运算符也是这样的，当一个表达式中有多个运算符时，优先级高的运算符会先运算。运算符的优先级从高到低依次如表 1-1 所示。

表 1-1 运算符的优先级

运 算 符	优 先 级
**	低
~、+（正号）、-（负号）	
*、/、%、//	
+、-	
>>、<<	
&	
^、|	
<=、>=、<、>	
==、!=	
=、%=、/=、//=、-=、+=、*=、**=	
is、is not	
in、not in	
not、and，or	高

通常情况下，无须对运算符的优先级做强制记忆，如果必要，可以使用小括号强制指定运算顺序。

1.4.4 流程控制语句

默认情况下，代码都是根据语句的先后顺序执行的，但是并非所有的程序逻辑都是顺序的，流程控制是一个程序的灵魂。条件语句、循环语句和中断语句是常用的流程控制语句。

条件语句用来构建分支结构，即程序执行时根据条件选择要执行的逻辑，例如：

```
if 1 > 2:
    print("成立")
print("后续逻辑")
```

对于 if 条件语句，如果其判定的条件结果为 True，则会执行 if 代码块内的代码，否则会直接跳过。也可以将 if 与 else 结合使用，示例如下：

```
if 1 > 2:
    print("成立")
else :
    print("不成立")
print("后续逻辑")
```

在 if-else 语句中，如果要判定的条件结果为 True，则会执行 if 代码块内部的代码，否则会执行 else 代码块内部的代码，if-else 是一种常用的二选一结构。如果有多种分支条件，可以使用 if-elif-else 结构，示例如下：

```
s = 90
if s > 85:
```

```
    print("优秀")
elif s > 70:
    print("良好")
elif s >= 60:
    print("及格")
else:
    print("不及格")
```

循环语句用来使某段逻辑重复执行，Python 中有 while 循环和 for 循环两种循环结构。while 循环比较简单，其首先会进行循环条件的判定，如果条件满足，则会执行循环体中的代码，循环体中的代码执行完成后会再次进行循环条件的判断，如果依然满足循环条件，会重复执行循环体中的代码，直到循环条件不满足为止，示例如下：

```
count = 1
sum = 0
while count < 100:
    sum += count
    count += 1
print(sum)
```

while-else 结构也可以组合使用，当不满足循环条件时，会执行 else 代码块中的代码，示例如下：

```
count = 1
sum = 0
while count < 100:
    sum += count
    count += 1
else:
    print(count)
print(sum)
```

需要注意，一般在 while 循环体中都要对循环变量进行操作，否则可能会产生无限循环。for 循环是 Python 中提供的一种专门用来进行集合遍历的结构，使用十分方便，示例如下：

```
list = [2, 4, 5, 2, 1, 9]
for item in list:
    print(item)          # 按列表顺序输出其中的元素
```

同样的，for-else 也可以结合使用：

```
list = [2, 4, 5, 2, 1, 9]
for item in list:
    print(item)          # 按列表顺序输出其中的元素
else:
    print("end")
```

　　循环语句通常需要配合中断语句一起使用，中断语句提供了一种方式可以快速地跳出循环而不用依赖循环变量。break 语句可以直接跳出当前的循环结构，示例如下：

```
sum = 0
count = 1
while count < 100:
    sum += count
    if sum > 100:
        break
else:
    print("end")
print(sum)
```

　　上面的代码中，当 sum 变量的值大于 100 的时候就会终止循环，使用 break 中断语句后，不改变循环变量的值也可以避免死循环的产生。Python 中的中断语句除了 break 外，还有 continue 语句，continue 语句的特点是跳过本次循环。需要注意，是跳过本次循环，而不是跳出循环结构，示例如下：

```
count = 1
while count < 5:
    count += 1
    if count ==3:
        continue
    print(count)
```

　　执行上面的代码，从打印信息可以看到，当 count 等于 3 时没有执行打印语句，即跳过了本次循环，直接进行循环条件的判定，进入下一轮循环。

1.4.5　常用的数学函数

　　我们前面一直在强调 Python 是一种入门简单、上手快的编程语言。之所以上手快，是因为其内部默认提供了很多常用的函数，开发者不需要再编写过多的代码即可实现自己想要的功能。在编程中，经常会使用到各种各样的数学运算，几乎所有常用的数学运算在 Python 中都有默认封装。示例如下：

```
import math
print(abs(-10))              #求绝对值
print(math.ceil(3.14))       #向上取整
print(math.exp(2))           #计算自然常数 e 的指数
print(math.floor(3.14))      #向下取整
print(math.log(100, 10))     #计算某个底数的对数（第 2 个参数为底）
print(math.log10(100))       #计算以 10 为底的对数
print(max(3,5,7,4,1))        #获取一组数中的最大值
print(min(3,5,4,1,6))        #获取一组数中的最小值
print(math.modf(3.14))   #返回一个元组，其中元素为所求数字的小数部分与整数部分
```

```
print(pow(2, 3))                    # 进行指数运算
print(round(3.14))                  #进行四舍五入
print(math.sqrt(9))                 #计算平方根
```

需要注意，上面列举的函数中，有些是 Python 内置的，我们可以直接调用，有些是封装在 math 扩展包中的，在使用前需要导入 math 包。上面代码中的 import 语句就是用来导入扩展包的。

在编程中，随机数是非常常用的，例如一款游戏软件，敌人的攻击意向、宝箱中的物品、角色所经历的剧情等都可能是随机的。这时就需要进行随机数的生成。Python 中提供了多种随机函数，举例如下：

```
import random
print(random.choice([1,4,5,6,7,3]))   #从集合中随机选取一项
print(random.randrange(0, 100))        #从指定范围中生成一个随机数
print(random.random())                 #在 0~1 中生成一个随机数
list = [1,3,5,4]
random.shuffle(list)                   #将序列中的元素重排
print(list)
```

在数学中，还有一类函数非常常用，那就是三角函数，在进行几何图形相关的运算时，三角函数是必备的工具。Python 中提供的三角函数列举如下：

```
print(math.acos(0.5))               #计算反余弦弧度值
print(math.asin(0.5))               #计算反正弦弧度值
print(math.atan(1))                 #计算反正切弧度值
print(math.cos(0.5))                #计算弧度的余弦值
print(math.sin(0.5))                #计算弧度的正弦值
print(math.tan(1))                  #计算弧度的正切值
print(math.degrees(3.14))           #将弧度值转换为角度值
print(math.radians(180))            #将角度值转换为弧度值
```

除了上面列举的方法外，Python 中还定义了两个常用的数学常量：一个是圆周率 π，另一个是自然常数 e，这两个常量可以直接使用，示例如下：

```
print(math.pi)
print(math.e)
```

 1.4.6　字符串操作相关方法

我们前面了解到，Python 中的字符串可以方便地进行拼接、复制和截取。除此之外，字符串还有许多强大的功能，比如对字符串进行格式化、使用内置函数操作字符串等。

格式化字符串是一种常用的字符串处理操作，其可以方便地将数据插入字符串的指定位置，示例如下：

```
# 输出结果 format string:A,Hello,100,100,12,10,10,3.140000, 3.141500e+04
```

```
print("format string:%c,%s,%d,%u,%o,%x,%X,%f,%e" % ('A',"Hello",100,
100,10,16,16,3.14,31415))
```

在进行字符串的格式化时，使用百分号分割字符串模板和数据元组，如以上代码所示，字符串模板中会使用到很多格式化符号，不同的符号用来对不同类型的数据进行格式化，其作用如表 1-2 所示。

表 1-2　不同格式化符号的作用

格式化符号	作　　用
%c	格式化字符及 ASCII 码
%s	格式化字符串
%d	格式化整数
%u	格式化无符号整数
%o	将数值格式化成八进制数值
%x	将数值格式化成十六进制数值（使用小写）
%X	将数值格式化成十六进制数值（使用大写）
%f	格式化浮点数
%e	将数值格式化成科学计数法

使用字符串的内置方法可以方便地对字符串进行操作，这在实际开发中非常方便，示例代码如下：

```
print("hello".capitalize()) #将字符串的首字母大写，结果为 Hello
print("hello".center(10)) #将字符串扩充到指定宽度居中显示，左右用空格填充，结果为|
hello  |
print("hello".count("l")) #查找自定义字符串在原字符串中出现的次数，结果为 2
print("hello".endswith("lo")) #判断字符串是否以指定的字符串结尾，结果为 True
print("hello".startswith("he")) #判断字符串是否以指定的字符串开头，结果为 True
print("hello".find("lo")) #查找指定字符串在原字符串中的位置，结果为 3
print("hello".isalpha()) #检查字符串中的字符是否全部是字母
print("123".isnumeric()) #检查字符串中的字符是否全部是数字
print(".".join("Hello")) #以源字符串为分隔符将目标字符串的每个字符拼接后组成新的字符
串，结果为 H.e.l.l.o
print("Hello".lower()) #将字符串全部转成小写，结果为 hello
print("Hello".upper()) #将字符串中的字符安全部转成大写，结果为 HELLO
print("Hello".replace("l","L")) #将字符串中指定的字符串进行替换，结果为 HeLLo
print("HelloWorld".split("l")) #以指定字符为分隔符对字符串进行分隔，结果为['He', '',
'oWor', 'd']
```

字符串的相关操作在实际开发中应用非常广泛，Python 爬虫、动态的网站页面本质都是对字符串进行处理。

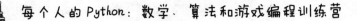

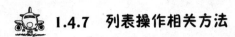 **1.4.7　列表操作相关方法**

用列表来存放一组有序的数据非常适合，Python 中提供了许多方法对列表进行操作，例如向列表中追加元素和插入等。示例代码如下：

```python
print(len([1,2,3]))        #获取列表中元素的个数，结果为 3
print(max([1,2,3]))        #获取列表中最大的元素，结果为 3
print(min([1,2,3]))        #获取列表中最小的元素，结果为 1
list = [1, 2, 3]
list.append(4)
print(list)                #在列表末尾追加元素，结果为[1,2,3,4]
print(list.count(1))       #获取某个元素在列表中出现的次数，结果为 1
list.extend([4,5,6])
print(list)                #在列表末尾追加一组元素，结果为[1,2,3,4,4,5,6]
print(list.index(4))       #获取某个元素在列表中的下标位置
list.insert(1, 10)
print(list) #在列表的指定位置插入元素，结果为[1, 10, 2, 3, 4, 4, 5, 6]
list.pop()
print(list) #删除列表中的最后一个元素，结果为[1, 10, 2, 3, 4, 4, 5]
list.remove(10)
print(list) #将列表中的某个元素移除，结果为[1, 2, 3, 4, 4, 5]
list.reverse()
print(list) #将列表中的元素反向，结果为[5, 4, 4, 3, 2, 1]
list.sort()
print(list) #对列表中的元素进行排序 结果为[1, 2, 3, 4, 4, 5]
```

上面的代码中使用到 sort 函数对列表进行排序，其会将列表中的元素由小到大进行排序，也可以通过 reverse 参数将排序的方式修改为从大到小，例如：

```python
list.sort(reverse=True)
print(list) #进行逆序排序
```

需要注意，Python 中的元组与列表很像，但是元组是不可修改的，因此元组并没有像列表一样进行追加、删除、插入、排序等操作。在实际编程中，具体选择使用列表类型还是元组类型，要根据实际需求确定。

 1.4.8　字典操作相关方法

我们知道，字典实际上存储的是键值对数据，使用键可以方便地取值，也可以方便地设置值，例如：

```python
dic = {"name":"Lucy", "age":28}
dic["age"] = "jaki" #进行键值的设置
print(dic["age"])   #进行字典取值
```

使用 len 函数可以获取到字典中键值对的个数，例如：

```
print(len(dic)) #获取键值对的个数
```

字典本身是可变的，因此其内置了许多对字典进行操作的方法，例如：

```
print(dic.keys())      #获取字典中所有的键
print(dic.values())    #获取字典中所有的值
print(dic.items())     #获取字段中所有的键值元组
dic.pop("name")        #删除字典中指定的键值对
```

相较于列表，字典内部是采用哈希表的方式设计的，存取效率相对会更高。

1.4.9 函数

函数是一块可复用的代码段，因为有了函数，编程变得更具组织性，使得我们可以将编程的成果积累复用，这就如站在巨人的肩膀上可以眺望更远，使用前辈们积累的代码片段也可以使我们更容易地开发出优质的应用程序。

关于函数，我们前面一直在使用，像操作字符串的函数、操作列表的函数、操作字典的函数等。这些函数都是 Python 内置的，在实际开发中，只使用内置函数是远远不够的，根据需求的不同，我们需要编写各种各样的函数。在 Python 中，使用 def 关键字来定义函数，示例如下：

```
# 自定义函数
def sayHello():
    print("Hello")
sayHello() #调用函数
```

def 关键字定义函数，其后为定义的函数名，Python 中的函数体部分通过缩进来限定。如以上代码所示，自定义函数的调用与内置函数的调用方式一样，都是直接通过函数名来进行调用的。上面我们创建的自定义函数非常不灵活，无论怎么调用，其功能都是输出一行字符串"Hello"，假设我们需要向不同的人打印出不同的问候语，上面的函数就不能满足需求了，当然我们可以再定义多个不同的函数，但是这样就失去了函数的最大优势（提高代码复用性），更多时候我们可以通过参数来使函数变得灵活，例如：

```
# 自定义函数
def sayHello(name):
    print("Hello,%s" % (name))
sayHello("Lucy") #调用函数
```

关于函数的参数，还有一些有趣的规则，一般情况下，函数参数的定义与调用时传递的参数的个数和顺序都要一致，例如：

```
def func(name, age):
    print(name, age)
func("Lucy", 27)
```

上面的示例代码这种函数传参的方式被称为必备参数传参，在函数调用时参数传递的顺序与函数定义时的参数顺序不同也不是不可以，只是这样需要使用关键字进行传参，例如：

```
def func(name, age):
    print(name, age)
func(age=27,name="Lucy")
```

使用关键字传参的好处除了参数的顺序自由外，也使参数的意义更加明确。在定义函数时，我们也可以为参数设置默认值，这样在传参时，如果没有特殊的需求，这些有默认值的参数可以省略不传，例如：

```
func("Lucy")  #Lucy 27
func("Jaki", 29) #Jaki 29
```

在前面使用 print 函数打印信息的时候，你或许发现了一个有趣的现象：print 函数有一个非常神奇的地方，其可以传入任意个数的参数，我们传入多少个数据，print 函数就会替我们打印出多少数据。Python 中支持定义不定长参数的函数，示例如下：

```
def myPrint(prefix, *params):
    list = []
    for p in params:
        list.append(p)
    print(prefix, list)
myPrint("Hi", "Lucy", "Jaki") #Hi ['Lucy', 'Jaki']
```

除了参数外，函数还有一个非常重要的组成部分：返回值。参数是函数的输入，返回值是函数的输出，大部分功能性函数都会有返回值，在函数中使用 return 关键字来进行数据的返回，示例如下：

```
def add(a, b):
    return a + b
print(add(3, 5)) # 8
```

1.5 Python 面向对象编程

 　　首先，面向对象编程并不是我们要学习的重点，但是在编程中，面向对象实在是太重要了，面向对象不仅是实战项目开发的必备技能，理解了面向对象编程的方法，对编程思维能力会有很大的提高。并且，Python 是一门面向对象的语言，其本身对类、模块化就有很好的支持，我们学习起来会非常轻松。

 **1.5.1 Python 中的类**

关于类的概念，我们前面有提到过，类将属性和方法聚合在一起。在 Python 中，使用 class 关键字来定义类，示例代码如下：

```
class Car:
    className = "汽车类" # 类属性
    def __init__(self, speed, type):
        self.speed = speed
        self.type = type
    def run(self):
        print("%s 开始启动，时速%d 公里/时" % (self.type, self.speed))
car1 = Car(100, "奔驰")
car1.run()
```

运行上面的代码，在控制台将输出如下信息：

奔驰开始启动，时速 100 公里/时

上面的示例代码中包含许多重要的知识点，首先，在类内直接定义的变量被称为类属性，这些属性是所有类实例对象所共享的，通常用来存储某些静态的信息，在访问时，使用类名直接访问，如下：

```
print(Car.className)
```

类中定义的函数被称为实例方法，这些方法是由类的实例对象进行调用的，其中__init__ 是一个非常特殊的方法，它是初始化方法，当我们构造类的实例对象的时候，实际上就是调用了初始化方法，在初始化方法中可以对类的实例属性进行设置。还有一点需要注意，类中定义的方法中的第一个参数默认会传入当前实例对象本身，这个参数是系统默认传递的，在调用方法时我们不用显式地进行传递。

从另一种意义上讲，类也可以理解为对象的模板。对于大量功能相似、属性不同的数据对象，使用类可以快速地生成。以上面的示例代码为例，我们要创建一个新的汽车对象将十分简单：

```
car2 = Car(200, "高端大奔")
car2.run()
```

其实，与初始化方法对应，类中还可以定义一个类实例销毁的方法：__del__。这个方法当类的实例对象被销毁时会被调用，我们可以在其中处理资源的释放等任务，在 Python 中，使用 del 关键字可以删除数据，示例代码如下：

```
class Car:
    className = "汽车类" # 类属性
    def __init__(self, speed, type):
        self.speed = speed
```

```
        self.type = type
    def __del__(self):
        print("实例被销毁:%s" % self.type)
    def run(self):
        print("%s 开始启动，时速%d 公里/时" % (self.type, self.speed))
car1 - Car(100, "奔驰")
car1.run()
del car1
```

 1.5.2　类的继承

一门编程语言如果只支持类却不支持继承，就不能说它是一门完善的面向对象语言。面向对象编程带来的最大便利在于代码的重用，而实现重用的最好方式就是继承。

通过继承，Python 中的类可以派生出许多子类，被继承的类被称为父类，继承的类被称为子类。Python 中的继承有如下几个特点：

（1）在子类的初始化方法中，通常需要先调用父类的初始化方法。

（2）子类在调用父类的方法时，需要使用类名进行调用，并且需要显式地传递 self 参数。

（3）Python 是一种支持多继承的语言，也就是说，一个子类可以有多个父类。

下面的代码将演示基础的继承的使用：

```
class Car:
    className = "汽车类" # 类属性
    def __init__(self, speed, type):
        self.speed = speed
        self.type = type
    def __del__(self):
        print("实例被销毁:%s" % self.type)
    def run(self):
        print("%s 开始启动，时速%d 公里/时" % (self.type, self.speed))
class EnergyCar(Car):
    className = "新能源汽车"
    def __init__(self):
        Car.__init__(self, 100, "新能源")
        self.energy = 0;
    def charge(self):
        self.energy = 100
        print("充电完成")
newCar = EnergyCar()
newCar.run()
```

运行上面的代码，通过打印信息可以看到程序可以正确地运行。EnergyCar 类表示新能源汽车，新能源汽车与传统的汽车有很多相似之处，比如都有品牌、都可以行驶等，但是它们也有不同之处，最显著的不同在于新能源汽车需要充电。在 EnergyCar 类中并没有实现 run 方法，但是其实例依然可以调用这个方法，这要归功于继承，EnergyCar 类继承于 Car 类，默认情况下，EnergyCar 类会拥有所有 Car 类的功能。另一方面，子类除了默认拥有父类的功能外，还可以对父类的功能进行扩展，正如上面的代码所示，EnergyCar 类中新增了一个汽车充电的 charge 方法。如果父类中的某些已有的方法不能满足子类所需的功能，子类也可以对父类的方法进行重写，例如，如果需要在新能源汽车行驶后消耗一部分电量，可以这么做：

```python
class EnergyCar(Car):
    className = "新能源汽车"
    def __init__(self):
        Car.__init__(self, 100, "新能源")
        self.energy = 100;
    def charge(self):
        self.energy = 100
        print("充电完成")
    def run(self):
        Car.run(self)
        self.energy -= 10
        print("剩余电量 %d" % self.energy)
newCar = EnergyCar()
newCar.run()
```

关于 Python 中的类，其实还有很多高级功能，例如多继承，可以让子类同时拥有多个父类的功能，这在许多编程语言中是不可实现的；例如属性和方法的私有化，使用双下画线开头进行命名的属性和方法默认是私有的，在类外不能访问。关于更多 Python 的高级功能，我们就不在这里做过多讲解了，关于面向对象的开发思路，我们也点到为止，有兴趣的话，可以自己编写代码尝试一下。

1.5.3　模块和包的应用

通过前面章节的学习，我们编写了很多代码，如果将这些代码全部写在一个文件中的话，现在这个文件中的内容一定非常多，对于编程来说，如果在一个文件中编写过多的代码，无论是理解逻辑还是添加功能都将变得非常困难，文件中的代码越多，要精确地找到某行代码就越困难。

在大型的软件工程中，一个完整的项目可能需要上百万甚至千万行的代码量，这么庞大的代码量如果不进行有效地组织管理，将会变成巨大的灾难。对软件工程的组织管理实际上就是将代码分解到不同文件中，将文件分门别类地放入不同文件夹中，再将文件夹分类进不同的模块包中等。通过这种层级方式的管理，使得项目的目录组织结构更加清晰，提高编码效率。

在 Python 中，模块就是一个 Python 文件，由文件夹组织而成的目录结构被称为包。还记得我们前面所使用的数学计算相关的函数吗，其中很多都是定义在 math 模块中的，使用 import 语句来将模块导入当前文件中。我们也可以定义自己的模块，在之前所编写的测试代码文件的同级目录下新建一个名为 myfunc.py 的文件，在其中编写如下代码：

```
def newPrint():
    print("Helo")
```

在其他文件中，如果要调用 newPrint 方法，只需要将这个模块导入即可，示例代码如下：

```
import myfunc
myfunc.newPrint()
```

在 Python 中，使用 import 语句导入模块时不会产生重复导入的问题，也就是说，无论执行多少次 import 语句来导入同一个模块，这个模块也只会被导入一次。

当一个模块被导入后，可以使用模块名作为前缀来调用模块中定义的函数、变量以及类等。如果不需要模块中的所有内容，也可以单独导入模块的部分功能，示例如下：

```
from myfunc import newPrint
newPrint()
```

通过 from-import 方式导入的内容可以直接调用使用，无须再添加模块前缀，进一步方便了我们的使用。还有一种方式可以将模块中所有的内容导入当前文件中，并且不需要前缀即可直接对模块中的内容进行调用，示例如下：

```
from myfunc import *
newPrint()
```

在导入模块的时候，模块中的逻辑也会被执行，但只有在第一次导入模块时会被执行。这提供了一种方式让我们可以在模块加载时编写一些初始化的逻辑，例如在 myfunc.py 文件中编写如下代码：

```
print("mufunc 模块开始加载")
def newPrint():
    print("Helo")
print("myfunc 模块加载完成")
```

在主文件中导入 myfunc.py 模块，通过打印信息即可看到模块加载时执行了模块内部的逻辑代码。

Python 中的模块用来组织函数、类、变量等代码元素，包则用来组织模块。简单理解，包更像是一个文件夹，将一组功能关联的模块组织起来。首先在当前 Python 文件的同级目录下新建一个名为 myPackage 的文件夹，需要注意，一个文件夹要想成为 Python 中的包，其中需要包含一个名为 __init__.py 的文件，这个文件的作用除了标志当前文件夹为一个 Python 包外，其内也可以编写包的初始化代码，在 myPackage 文件夹下新建一个名为 __init__.py 的文件，在其中添加一句打印信息的代码用来进行测试，示例如下：

```
print("myPackage 包加载完成")
```

之后，在 myPackage 文件夹下新建两个 Python 模块文件，分别命名为 mod1.py 和 mod2.py，在 mod1.py 中编写如下代码：

```
def mod1():
    print("mod1")
```

在 mod2.py 中编写如下代码：

```
def mod2():
    print("mod2")
```

在需要使用包中的模块时，可以使用如下方式进行导入：

```
import myPackage.mod1 #myPackage 包加载完成
# 可以使用包中的所有模块
myPackage.mod1.mod1()
```

有了模块和包的支持，对代码的组织变得非常容易，在实际项目的开发中，我们也会创建大量的模块和包用来对代码分门别类地进行管理。

❀ 本 章 结 语 ❀

相信现在你已经对 Python 语言有了简单的了解，也准备好了 Python 的编程环境，很快我们就可以使用 Python 来解决许多有趣的问题了。如果你有一些线程的数学公式需要计算，尝试让 Python 帮你处理一下，看看工作或学习效率是不是更高了。

第 2 章
编程与数学

万物皆数。

——毕达哥拉斯

计算机科学与数学息息相关，密不可分。几十年前，计算机科学还只是数学的一个分支，而如今，从事计算机科学相关行业的人员越来越多，编程与人们的距离也越来越近，编程教育大有像数学教育一样成为我们学习生涯必修课的趋势。

对于编程领域来说，其中确实使用到了大量的数学思想，反过来，计算机程序又帮助数学研究人员进行数学上的模拟与推演，也促进了数学的进步与发展。在编程中，程序的流程控制依赖于数学逻辑运算，解决某一特定问题的程序设计也需要依赖数学算法，甚至程序中最简单的加减运算都以数学中的二进制运算规则为基础。不夸张地说，数学是计算机的根基，数学是编程的灵魂。

本章将向大家介绍计算机运算的基础：二进制。通过对二进制的学习，可以让我们更容易理解程序运行的原理。本章还将使用编程的方式进行简单的数学运算，以及尝试开发一款有趣的计算器应用程序。

2.1 二进制运算

使用过计算机的人，都会惊叹于计算机的强大。计算机貌似无所不能，如果你喜欢网上冲浪，互联网上囊括了海量的信息，各行各业无所不有，只要你需要，只需要一瞬就可以将这些内容检索出来展示在你的设备屏幕上。如果你是游戏玩家，各种各样的游戏会使你眼花缭乱，乐在其中。除此之外，我们生活的各个方面也都因为计算机的帮助而变得更加便利，例如我们点餐常用的外卖软件、娱乐常用的视频与音乐软件、可以让我们随时随地工作的邮件与文件处理软件等。这样看来，计算机那小小的芯片中仿佛存储着无限的知识与智慧。其实并不然，计算机没有你想象的那么聪明，至少目前还没有。无论是多么强大的功能，其都是通过软件表现出来的，而软件其实就是程序设计者编写的应用程序,计算机只会按照程序的设计一步一步地执行,它没有思考能力,也没有任何知识与智慧,在计算机中,所有的运算都是以二进制进行的,它甚至连以十进制为基础的加减乘除都无法自行完成。所以,计算机之所以可以表现出如此强大的功能,这都要归功于世界上所有程序开发人员的努力。

2.1.1　计算机的思考方式

我们一直在说计算机在数据运算的时候,采用的是二进制的计数方式,那么为什么计算机的设计要采用二进制呢? 在解答这个问题之前,我们首先来明确一下什么是进制。进制全称进位计数制,更通俗来说,就是我们在进行数学运算时的进位规则,即逢几进一。在生活中,我们常用的进制方式是十进制,由于人类在生理上的特征,十指计数的天性使得人类对使用十进制计数有着先天的优势。十进制即逢十进制,十个一进位成一个十,十个十进位成一个百,以此类推。在十进制中,数字有从 0 到 9 共 10 种,同理,对于二进制来说,数字只有 0 和 1两种,逢二进一。

你可能会问,计算机在设计时,为什么不使用我们最熟悉的十进制,而要使用二进制呢?计算机使用二进制并非随意的选择,而是由其硬件特点决定的。在二进制中,只有 0 和 1 两种数字,这正好可以描述开关的两种状态,如 0 表示关,1 表示开。并且,布尔运算也是基于逻辑值假与真进行运算的,也与二进制中的 0 和 1 相对应。二进制是最适合计算机使用的进制方式。计算机使用二进制进行运算有如下优势:

(1)实现简单,计算机的硬件元件只需要维护两种状态即可。

(2)可靠性高,稳定性高,抗干扰性强。

(3)运算规则简单。

(4)通用性强。

虽然计算机中可以处理的数据类型千变万化,如数字、文字、符号、音频、视频、图片等,然而其本质都是二进制的数据。计算机中的内存是一个非常精密的部件,其中会包含上亿个电子元器件,通电后,这些元器件会根据电压的不同保持两种不同的状态,通常高电压状态表示二进制中的 1,低电压状态表示二进制中的 0。通过电路来控制内存中元件的高低压状态即可产生一组二进制的数字,例如我们的内存中只有 8 个电路元器件,则通过其高低压状态的组合,最多可以有 2 的 8 次方种组合,若用每一种组合表示一个数值,则其可以表示从 0 到255 这一范围内的任一整数。

在计算机中,规定一个元器件所描述的数据为 1Bit,也被称为 1 位,1 位是指只能存储一个二进制位的数据,即要么存储 0,要么存储 1。位是一种非常小的数据存储单位,计算机中常用的数据存储单位如下:

1Byte(字节)= 8Bit

1KB(千字节)= 210Byte = 1024Byte

1MB（兆字节）= 210KB = 1024KB

1GB（吉字节）= 210MB = 1024MB

1TB（太字节）= 210GB = 1024GB

其中，TB 已经是一个很大的存储单位，虽然在 TB 之上还有 PB、EB 等存储单位，但我们基本使用不到，在日常生活中，1TB 的硬盘已经是人容量的了。

所谓计算机的思考能力，无非就是对二进制进行运算，包括算数运算与逻辑运算等。这些运算本身都非常简单，计算机之所以如此强大，主要源自于其巨大的数据处理量与极快的运算速度。

2.1.2 计算机中数据的存储方式

无论多么复杂的数据类型，其都是通过某种编码方式将其进行编码，以二进制的方式进行存储。例如，中文中有非常多的汉字，若要在计算机中存储中文，则每个汉字都要对应一段特殊的二进制数值。对于数值类型，虽然其可以方便地转换为二进制，但是在内存中，实际存储的是二进制数值的补码。

单纯就二进制数值来说，其并没有办法表示负数，也没有办法表述小数。但在实际应用中，负数和小数是非常常见的。

先说负数，在计算机中，如果需要使用到负数，通常专门使用一个位来表示符号，0 表示"正"，1 表示"负"。由于数学中的 0 不分正负，如果直接使用数值的二进制方式存储到内存，就会产生"正 0"和"负 0"的问题。使用补码的方式存储数据，就保证了数学中的数值与内存中存储的二进制数值一一对应，并且可以让计算机中的加减运算统一处理。

求一个数的补码分两种情况，对正数求补码和对负数求补码。

对正数求补码，则其原码本身就是补码，假设我们使用 8 个二进制位来存储数据，最高位为符号位，余下 7 位正常描述数值，十进制正数 3 的二进制原码表示方式为：

0000 0011

正数的补码与原码一致。对于负数来说，求补码需要分两步进行，首先计算负数的绝对值的源码，例如十进制负数 3 的绝对值对应的二进制原码为：

0000 0011

之后对绝对值的原码求反码，即将所有二进制位取反，结果如下：

1111 1100

在反码的基础上加 1 即求得补码，结果如下：

1111 1101

最终，负数 3 存储在内存中的二进制数据就是 11111101。

在将内存中存储的数据读取出来使用时，需要将补码转换为原码，补码转换为原码的方法也非常简单，只需要对补码再一次求补码即可。

2.2 灵活使用程序打印数据

通过 Python 中的 print 打印函数可以将数据输出到控制台中，打印数据在编程过程中非常重要。

2.2.1 小·试牛刀——打印乘法口诀表

小学的数学课程中，很重要的一项就是乘法口诀表，熟背乘法口诀表是进行四则运算的基本功。在编程的学习中，我们也经常通过打印乘法口诀表来锻炼逻辑能力。本节将通过打印乘法口诀表来练习使用 Python 进行程序流程控制。

常用的乘法口诀表有 3 种格式，从形状上看，可以分为金字塔型、倒金字塔型和矩形。其中，金字塔型是我们最常见的乘法口诀表格式，如图 2-1 所示。

1×1=1								
1×2=2	2×2=4							
1×3=3	2×3=6	3×3=9						
1×4=4	2×4=8	3×4=12	4×4=16					
1×5=5	2×5=10	3×5=15	4×5=20	5×5=25				
1×6=6	2×6=12	3×6=18	4×6=24	5×6=30	6×6=36			
1×7=7	2×7=14	3×7=21	4×7=28	5×7=35	6×7=42	7×7=49		
1×8=8	2×8=16	3×8=24	4×8=32	5×8=40	6×8=48	7×8=56	8×8=64	
1×9=9	2×9=18	3×9=27	4×9=36	5×9=45	6×9=54	7×9=63	8×9=72	9×9=81

图 2-1　金字塔型的乘法口诀表

编程输出如图 2-1 所示的乘法口诀表非常简单，乘法口诀表中的乘法计算可直接使用 Python 进行运算，我们更多需要关注的是如何通过调整布局来将口诀表输出成指定的格式。

新建一个名为 2_print1.py 的 Python 文件，在其中编写如下代码：

```python
for i in range(1, 10):
    str = ""
    for j in range(1, 10):
        if j > i:
            break
        else:
            str += "  %i * %i = %02i" % (j, i, j * i)
    print(str)
```

上面的代码中有一个细节大家需要注意，在格式化字符串的过程中，使用的是"%02i"这样的整数格式化方式，它的作用是将输出的数据保持 2 位显示，位数不足则使用 0 补齐，这样可以使我们的输出更加美观漂亮。运行代码，效果如图 2-2 所示。

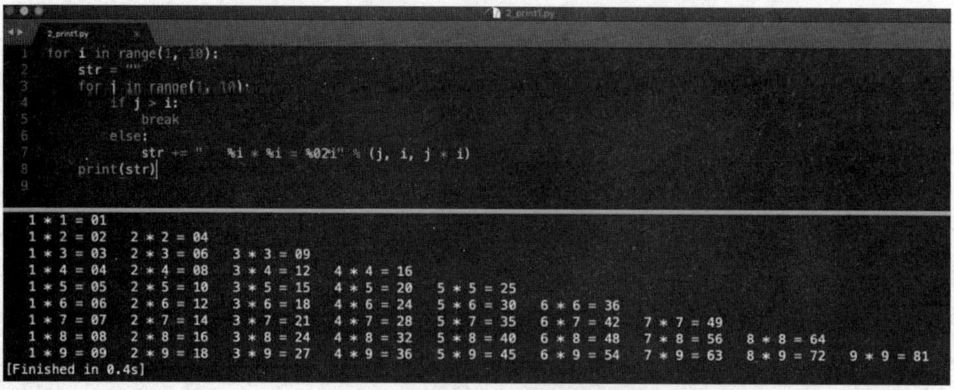

图 2-2　输出金字塔型的乘法口诀表

接下来对上面的代码进行简单的修改，将乘法口诀表的输出改变为倒金字塔型，示例如下：

```python
for i in range(1, 10):
    str = ""
    for j in range(1, 10):
        if j >= i:
            str += "  %i * %i = %02i" % (j, i, j * i)
        else:
            str += "           "
    print(str)
```

运行上面的代码，效果如图 2-3 所示。

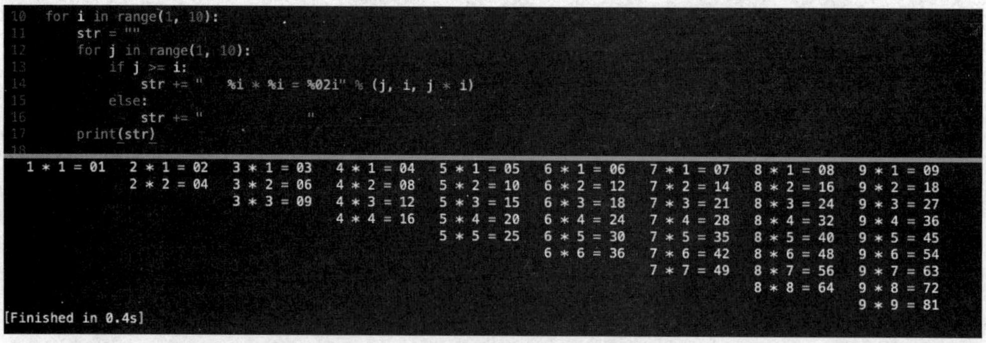

图 2-3　输出倒金字塔型的乘法口诀表

对输出格式进行控制，实际上是通过循环和空格来完成的，在编程中，对于二维形状的打印大多是通过两层嵌套的循环来控制的，内层循环通过空格来控制每一列的布局，外层循环控制每一行的布局。

理解了金字塔型的乘法口诀表的打印方法，打印矩形的乘法口诀表就非常简单了，修改代码如下：

```python
for i in range(1, 10):
    str = ""
    for j in range(1, 10):
        str += "   %i * %i = %02i" % (j, i, j * i)
    print(str)
```

运行代码，效果如图 2-4 所示。

```
19    for i in range(1, 10):
20        str = ""
21        for j in range(1, 10):
22            str += "   %i * %i = %02i" % (j, i, j * i)
23        print(str)

1 * 1 = 01    2 * 1 = 02    3 * 1 = 03    4 * 1 = 04    5 * 1 = 05    6 * 1 = 06    7 * 1 = 07    8 * 1 = 08    9 * 1 = 09
1 * 2 = 02    2 * 2 = 04    3 * 2 = 06    4 * 2 = 08    5 * 2 = 10    6 * 2 = 12    7 * 2 = 14    8 * 2 = 16    9 * 2 = 18
1 * 3 = 03    2 * 3 = 06    3 * 3 = 09    4 * 3 = 12    5 * 3 = 15    6 * 3 = 18    7 * 3 = 21    8 * 3 = 24    9 * 3 = 27
1 * 4 = 04    2 * 4 = 08    3 * 4 = 12    4 * 4 = 16    5 * 4 = 20    6 * 4 = 24    7 * 4 = 28    8 * 4 = 32    9 * 4 = 36
1 * 5 = 05    2 * 5 = 10    3 * 5 = 15    4 * 5 = 20    5 * 5 = 25    6 * 5 = 30    7 * 5 = 35    8 * 5 = 40    9 * 5 = 45
1 * 6 = 06    2 * 6 = 12    3 * 6 = 18    4 * 6 = 24    5 * 6 = 30    6 * 6 = 36    7 * 6 = 42    8 * 6 = 48    9 * 6 = 54
1 * 7 = 07    2 * 7 = 14    3 * 7 = 21    4 * 7 = 28    5 * 7 = 35    6 * 7 = 42    7 * 7 = 49    8 * 7 = 56    9 * 7 = 63
1 * 8 = 08    2 * 8 = 16    3 * 8 = 24    4 * 8 = 32    5 * 8 = 40    6 * 8 = 48    7 * 8 = 56    8 * 8 = 64    9 * 8 = 72
1 * 9 = 09    2 * 9 = 18    3 * 9 = 27    4 * 9 = 36    5 * 9 = 45    6 * 9 = 54    7 * 9 = 63    8 * 9 = 72    9 * 9 = 81
[Finished in 0.5s]
```

图 2-4 打印矩形乘法口诀表

2.2.2 小·试牛刀——打印简单图形

在 2.2.1 小节中，我们使用循环的技巧打印了各种形状的乘法口诀表。本小节进一步思考和尝试如何打印出更多有趣的图形。

三角形是生活中常见的几何形状，我们可以尝试使用 Python 编程输出一个等腰三角形形状，效果如图 2-5 所示。

图 2-5 等腰三角形形状

图 2-5 中的形状看上去简单，其实通过程序打印出来并不容易。首先，我们先分析图 2-5 所示的图形，该三角形有 6 层，最后一层是满的，由 11 个星号排列组成，假设层数为 f，实际上每一层出现的星号个数为 $(f-1)*2 + 1$，即 $2f - 1$ 个。我们再分析一下星号的布局情况，要想使得最终打印的图形为等腰三角形，需要使用空格来调整布局，最后一行没有空格，从最后一行依次向上，空格数依次递增，即行数与空格数的关系为：

每行的空格数 = 最终行数 −（当前层数 −1）

基于上面的分析，编写代码如下：

```python
def print_triangle(f):
    for i in range(0, f):
        str = ""
        for j in range(1, f):
            if j > i:
                str += " "
```

```
        for j in range(0, 2*f-1):
            if j < 2*i + 1:
                str += "*"
        print(str)
```

上面的代码定义了一个函数，通过传入行数作为参数，输出等腰三角形，例如传入参数10时，将打印共10行布局的等腰三角形，如图2-6所示。

对上面的代码进行简单的修改，即可将打印的等腰三角形变成倒三角形。示例代码如下：

```
def print_triangle_revert(f):
    for i in range(0, f):
        str = ""
        for j in range(0, f):
            if j < i:
                str += " "
        for j in range(0, 2*(f-i) - 1):
            str += "*"
        print(str)
```

运行效果如图2-7所示。

图2-6 打印等腰三角形　　　　　　图2-7 打印倒三角形

完成了三角形与倒三角形的打印，通过这两个函数的组合调用将非常方便地实现菱形图形的打印，示例如下：

```
def print_diamond(f):
    print_triangle(f)
    print_triangle_revert(f)
```

运行程序，效果如图2-8所示。

```
def print_diamond(f):
    print_triangle(f)
    print_triangle_revert(f)

print_diamond(6)
```

```
     *
    ***
   *****
  *******
 *********
***********
***********
 *********
  *******
   *****
    ***
     *
[Finished in 0.3s]
```

图 2-8　打印菱形图形

可以发现，如果我们需要打印出复杂的图形，其实可以先将复杂图形进行拆解，将其拆解为多个简单图形的组合，之后分别编写简单图形的打印函数，组合调用函数即可。例如，编写一个打印行列数矩形的函数，示例如下：

```
def print_rect(r, c, p):
    for i in range(r):
        str = ""
        for n in range(p):
            str += " "
        for j in range(c):
            str += "*"
        print(str)
```

再略微修改三角形打印函数，使其指定三角形的绘制位置，示例如下：

```
    for i in range(0, f):
        str = ""
        for n in range(p):
            str += " "
        for j in range(1, f):
            if j > i:
                str += " "
        for j in range(0, 2*i+1):
            str += "*"
        print(str)

def print_triangle_revert(f, p):
    for i in range(0, f):
        str = ""
        for n in range(p):
            str += " "
        for j in range(0, f):
```

```
            if j < i:
                str += " "
        for j in range(0, 2*(f-i) - 1):
            str += "*"
        print(str)
```

通过组合调用上面的函数可以打印出一颗圣诞树形状的图形，示例如下·

```
def print_tree():
    print_triangle(3, 2)
    print_triangle(4, 1)
    print_triangle(5, 0)
    print_rect(5, 3, 3)
    print_rect(2, 10, 0)
print_tree()
```

运行代码，效果如图 2-9 所示。

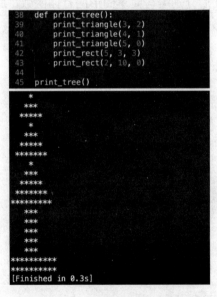

图 2-9　打印圣诞树形状的图形

发挥一下你的想象力与创造力，尝试使用 Python 打印出更多有趣的图形。

2.3　小试牛刀——简易计算器

计算机最初的作用就是用来进行数学运算。在第 1 章的学习中，我们已经了解到 Python 内置了许多用来进行数学运算的函数，在需要的时候可以直接调用。之前我们编写的程序都是无交互的，也就是说程序从开始运行到结束的过程中，其都是自己完成的，用户不能进行任何操作。本节将尝试编写一个可交互的程序，实现一个建议的计算器程序。

2.3.1 接收用户输入

前面我们所编写的程序都是通过 Sublime Text 工具直接运行的，Sublime Text 通过配置脚本来执行 Python 文件，其无法与用户进行交互，若要让程序接收用户输入的数据，则需要使用终端来运行 Python 程序。

Python 程序接收用户的输入有两种方式，一种是在程序执行时接收用户传递的参数，另一种是在程序运行时接收用户的鼠标或键盘操作事件。首先，创建一个新的 Python 文件，命名为 3_input1.py，在其中编写如下测试代码：

```
import sys
param_file = sys.argv[0]
param_one = sys.argv[1]
print(param_file)
print(param_one)
```

在上面的代码中导入了 sys 模块，这个模块可以获取程序执行的系统相关数据，在程序运行时可以通过 sys.argv 列表获取到系统参数，这个参数列表中的第 1 个参数为所运行的 Python 文件的名称，之后为用户传入的自定义参数，我们可以在终端运行该 Python 程序。

首先打开终端程序（Mac OS 系统），如果使用的是 Windows 系统，则可以使用 CMD 命令行程序。首先，从终端进入要执行的 Python 文件所在的目录（通过使用 cd 命令），之后输入如下指令进行程序的运行：

```
$python 3_input1.py data1
```

其中 python 为执行 Python 程序的指令，其后需要指定要执行的 Python 程序的文件名，之后可以添加任意多个自定义参数，这些自定义参数都将传递到 Python 程序执行时的系统参数列表中。执行指令，将在终端输出如下数据：

```
3_input1.py
data1
```

如果需要接收更多的参数，使用空格进行分割即可，首先修改代码如下：

```
import sys
param_file = sys.argv[0]
param_a = int(sys.argv[1])
param_b = int(sys.argv[2])
def add_func(a, b):
    print("%d + %d = %d" % (a, b, a + b))
add_func(param_a, param_b)
```

在终端使用如下指令即可进行加法运算：

```
python 3_input1.py 3 4
```

终端输入的结果为：

3 + 4 = 7

在程序开始执行时将参数传递进去是一种最简单的用户交互方式，但是其有很大的局限性，首先传参的时机只能是程序调用时，程序执行的过程中无法进行用户交互。其次，如果程序的逻辑是需要分步进行的，每一步都需要与用户进行交互，根据用户的输入来进行程序逻辑的选择，这种传参方式就很难做到。更多时候，我们会使用 Python 中的输入函数来接收用户的键盘输入，使程序拥有与用户交互的能力。

调用 Python 内置的 input 函数可以接收一次用户键盘输入。新建一个名为 4_input2.py 的 Python 文件，在其中编写如下测试代码：

```
string = input("请输入: ")
print("用户输入的内容为: %s" % string)
```

需要注意，上面的测试代码虽然十分简单，但是我们依然需要使用终端执行，Sublime Text 工具无法接收用户的输入。使用终端运行上面的程序后，可以发现这个程序和我们之前所执行的程序有所不同，之前的程序一旦执行很快就会执行完成，而终端执行这个程序后会首先输出"请输入："在终端屏幕上，之后会暂停等待用户的输入，用户输入内容后，程序会继续运行到结束，终端输出如下：

请输入：HelloWorld
用户输入的内容为：HelloWorld

2.3.2 在终端运行的简易计算器

有了 input 函数，我们可以更加灵活地接收用户的输入，并且可以通过终端的输出信息来给用户提供一些输入提示，例如要编写一个简单的四则运算程序，示例代码如下：

```
method = int(input("请选择要进行的四则运算(1:加法 2:减法 3:乘法 4:除法):"))
if method != 1 and method != 2 and method != 3 and method !=4:
    print("不支持的运算")
else:
    a = int(input("请输入运算数a:"))
    b = int(input("请输入运算数b:"))
    if method == 1:
        print("%d + %d = %d" % (a, b, a + b))
    elif method == 2:
        print("%d - %d = %d" % (a, b, a - b))
    elif method == 3:
        print("%d * %d = %d" % (a, b, a * b))
    elif method == 4:
        if b == 0:
            print("被除数不能为0")
```

```
    else:
        print("%d / %d = %d" % (a, b, a / b))
```

上面代码的逻辑非常简单，首先其通过用户输入来确定要执行的四则运算的类型，上面的代码中还包含一些容错逻辑，当用户输入了错误的运算类型时，会输出错误提示。对于除法运算，被除数为 0 也可以作为异常情况进行容错。在终端运行程序，即可进行简易的四则运算：

```
进行加法运算：
请选择要进行的四则运算(1:加法 2:减法 3:乘法 4:除法):1
请输入运算数 a:10
请输入运算数 b:3
10 + 3 = 13
进行减法运算：
请选择要进行的四则运算(1:加法 2:减法 3:乘法 4:除法):2
请输入运算数 a:10
请输入运算数 b:2
10 - 2 = 8
进行乘法运算：
请选择要进行的四则运算(1:加法 2:减法 3:乘法 4:除法):3
请输入运算数 a:3
请输入运算数 b:2
3 * 2 = 6
进行除法运算：
请选择要进行的四则运算(1:加法 2:减法 3:乘法 4:除法):4
请输入运算数 a:4
请输入运算数 b:2
4 / 2 = 2
```

上面的程序还可以进行一些改进，使用上面的程序进行运算时，每进行一次运算都要重新执行一遍程序，这是非常不方便的，我们可以使用之前学习过的循环结构来使程序的运行更加智能，修改上面的代码如下：

```
while True:
    method = int(input("请选择要进行的四则运算(0:退出 1:加法 2:减法 3:乘法 4:除
法):"))
    if method == 0:
        print("退出程序")
        quit()
    if method != 1 and method != 2 and method != 3 and method !=4:
        print("不支持的运算")
    else:
        a = int(input("请输入运算数 a:"))
        b = int(input("请输入运算数 b:"))
        if method == 1:
            print("%d + %d = %d" % (a, b, a + b))
        elif method == 2:
```

```
        print("%d - %d = %d" % (a, b, a - b))
    elif method == 3:
        print("%d * %d = %d" % (a, b, a * b))
    elif method == 4:
        if b == 0:
            print("被除数不能为 0")
        else:
            print("%d / %d = %d" % (a, b, a / b))
```

运行程序，效果如下：

请选择要进行的四则运算(0:退出 1:加法 2:减法 3:乘法 4:除法):1
请输入运算数 a:3
请输入运算数 b:4
3 + 4 = 7
请选择要进行的四则运算(0:退出 1:加法 2:减法 3:乘法 4:除法):2
请输入运算数 a:10
请输入运算数 b:3
10 - 3 = 7
请选择要进行的四则运算(0:退出 1:加法 2:减法 3:乘法 4:除法):0
退出程序

　　修改后的代码一旦运行，我们就可以循环进行运算操作，并且提供了退出程序的方法。至此，这个简易的四则运算程序基本编写完成，我们只使用了 22 行代码。但是这个程序依然有待完善的地方，比如可以为其增加更多计算能力，如幂运算、指数运算等，这个程序目前也仅仅支持整数运算，可以尝试做一些简单的修改使其支持小数运算。

❀ 本 章 结 语 ❀

　　本章我们使用 Python 尝试编写了一些简易的程序，其中涉及简单图形的输出以及如何使用输入函数来让程序拥有与用户交互的能力。如果你之前不曾有过编程经验，本章可以让你初步领略 Python 编程的思路。接下来将正式进入有趣的编程解题之路。

第3章

有趣的数字——特殊数

> 自然这一巨著是由数学符号写成的。

——伽利略

数学是最古老的学科之一，也是最基础的科学之一。从某些层面上讲，数学甚至是其他科学的基础。数字是数学的根基，在数学的发展过程中，人类也探索出了很多精密的数学现象，这其中包括发现的各种有趣的数学，比如圆周率、黄金分割点、自然对数等。这些数字本身没有什么意义，但是在自然界中却又意义重大。本章就以编程为工具来探索数学中有趣的数字。

数学中有很多有趣的特殊数字，比如阿姆斯特朗数、回文数、完全平方数等。如何从浩如烟海的数学世界中找到这些数字以及如何构造出这些数字都是非常有趣的问题。在开始本章的学习之前，有一个小建议提供给大家，思考的过程本身也是学习的过程，从本章开始，每一节的开头都会先将要解决的问题介绍给大家，大家可以先尝试自己编程解决，之后再阅读后面的内容，将自己思考的过程与书中提供的解题思路相比较，最终获得成长与收获。

我们这就进入有趣的数字世界！

3.1　阿姆斯特朗数

阿姆斯特朗数是数学中的一个概念，其定义如下：

如果一个 n 位正整数等于其各位数字的 n 次方之和，则称该数为阿姆斯特朗数。

阿姆斯特朗数的特点非常明显，例如数字 153 就是一个阿姆斯特朗数：

153 = 1^3 + 5^3 + 3^3

现在，假设给你一个正整数 N，让你来判定它是不是阿姆斯特朗数，是则返回布尔值 True，不是则返回布尔值 False，尝试编写程序解决。

 3.1.1　什么是阿姆斯特朗数

阿姆斯特朗数其实是一种自幂数，三位的阿姆斯特朗数又被称为水仙花数。水仙花数的名字来自于一个凄美的神话故事，美少年纳西索斯苦苦追求自己的倒影，最终化作一朵晶莹剔透的水仙花。之后，纳西索斯的名字（Narcissus）就成了"自我欣赏"的代名词，用水仙化数来称呼 3 位的自幂数，或许有些"自赏"的味道。

其实，除了不存在二位的自幂数外，十位及以下的自幂数都有独特而有趣的名字：

一位的自幂数又称独身数。
三位的自幂数又称水仙花数。
四位的自幂数又称四叶玫瑰数。
五位的自幂数又称五角星数。
六位的自幂数又称六合数。
七位的自幂数又称北斗七星数。
八位的自幂数又称八仙数。
九位的自幂数又称九九重阳数。
十位的自幂数又称十全十美数。

3.1.2　算法与实现——判断一个数是否为阿姆斯特朗数

阿姆斯特朗数虽然有一个美好的名字，但是要判断一个数是不是阿姆斯特朗数确实要动一番脑筋。根据阿姆斯特朗数的特点，我们可以设计程序的算法如下：

（1）首先将一个数中的每一位数字提取出来。

（2）将提取出来的每一位数字与当前数本身的位数进行指数运算并且累加。

（3）比较累加的结果与数字本身是否相同。

按照上面的算法指示，编写代码如下：

```python
def isArmstrong(N):
    list = []
    count = N
    while count / 10.0 > 0:
        list.append(count % 10)
        count = count // 10
    sum = 0
    for i in list:
        sum += i ** len(list)
    print(sum)
    return sum == N
```

运行上面的代码，通过一些数字进行测试计算，可以发现上面的程序工作基本还算顺利。

上面的 isArmstrong 函数使用了 10 行代码来实现判断阿姆斯特朗数的功能。现在我们思考一下，是否可以使用更少的代码来完成这个功能？作为极客工程师，追求极致是一种良好的习惯，其实上面的代码有很大的压缩空间，分析上面的代码，其实很大一部分代码的作用是将参数中的每一位数字拆解出来，使用字符串来完成这个拆解的工作将非常便捷，优化代码如下：

```python
def isArmstrong2(N):
    h = list(str(N))
    r = 0
    for i in range(len(h)):
        r = r + int(h[i]) ** len(h)
    return r == N
```

优化后的代码依然可以很好地工作，代码行数却从 10 行减少到了 5 行，减少了 50%的代码量，成果非常可观。

3.2　自除数

自除数是指可以被它包含的每一位数除尽的数。也可以理解为，自除数对组成其本身的每一位数字进行取余结果都为 0。需要注意，自除数不允许包含 0。例如，128 是一个自除数，因为 128 % 1 == 0，128 % 2 == 0，128 % 8 == 0。

现在，给定上边界和下边界数字，输出一个列表，列表的元素是边界（含边界）内所有的自除数。请尝试编程解决。

3.2.1　算法与实现——筛选自除数

通过解决阿姆斯特朗数问题，我们已经基本可以掌握这类问题的编程解决思路，本质上都是先将数值中的每一位数字提取出来，之后根据对应数的性质来进行判断，确定这个数是否符合这些性质。通过自除数的定义，解决这个问题的算法如下：

（1）首先将这个数的每一个数字提取出来。

（2）检查数字中是否存在 0，如果存在，则判定不是自除数。

（3）使用原数对每一位数字进行除法运算，判定是否存在余数非零结果。

根据上面的分析，我们可以很轻松地编写出如下代码：

```python
def selfDividingNumbers( left: int, right: int):
    l = []
    for i in range(left, right + 1):
        nums = list(str(i))
        b = True
        for num in nums:
```

```
            if int(num) == 0:
                b = False
                break
            if i % int(num) != 0:
                b = False
                break
        if b:
            l.append(i)
    return l
```

写出上面的代码很轻松，并且其可以非常正确地工作，和最开始相比，已经有了不小的进步，比如对于拆解数值每一位上的数字，我们直接将数值转换成字符串，再转换成列表即可，非常简洁。上面的代码非常完美了吗？这当然是不可能的。上面的自除数的核心代码有 14 行，其中判断自除数性质的代码占了 9 行，是程序的核心，大家可以思考一下这部分的逻辑是否可以简化，代码上的简化我们可以借助 Python 中的另一个强大的语法结构实现：[for-in-if]，下一小节再具体介绍。

 ### 3.2.2 使用高级循环方法对代码进行优化

我们知道 Python 中的 for-in 循环可以快速地构建列表，这种语法在日常开发中的一个常用的场景便是将字符串中的每个字符单独拆到列表中，示例代码如下：

```
print([i for i in "HelloWorld"]) # 结果为 ['H', 'e', 'l', 'l', 'o', 'W', 'o', 'r', 'l', 'd']
```

其实在使用这种循环的方式构建列表时，我们也可以提供一定的筛选条件，例如：

```
print([i for i in "HelloWorld" if i != 'l']) # 结果为 ['H', 'e', 'o', 'W', 'o', 'r', 'd']
```

有了[for-in-if]这种结构，使用循环构建列表变得非常灵活，尤其是对需要筛选元素的场景非常适合。

再来回顾一下上一小节的程序，其实核心的逻辑也是使用条件对列表进行筛选。修改上一小节的代码如下：

```
def selfDividingNumbers(left: int, right: int):
    l = []
    for i in range(left, right + 1):
        nums = list(str(i))
        if [item for item in nums if (int(item) != 0 and i % int(item) == 0)] == nums:
            l.append(i)
    return l
```

修改后的代码将核心的逻辑使用了[for-in-if]结构进行改写，大大地缩短了程序代码的行数，缩短代码行数的代价是程序的可读性变得差了一些。原则上，任何需要使用循环进行筛选的逻辑都可以使用[for-in-if]结构代替，并且这种结构也支持嵌套使用，如果要对上面的代码再进行一次简化，可以修改如下：

```
def selfDividingNumbers(left: int, right: int):
    return [i for i in range(left, right+1) if ([j for j in str(i) if(int(j) !=
0 and i % int(j) == 0)] == list(str(i)))]
```

最终，一行代码即可解决自除数的问题，但是这行程序的可读性基本差到了极致，阅读这段代码的人要看懂逻辑会多花费很多时间。因此，在实际的开发中，要根据场景选择适合的编码风格，牺牲可读性可能会极致地减短代码行数，而这种极致的优化更多时候可能会得不偿失。

3.3　完全平方数

完全平方数有这样的特性：如果一个正整数 a 是某一个整数 b 的平方，那么这个正整数 a 叫作完全平方数，零也可称为完全平方数。

给定正整数 n，找到若干个完全平方数使得它们的和等于 n。你需要确定组成和的完全平方数的最少个数。例如，对于正整数 13，其可以拆解为 13 = 4 + 9，则最少个数为 2。对于正整数 12，其可以拆解为 12 = 4 + 4 + 4，则最少个数为 3。

3.3.1　算法实现——四平方数和定理

这道题乍看起来很简单，但是使用编程解决其实并不容易。其实这道题是一道非常经典的数学问题，要解决这个问题，首先需要了解一个数学定理：四平方数和定理。

四平方数和定理又称拉格朗日四平方数和定理，由拉格朗日最终解决，四平方数和定理可以证明：任何正整数均可表示为 4 个整数的平方和（其中允许有整数为 0）。四平方数和定理还有一个重要的推论：如果一个数 n 只能使用 4 个非零的完全平方数的和表示，则这个数 n 一定满足 4a(8b+7)。

通过四平方数和定理的描述可以断言，若找到若干个完全平方数的和可以等于它，则这些完全平方数的最少数量有 4 种情况，即 1、2、3、4。结合本题，要找到最终的答案，我们可以采用下面的算法：

（1）先假设组成这个数 n 的完全平方数的个数最少为 4，则数 n 必定满足 n = 4a(8b+7)。首先对这个等式进行检查，如果检查通过，则最终答案为 4，否则继续执行算法。

（2）假设组成这个数 n 的完全平方数的个数最少为 1，则数 n 可以表示为某个正整数的平方，遍历查找，如果找不到，则继续执行算法。

（3）假设组成这个数 n 的完全平方数的个数最少为 2，使用循环嵌套进行遍历查找，若找不到，则继续执行算法。

（4）算法执行到此，则最终答案为 3。

3.3.2 编程实现——解决完全平方数问题

有了四平方数和定理的理论支持，相信你对解决完全平方数问题已经有了新的思路。下面尝试使用 Python 进行第一次编程，只需要按照前面算法的步骤将其转换为代码即可，示例如下：

```
def numSquares(n: int):
    num = n
    while num % 4 == 0:
        num = num / 4
    if num % 8 == 7:
        return 4
    for i in range(1, n + 1):
        if i * i == n:
            return 1
    for i in range(1, n + 1):
        for j in range(1, n - (i * i) + 1):
            if j * j + i * i == n:
                return 2
    return 3
```

上面的代码就是直接对上一小节我们总结的算法进行翻译，运行没什么问题，但是程序运行的效率却不怎么高，我们使用了两次单层循环和一次双层循环，尤其是双层循环，当进行运算的输入数非常大时，循环次数将巨量增加。我们思考一下是否有可以优化的地方，首先判断一个数是不是某个数的平方，不需要进行循环，我们可以直接对这个数进行方平方运算，之后对结果取整，再进行平方运算，如果最终的结果与原数相同，则表明这个数开平方运算后为整数。除了这里可以优化外，循环的边界也可以进行优化，用来降低循环次数，优化后的代码如下：

```
import math
def numSquares(n: int):
    num = n
    while num % 4 == 0:
        num = num / 4
    if num % 8 == 7:
        return 4
    if math.pow(int(math.sqrt(n)), 2) == n:
        return 1
    for i in range(1, int(math.sqrt(n)) + 1):
        tmp = n - math.pow(i, 2)
```

```
    if math.pow(int(math.sqrt(tmp)), 2) == tmp:
        return 2
return 3
```

需要注意，要使用开平方函数，需要导入 Python 中的 math 模块，修改后的代码运行效率提高了很多。其实这个程序还可以继续优化，一般情况下，取模运算要比位运算的效率低很多，如果有兴趣，你可以思考一下，是否可以通过将程序中的取模运算替换为位运算来进一步提高效率。

3.4　强整数

强整数有这样的定义，给定两个正整数 x 和 y，如果某一整数等于 $x^i + y^j$，其中整数 $i \geqslant 0$ 且 $j \geqslant 0$，那么我们认为该整数是一个强整数。

现在，输入 x 和 y，给定一个上边界 n，尝试编程找出小于等于 n 的所有强整数，通过列表的方式返回。

 3.4.1　编程实现——筛选强整数

本题的解决非常简单，只需要根据题目的要求进行遍历筛选即可，要方便地进行指数运算，我们可以借助 math 模块中提供的函数。需要注意，这个问题看似简单，在编写代码时还是要动一番脑筋，尤其是当 x 和 y 输入为 1 的时候，要进行特殊处理。示例代码如下：

```
import math
def powerfulIntegers(x: int, y: int, bound: int):
    l = []
    for i in range(0, bound):
        if math.pow(x, i) > bound:
            break
        for j in range(0, bound):
            res = math.pow(x, i) + math.pow(y, j)
            if res <= bound:
                if res not in l:
                    l.append(int(res))
            else:
                if x == 1:
                    return l
                else:
                    break
    return l
```

3.4.2　代码改进——强整数检索上限的寻找

上一小节我们所编写的代码虽然可以正常运行，但是其运行效率并不高，主要是因为我们没有正确地找到循环需要终止的上限，要找到这个上限并不容易，主要是因为循环次数的上限受到两个变量的影响。对于这种场景，有一种非常巧妙的解决方案，我们使用元组来将要进行指数运算的值 i 和 j 进行组合，通过栈的方式来管理元组，完全避免多余的循环调用，示例代码如下：

```python
import math
def powerfulIntegers(x: int, y: int, bound: int):
    stack = [(0, 0)]
    l = []
    while len(stack) > 0:
        t = stack.pop()
        num = math.pow(x, t[0]) + math.pow(y, t[1])
        if num <= bound:
            l.append(int(num))
            if x > 1:
                stack.append((t[0]+1, t[1]))
            if y > 1:
                stack.append((t[0], t[1]+1))
    return set(l)
```

改造后的代码不仅效率得到了提高，逻辑也更加清晰。通过这道题，给我们这样一种启示：如果某个状态是由两个变量共同控制的，我们可以思考是否可以使用元组来处理。

3.5　回文数

"回文"是指正读、反读都能读通的句子。在数学中也有这样一类数字有这样的特征，称为回文数，回文数是指正序（从左向右）和倒序（从右向左）读都是一样的整数。例如 12321 就是一个回文数，同样 12344321 也是一个回文数。现在输入一个整数，判断其是否为回文数。

3.5.1　编程实现——判断回文数

回文数的一个显著特点是正序和逆序完全一样，基于这样的特点，解决本题就变得非常容易，只需要将数值转成字符串，之后将其中的每个字符放入列表，将列表逆序前后进行比较，即可判断出原数是否为回文数，示例如下：

```python
def isPalindrome(x: int):
    l1 = list(str(x))
```

```
l2 = list(str(x))
l2.reverse()
return l1 == l2
```

上面借助了 Python 列表自带的逆序函数，现在我们思考一下，是否可以不借助列表来解决上面的问题，其实使用字符串的切片方法也可以非常简便地解决问题，并且性能更好，示例如下：

```
def isPalindrome(x: int):
    str1 = str(x)
    str2 = str1[::-1]
    return str1 == str2
```

优化后的代码更简洁，也更高效。如果你对字符串切片的方法有些陌生，可以将之前章节的内容再回顾一下。

3.5.2　代码改进——求回文素数

解决回文数的问题好像没什么难度，我们可以对题目进行一下升级。素数是指大于 1 且因数只有 1 和它本身的数，回文素数既满足素数的特点，又满足回文数的特点的数字。现在输入一个数 N，求出大于或等于数 N 的最小回文素数。

这道题看上去没有什么特别的，使用暴力尝试的方式总会找到满足条件的数，但是实际上暴力尝试并不可行，当输入的数值在 7 位以上时，这种尝试的耗时将非常巨大，因此我们必须采用一些优化手段。

由于本题是将回文数与素数相结合，在数学上，素数是一种性质特殊的数，因此可以通过如下两条定理对算法进行优化：

（1）除了 11 以外，其他偶数位的回文数都能被 11 整除。

（2）除了 2 和 3 外，其他所有的素数对 6 取余一定等于 5 或者 1。

关于上面两条数学定义的推导过程，这里就不再赘述了，大家可以在互联网或数论相关图书中找到对应的方法。这里我们只关心如何应用这两条定理来简化程序逻辑。

由上面的第 1 条数学规律可知，除了数字 11 外，在暴力尝试时我们可以将所有的偶数位数的数值剔除掉。由上面第 2 条数学规律可知我们可以在素数验证前先通过取模运算进行一轮筛选，并且暴力尝试的步长也可以根据取模运算的结果进行调整。示例代码如下：

```
import math
def isPalindrome(n: int) -> bool:
    return str(n) == str(n)[::-1]
def isPrime(n: int) -> bool:
    if n == 1:
        return False
```

```
        for i in range(2, int(math.sqrt(n) + 1)):
            if n % i == 0:
                return False
        return True
    def primePalindrome(self, N: int) -> int:
        while True:
            couldBe = True
            if len(str(N)) % 2 == 0 and N > 11:
                s = ""
                for i in str(N):
                    s += "0"
                s = "1" + s
                N = int(s) + 1
            tmp = 0
            if N > 3:
                tmp = N % 6
            if N > 3 and tmp != 5 and tmp != 1:
                couldBe == False
            if couldBe:
                if isPalindrome(N):
                    if isPrime(N):
                        return N
            if tmp == 1:
                N += 4
            elif tmp == 5:
                N += 2
            else:
                N += 1
```

　　之前我们在解决编程题时，总是认为计算机的计算速度非常快，无须担心运算时间问题。其实不然，原理上来说只要时间足够，世界上任何密码都可以被暴力破解，但是在实际工程应用中却并不现实，数学上很多计算的复杂度往往是呈指数级增长的，超出计算机的性能极限也不是什么稀奇的事。因此，我们在解决问题时，除了要思考如何找到正确的结果外，也要思考如何提高程序运行的效率，尽量减少不必要的计算。

3.6　丑数

　　数学中有一类名字非常有趣的数：丑数。丑数是指只包含质因数 2、3、5 的正整数。现在，输入一个整数（需要注意，可能为正数，也可能为负数），判断其是否为丑数。在数学中，质因数是指能整除给定正整数的质数。如果一个数除了 2、3、5 外，还有其他的质数可以整除，它就不是丑数。

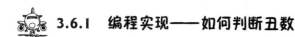

3.6.1　编程实现——如何判断丑数

解决这道题有两种方法，一种思路是暴力验证，我们将小于所输入的数的所有质数寻找出来，然后依次验证是否可以整除。这种思路理论上可行，但在实际解题过程中并不适用，我们知道质数的判定是非常耗时的，当输入的数很大时，这种方式基本就失效了。另一种思路是根据丑数的性质来入手，因为丑数只能有 2、3 和 5 这 3 种质因数，因此可以将输入的数循环对这 3 个数进行整除操作，直到最终无法整除 2、3 和 5，这时，如果余数不是 1，则表明其还有其他的质因数。编写代码如下：

```python
def isUgly(num: int) -> bool:
    if num <= 0:
        return False
    n = num
    while n >= 2:
        if n % 2 == 0:
            n = n / 2
            continue
        if n % 3 == 0:
            n = n / 3
            continue
        if n % 5 == 0:
            n = n / 5
            continue
        break
    if n != 1:
        return False
    return True
```

上面的代码的思路没什么问题，运行起来也能很好地工作，只是看上去代码还是有一些冗余，我们可以想办法对其进行一些简化。在代码中尝试对 2、3 和 5 进行整除的逻辑占了非常大的篇幅，可以使用元组对其进行聚合，优化代码如下：

```python
def isUgly(self, num):
    if num <= 0:
        return False
    for i in (2, 3, 5):
        while num % i == 0:
            num = num / i
    if num != 1:
        return False
    return True
```

优化后的代码清爽了很多，逻辑也更加清晰。

3.6.2　代码改进——尝试找到第 n 个丑数

 如果将丑数按照自然数的顺序来进行排序，正整数 1 是第一个丑数，现在输入一个数 n，尝试编程找到第 n 个丑数。

本题是对前面判定丑数问题的升级，有了前面的基础，本题相对来说就容易很多。当然，采用暴力遍历的方式来寻找依然是不可行的，我们将上一道题的解题思路逆向思考，很容易就可以编写出解决本题的程序。

解题思路分析如下：

（1）首先定义一个数组，用来存放所有已经找到的丑数。

（2）使用 3 个变量分别用来记录对因数 2、3 和 5 相乘运算的位置。

（3）将找到的最小丑数放入数组，修改记录位置的变量，继续寻找，直到满足要求。

上面的解题过程实际上是解决寻找丑数问题的一个经典算法：三指针法。我们知道，丑数都是由 2、3 和 5 这 3 种质因数相乘得到的，从最小的丑数 1 开始，依次对 2、3、5 进行相乘，得到最小的数即下一个丑数，以此类推，可以得到完整的丑数列表。示例代码如下：

```python
def nthUglyNumber(n):
    res = [1]
    index2 = 0
    index3 = 0
    index5 = 0
    for i in range(n-1):
        num = min(res[index2] * 2, res[index3] * 3,res[index5] * 5)
        res.append(num)
        if res[-1] == res[index2]*2:
            index2 += 1
        if res[-1] == res[index3]*3:
            index3 += 1
        if res[-1] == res[index5]*5:
            index5 += 1
    return res[-1]
```

上面的代码的循环过程可以描述如下：

第 1 次：1 * 2 = 2，1 * 3 = 3，1 * 5 = 5，其中 2 最小，将 2 添加进列表，并将代表 2 的指针向后移动一位。

第 2 次：2 * 2 = 4，1 * 3 = 3，1 * 5 = 5，其中 3 最小，将 3 添加进列表，并将代表 3 的指针向后移动一位。

第 3 次：2 * 2 = 4，2 * 3 = 6，1 * 5 = 5，其中 4 最小，将 4 添加进列表，并将代表 2 的指针向后移动一位。

第 4 次：3 * 2 = 6，2 * 3 = 6，1 * 5 = 5，其中 5 最小，将 5 添加进列表，并将代表 5 的指针向后移动一位。

第 4 次：3 * 2 = 6，2 * 3 = 6，2 * 5 = 10，其中 6 最小，将 6 添加进列表，并将代表 2 和 3 的指针向后移动一位。

第 4 次：4 * 2 = 8，3 * 3 = 9，2 * 5 = 10，其中 8 最小，将 8 添加进列表，并将代表 2 的指针向后移动一位。

以此类推即可。

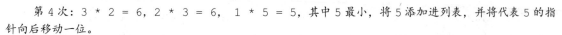

3.6.3 代码改进——解决丑数扩展问题

上一节中，我们定义丑数为只包含质因数 2、3 和 5 的正整数。现在，我们对定义做一点点的扩展。假设输入任意数 a、b 和 c，请找到第 n 个可以被 a、b 或 c 整除的正整数。

例如，我们设定 a = 2、b = 3、c = 5、n = 3。此时，符合条件的丑数列表为 2、3、4、5、6…。我们要找的第 3 个数为 4。

总体来说，要解决这道题还是有不小的难度。按照常规的思路循环累加查找是不太现实的，当输入较大时，循环累加所需要消耗的时间将非常恐怖。我们需要想出一种巧妙的算法来优化查找效率，从而解决这道题。

3.6.4 算法改进——使用二分查找第 n 个丑数

如果要从已知的范围内找到某个数字，我们可以采用二分查找算法来提高查找效率。对于本题来说，要借助二分查找来提高效率，需要先解决两个问题：

（1）查找的范围如何确定。

（2）如何确定某个数是第几个丑数。

问题 1 非常好解决，输入的 3 个数字 a、b 和 c 中的最小数就是我们要查找范围的最小边界，a、b 和 c 中的最小数乘以 n 的值就是我们要查找范围的最大边界。

问题 2 也有一个很巧妙的方法可以解决，根据上面的定义，我们知道能够被 a、b 或 c 整除的数都被定义为丑数，因此对任意一个数 X，我们只需要能够确定 0～X 范围内有多少个丑数即可，即找到 0～X 范围内所有可以被 a 整除或可以被 b 整除或可以被 c 整除的数。有以下 7 种场景：

（1）只能被 a 整除（X/a）。

（2）只能被 b 整除（X/b）。

（3）只能被 c 整除（X/c）。

（4）只能够被 a 和 b 整除（X/a_b）。

（5）只能够被 a 和 c 整除（X/a_c）。

（6）只能够被 b 和 c 整除（X/b_c）。

（7）能够被 a、b 和 c 整除（X/a_b_c）。

由于计算上述前 3 种场景的结果存在重复计算的情况，例如可以被 a 整除，也可以被 b 整除的数会被计算两次，因此我们需要把情况 4、5、6 计算出的结果剔除掉。同样，场景 4、5、6 也存在重复计算的情况，能同时被 a、b 和 c 整除的数被计算了两次，需要再用场景 7 进行修正。因此，计算 0～X 范围内有多少个丑数最终可以表示为如下表达式：

$$X/a + X/b + X/c - X/a\_b - X/a\_c - X/b\_c + X/a\_b\_c$$

其中情况 4、5、6、7 中的除数计算最小公倍数即可得到。

编写代码如下：

```python
# 计算最小公倍数
def common2(a, b):
    n = a * b
    while b > 0:
        t = a % b
        a = b
        b = t
    return int(n / a)
# 二分查找
def search(min, max, a, b, c, n):
    if min >= max:
        return min
    mid = int((min + max) / 2)
    ab = common2(a, b)
    ac = common2(a, c)
    bc = common2(b, c)
    abc = common2(ab, c)
    count = int(mid/a) + int(mid/b) + int(mid/c) - \
        int(mid/ab) - int(mid/ac) - int(mid/bc) + int(mid/abc)
    if count == n:
        return mid
    if count < n:
        return search(mid+1, max, a, b, c, n)
    return search(min, mid-1, a, b, c, n)
def nthUglyNumber(self, n: int, a: int, b: int, c: int) -> int:
    mi = min(a, b, c)
    ma = mi * n
    res = search(mi, ma, a, b, c, n)
    la = res % a
    lb = res % b
    lc = res % c
    return res - min(la, lb, lc)
```

需要注意，二分查找得到的结果并不是本题的最终结果，二分查找得到的是一个最接近答案的区间最大值，我们需要再处理一下，找到小于等于它的最近的丑数。

3.7　完美数

世上的事情很少有完美的，生活中不如意之事更是十之八九。然而，无论如何，人们对"完美"的追求始终没有停止过，追求完美的过程才是人生的最大意义。本节将来讨论与"完美"有关的一类数字。

在数学中，对于一个正整数，如果它和除了它以外的所有正因子之和相等，则称这个数为完美数。例如，28 = 1 + 2 + 4 + 7 + 14，28 就是一个完美数。现在，给定一个整数 n，判断它是否为完美数。另外，输入数字 n 的大小不超过 100 000 000。

3.7.1　完美数的故事

完美数又称为完全数或完备数。自然数中的第一个完美数是 6。数字 6 也往往有着特殊的寓意。据史料记载，最早开始研究完美数的人是公元前 6 世纪的毕达哥拉斯。当时他已经找到了世上存在的两个完美数：6 和 28。毕达哥拉斯曾说："6 象征着完美的婚姻以及健康和美丽，因为它是完整的，其所有因数的和等于它自身。"除此之外，一些《圣经》信仰者也认为 6 和 28 是上帝创造世界时所使用的基本数字，上帝创造世界花了 6 天，28 天则是月亮绕地球一周的日数。

在我国古代文化中，数字 6 和 28 也被赋予了更多含义，例如与 6 有关的六畜、六谷、六常等，与 28 相关的二十八星宿等。完美数仿佛有着神奇的魔力，在历史中总是有许多巧合与之相关。

截至目前，到底存在多少个完美数依然是一个谜，寻找完美数的过程并不轻松。到 2013 年 2 月 6 日为止，人们一共发现了 48 个完美数。同样，完美数是十分稀有的，第 13 位完美数的长度就已经达到 314 位，之后完美数的长度则更加恐怖，据估计，将第 39 位完美数使用 4 号字打印出来的长度有一本字典那么厚。自从人们发现完美数后，众多数学家和数学爱好者都不知疲倦地寻找自然界中存在的更多完美数，这是一个艰苦的过程，直到计算机科学的发展，对完美数的寻找效率才有了质的提升。

非常神奇的是，迄今为止，所有找到的完美数都是偶数，还没有奇完美数被发现。

3.7.2　编程实现——如何判断完美数

判断完美数的思路非常简单，我们可以找到所有因数进行累加，最后判断累加的结果是否与原数相等即可。这里也有一个小技巧，在寻找因数时，我们每找到一个可以整除的数，实际上是找到了两个因数，因为如果 X 可以整除 a，则一定存在一个数 b 乘以 a 等于 X，因此 b 也是 X 的一个因数，程序编写如下：

```
def checkPerfectNumber(num):
    if num <= 0:
```

```
        return False
    res = 0
    for i in range(1, int(math.sqrt(num)+1)):
        if num % i == 0:
            res += i
            if i * i != num:
                res += num/1
    if res == num * 2:
        return True
    else:
        return False
```

如果你仔细观察题目，会发现其实题目中还有一个非常重要的条件：输入数的规模不大于 100 000 000。我们前面提到过，自然界中的完美数其实非常有限，小于等于 100 000 000 的完美数只有 5 个，分别是：6、28、496、8128、33550336。其实在实际应用中，在确保满足输入规模的前提下，我们可以用查表法来解决这道问题，这将得到极致的提升，示例代码如下：

```
def checkPerfectNumber(num: int) -> bool:
    return True if num in [6, 28, 496, 8128, 33550336] else False
```

查表法并不具有完全的通用性，但是很多时候，为了满足效率要求，我们要在"通用性"与"可用性"之间进行平衡。

3.8　快乐数

生活可以不太完美，但是不能缺少快乐。"完美"是人们所追求的一种美好信仰，可能很难达到，但要获得快乐往往并不困难。

对于一个正整数，每一次将该数替换为它每个位置上的数字的平方和，然后重复这个过程，直到这个数变为 1。当然，也可能会无限循环，但始终变不到 1。如果可以变为 1，那么这个数就是快乐数，否则不是。例如 19 就是一个快乐数，通过如下过程可以证明：

$1^2 + 9^2 = 82$

$8^2 + 2^2 = 68$

$6^2 + 8^2 = 100$

$1^2 + 0^2 + 0^2 = 1$

现在编写程序，输入一个数 n，判断其是否为快乐数。

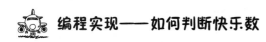

编程实现——如何判断快乐数

前面我们解决了有关完美数的问题,本节再来判断一个数字是不是快乐数。在自然界中,完美数非常稀有,但是快乐数却有很多。这或许在另一方面也给了我们一个启示:生活中完美的事很少,但是快乐却很多。

根据快乐数的定义,要判断一个数是否为快乐数的思路非常简单,只需要循环将其拆解计算后,看最终的结果是否等于 1,期间如果出现了已经拆解过的数字,则表明会进入循环,可以判定此数不是快乐数。示例代码如下:

```python
def isHappy(n: int) -> bool:
    tmp = [n]
    while n != 1:
        l = list(str(n))
        res = 0
        for c in l:
            res += int(c) * int(c)
        if res in tmp:
            return False
        tmp.append(res)
        n = res
    return True
```

通过本题我们可以发现,for-in 结构的循环很多时候适用于集合的遍历或已知循环次数的循环结构,而循环次数不定,需要在程序运行过程中实时变更循环条件的场景,使用 while 循环则更加合适。

3.9　顺次数

定义顺次数为其每一位数字都比前一位数字大 1 的整数。例如 123、234、345、456 等都是顺次数。简单来说,一个数值中的每一位数字都是依次递增的,则这个数值就是顺次数。现在,给定一个范围,例如[1000, 10000],尝试编程查找其范围内的所有顺次数,并将其由小到大地组成列表返回。

编程实现——查找顺次数

查找顺次数首先需要理解如何构造顺次数。顺次数的构造规则是比较简单的,根据题目要求,我们只需要在指定的范围内进行顺次数的构造即可,示例代码如下:

```python
def sequentialDigits(low: int, high: int) -> List[int]:
    l = []
    for i in range(1, 10):
        num = i
        for j in range(i+1, 10):
            num = num * 10 + j
            if num >= low and num <= high:
                l.append(num)
    l.sort()
    return l
```

如以上代码所示，我们首先从 1 到 9 进行遍历，每次遍历取出的数字作为顺次数的最高位数字，之后根据顺次数的定义依次往最高位后面补充数字，最终构造的顺次数只要在输入的范围内，就进行记录，最后对记录的列表进行排序即可。

你可能发现了，其实顺次数的个数是有限的，一共只有 36 个，本题也非常适合使用查表法解决，代码如下：

```python
def sequentialDigits(self, low: int, high: int) -> List[int]:
    l = [12, 23, 34, 45, 56, 67, 78, 89,
         123, 234, 345, 456, 567, 678, 789,
         1234, 2345, 3456, 4567, 5678, 6789,
         12345, 23456, 34567, 45678, 56789,
         123456, 234567, 345678, 456789,
         1234567, 2345678, 3456789,
         12345678, 23456789,
         123456789]
    res = []
    for i in l:
        if i >= low and i <= high:
            res.append(i)
    return res
```

其实，看似"笨"的方法有时候反而是最优的方法，一段程序的优劣很多时候取决于其所在的应用场景，毕竟编程是一门应用类的科学。

3.10　步进数

步进数是顺次数的一种扩展，如果一个整数上的每一位数字与其相邻位上的数字的绝对差都是 1，那么这个数就是一个步进数。例如，321 是一个步进数，而 421 不是。现在，给定一个范围（正数），尝试编程查找其范围内的所有步进数，并将其由小到大排列组成列表返回。

编程实现——查找步进数

通过前面题目的锻炼，相信本题一定难不倒你。在解决寻找丑数的题目时，我们采用三指针法来构造丑数列表。本题其实也适用这样的思路。首先，本题的要求是在一定范围内寻找步进数。其实我们也可以从头构造步进数列表，将满足范围的筛选出来，在构造步进数列表时，也可以采用指针定位的方式。

```python
def countSteppingNumbers(low: int, high: int):
    l = [0]
    res = []
    p = 0
    if low == 0:
        res.append(0)
    while l[-1] < 9:
        l.append(l[-1] + 1)
        if l[-1] <= high and l[-1] >= low:
            res.append(l[-1])
    while l[-1] < high:
        current = l[p]
        if current == 0:
            p += 1
            continue
        if str(current)[-1] == "9":
            new = current * 10 + 8
            l.append(new)
            if new <= high and new >= low:
                res.append(new)
        elif str(current)[-1] == "0":
            new = current * 10 + 1
            l.append(new)
            if new <= high and new >= low:
                res.append(new)
        else:
            new1 = current * 10 + int(str(current)[-1]) + 1
            new2 = current * 10 + int(str(current)[-1]) - 1
            l.append(new2)
            l.append(new1)
            if new2 <= high and new2 >= low:
                res.append(new2)
            if new1 <= high and new1 >= low:
                res.append(new1)
        p += 1
    return res
```

如以上代码所示，列表1是完整的步进数列表，列表res是最终返回的结果列表。对于小于10的数，按照定义其本身就是步进数，因此我们需要单独处理，之后只需要根据指针的移动不断构造步进数即可。

3.11　中心对称数

对称本身往往就是一种美，在日常生活中，对称无处不在，如人的身体构造、房屋的建设外观、各种各样的生活用品等。我们看到对称的物体往往就会产生一种稳定和谐的感官体验。

下面来做一道有趣的题目，定义中心对称数为一个数字旋转180度之后看起来依旧相同的数字。例如，数字69旋转180度后依然为69，则数字69就是一个中心对称数。下面输入一个字符串形式的数字，例如88，尝试编程判断它是不是中心对称数。

3.11.1　编程实现——通过字典映射来判断中心对称数

根据题目的描述，我们可以发现其实中心对称数有着显著的特点。首先，并非所有的数字旋转180度之后依然是正常的数据，能够支持旋转的数字只有0、1、6、8和9。因此，如果输入的数值中存在非上面列举出的5个数字，则它一定不是一个中心对称数。理解了这个规律，编程解决这道题就变得非常简单。示例代码如下：

```python
def isStrobogrammatic(num: str) -> bool:
    dic = {"0": "0", "1": "1", "2": "-1", "3": "-1", "4": "-1", "5": "-1", "6":
"9", "7": "-1", "8": "8", "9": "6"}
    l = []
    for c in num:
        if dic[c] == "-1":
            return False
        l.insert(0, dic[c])
    return ''.join(l) == num
```

上面的解题思路非常简单，接下来加大一点难度。

3.11.2　代码改进——查找指定位数的中心对称数

我们已经知道，中心对称数是指旋转180度看起来依然一样的数，那么尝试编程找到长度为n的所有中心对称数，例如当n等于2时的所有中心对称数为11、69、88和96。

题目稍微变化了一下，但是难度增加了不少。要解决这道题，还是要从中心对称数的性质着手。中心对称数如果是奇数位的，那么最中间的数一定是0、1、8这3个数字中的一个，因为只有这3个数字旋转180度后依然与自身相等。并且从中心开始向两边扩展，两边的数字一定是成对出现的，即00、11、88、69和96这5对数字。如果是偶数位的，则从左向右与从右向左依次取到的数字一定是成对的。理解了这些特点，我们就很容易解决这道题。示例代码如下：

```python
S = ["0", "1", "8"]
D = ["00", "11", "88", "69", "96"]
d = ["11", "88", "69", "96"]
def func(l, n):
    res = []
    if n > 1:
        for c in D:
            for item in l:
                temp = list(item)
                temp.insert(len(temp) // 2, c)
                res.append("".join(temp))
        if res == []:
            res = d
        return func(res, n-2)
    if n == 1:
        for c in S:
            for item in l:
                temp = list(item)
                temp.insert(len(temp) // 2, c)
                res.append("".join(temp))
        if res == []:
            res = S
        return res
    return l
def findStrobogrammatic(n: int):
    return func([], n)
```

如以上代码所示，我们首先定义了 3 个特殊的列表，分别命名为 S、D 和 d。其中，S 列表中存放的是只有一位数字的中心对称数，D 列表中存放的是广义上两位的中心对称数，d 列表中存放的是狭义上两位的中心对称数（去掉 0）。上面的代码使用到了递归的编码技巧，递增位数地去构造中心对称数，直到最终的位数满足要求。

3.11.3　代码改进——确定中心对称数的个数

现在，我们进一步计算。假设通过 low 和 high 这两个边界确定一个范围，那么你能确定范围内中心对称数的个数吗？注意，不需要把所有的中心对称数都找出来，只需要知道有多少个即可。尝试编程解决。

在上一小节的基础上，解决本题并不困难，首先我们已经有办法找到某个位数的所有中心对称数，这样其实也就可以获取到某个位数的所有中心对称数的个数。要确认范围内的中心对称数的个数，只需要对最小值的位数与最大值的位数的中心对称数集合进行特殊处理即可。完整代码编写如下：

```python
S = ["0", "1", "8"]
D = ["00", "11", "88", "69", "96"]
d = ["11", "88", "69", "96"]
def func(l, n):
    res = []
    if n > 1:
        for c in D:
            for item in l:
                tmp = list(item)
                tmp.insert(len(tmp) // 2, c)
                res.append("".join(tmp))
        if res == []:
            res = d
        return func(res, n - 2)
    if n == 1:
        for c in S:
            for item in l:
                tmp = list(item)
                tmp.insert(len(tmp) // 2, c)
                res.append("".join(tmp))
        if res == []:
            res = S
        return func(res, n - 1)
    return l
def strobogrammaticInRange(low: str, high: str) -> int:
    mi = len(low)
    ma = len(high)
    c = 0
    while mi <= ma:
        al = func([],mi)
        count = len(al)
        if mi == len(low) or mi == len(high):
            for item in al:
                if int(item) > int(high) or int(item) < int(low):
                    count -= 1
        c += count
        mi += 1
    return c
```

现在，回想一下中心对称数相关题目的解决过程，如果我们直接尝试解决"寻找一定范围内中心对称数个数"这道题目，则一定会遇到不小的阻碍。很多时候，在编写解决疑难问题时，可以先尝试将复杂的问题进行拆解，一步一步解决。学会这种化繁为简，步步前进的思路非常重要。

3.12 累加数

战胜了中心对称数的问题，我们再来认识一种特殊的数字：累加数。首先，累加数是一个字符串，其至少包含 3 位，除了最开始的两个数以外，字符串中的其他数都等于它之前两个数相加的和。

例如 112358 是一个累加数，因为拆解开后：

$1 + 1 = 2$

$1 + 2 = 3$

$2 + 3 = 5$

$3 + 5 = 8$

同样，167132033 也是一个累加数，因为：

$1 + 6 = 7$

$6 + 7 = 13$

$7 + 13 = 20$

$13 + 20 = 33$

现在，输入一个字符串类型的数，编程判断其是否为累加数。

编程实现——如何判断累加数

本题看似简单，实际暗藏玄机。本题的难点在于如何确定第一个数和第二个数。只要确定了第一个数和第二个数，则后面的数都可以通过前两个数累加来得到验证。因此，我们需要通过两层循环的方式来穷举第一个数与第二个数的组合情况。之后通过累加来验证是否符合累加数的特点。示例代码如下：

```
def func(end1, end2, num):
    res = num[0:end2 + 1]
    if res == num:
        return False
    t1 = num[0:end1 + 1]
    t2 = num[end1+1:end2+1]
    if (len(t1) > 1 and t1[0] == "0") or (len(t2) > 1 and t2[0] == "0"):
        return False
    while len(res) < len(num):
        add = str(int(t1) + int(t2))
        t1 = t2
        t2 = add
```

```
        res += add
    return res == num
def isAdditiveNumber(num: str) -> bool:
    if len(num) <= 2:
        return False
    for i in range(0, len(num)-1):
        for j in range(i+1, len(num)):
            if func(i, j, num):
                print(i, j)
                return True
    return False
```

如以上代码所示，func 函数是一个功能函数，当确定了第一个数和第二个数的截止下标后，用来验证其是不是累加数。需要注意，根据题目的要求，数是不允许以 0 开头的，因此我们需要把以 0 开头的数的情况去掉（个位数除外）。主函数中使用了两层循环，用来遍历所有前两个数的组合情况。

其实，上面的示例代码在循环时，选择的循环边界并不十分合适，还有可以优化的控件，你如果有兴趣，可以尝试优化一下。

3.13 易混淆数

前面，我们做过一道有关中心对称数的题目。易混淆数与中心对称数的规则一样，不同的是，中心对称数旋转后得到的数字与本身相同，而易混淆数旋转后得到的依然是一个数字，但是与本身不同。现在，输入一个数字，判断其是不是易混淆数。

编程实现——如何判断易混淆数

本题本身较为简单，易混淆数的定义与中心对称数相似，因此我们可以采取和中心对称数题目类似的思路进行解题。判断易混淆数的示例代码如下：

```
def confusingNumber(N: int) -> bool:
    dic = {"0":"0", "1":"1", "6":"9", "8":"8", "9":"6"}
    strNum = str(N)
    new = []
    for i in list(strNum):
        if i not in dic:
            return False
        new.insert(0, dic[i])
    return new != list(str(N))
```

　　判断某个数是不是易混淆数非常简单，关于易混淆数的变体题目与中心对称数类似，也有很多，这里就不再列举，你如果有兴趣，可以自行尝试解决获取指定位数的所有易混淆数以及找到指定范围内的易混淆数的个数。

❀ 本 章 结 语 ❀

　　本章使用 Python 作为工具解决了不少有关数字的问题。这些数字各有各的特点，当然，解决这些题目的思路与算法也各不相同，有时候我们需要利用数学性质来优化解题算法，有时候需要巧妙地借助指针法来提高解题效率。对这些题目的练习，相信一定给你留下了宝贵的编程解题经验。接下来，继续我们的编程之旅吧。

第4章

有趣的数字——数字计算

从最简单的做起。

——康托尔

在第 3 章中，我们练习了很多有关特殊数的编程题。无论这些题目是简单还是复杂，解题的过程本身就带给了我们很多收获。数字是数学中最重要的一部分，但是只有数字的数学是不完整的，数字加上计算才组成了变化万千的数学世界。

本章将把关注的重心放在数字的计算上。编程最本初的目的是让程序帮助我们做一些复杂的运算。在很多场景下，我们都可以使用编程作为工具提高生产力，解决我们生活中遇到的实际问题。本章将使用 Python 编程解决四则运算、二进制运算、分数运算、复数运算、幂运算等相关的问题。希望这些问题的解决过程能够带给你极大的乐趣。

4.1　二进制相关运算

二进制在我们生活中使用的可能不多，但是在计算机的世界中，二进制却至关重要。所有的数据存储、传递、运算最终都是采用二进制来实现的。关于二进制的相关内容，在前面的章节有做过简单的介绍。本节将通过一些有关二进制运算的题目帮助大家更深入地理解二进制，运用二进制。

在刚开始接触二进制相关的题目时，你可能会有些不习惯，一旦掌握了二进制的运算思路，这类题目其实非常简单。

4.1.1　编程实现——二进制求和

现在，输入两个二进制表示的字符串类型的数值，尝试编程计算它们相加的和。需要注意，输入的二进制字符串不为空，并且只包含 0 和 1 两种字符。

只要我们了解了进制在数学运算中的本质与原理，解决本题其实非常简单。首先，加法运算可以从右向左进行，处于相同位的数字进行相加，如果两个运算数的位数不同，则较小的数的空白位可以用 0 补齐。对于二进制，其本质是逢二进一，我们在运算时，可以采用一个变量记录是否进位，根据二进制的法则从右向左计算即可。

示例代码如下：

```python
def addBinary(a: str, b: str) -> str:
    tip = 0
    i = 0
    res = ""
    while i < len(a) or i < len(b) or tip > 0:
        aa = 0
        bb = 0
        if i < len(a):
            aa = int(a[len(a)-i-1])
        if i < len(b):
            bb = int(b[len(b)-i-1])
        cc = aa + bb + tip
        if cc >= 2:
            cc -= 2
            tip = 1
        else:
            tip = 0
        res = str(cc)+res
        i += 1
    return res
```

上面的解题思路非常清晰，但是对于 Python 编程来说，我们无须处理这么多逻辑，巧妙地使用 Python 内置的函数，本题的解法将变得极致简洁，示例如下：

```python
def addBinary(a, b):
    # 会返回 0b 开头的字符串
    return bin(int(a, 2)+int(b, 2))[2:]
```

如以上代码所示，int 函数用来将字符串转换为数值，之前我们在使用这个方法时，默认都是十进制，因此没有设置进制参数，这个函数的第 2 个参数可以设置要使用的进制模式。bin 函数也是一个非常强大的函数，其可以将某个数值转换成以二进制表达的字符串，但是需要注意，二进制的字符串会以 0b 开头。借助 Python 中的这两个函数，我们可以进行二进制加法运算，并且将运算的结果转换成二进制的字符串返回。

内置函数无非就是编程语言包内默认提供了的函数，使用编程语言的基本能力我们自己也可以实现这类函数，你能否尝试自主实现一个和内置 bin 函数一样功能的函数？

4.1.2　编程实现——求十进制数的反码

补码与反码是数字存储的一种机制。每个十进制数都可以使用二进制表示，所谓反码，是指将十进制数用二进制表示，并且将每一个二进制位进行取反操作。例如 5 的二进制表示为 101，其反码为 010。现在，输入一个十进制数字，返回其反码对应的十进制数字。例如对于数字 5，其反码为 010，即最终返回的结果为十进制数 2。

按照常规的思路解决本题的话，我们可以将输入的十进制数转成使用 0 和 1 表示的二进制数，再分别对每一位进行取反运算，将最终得到的结果再转回十进制数返回。这样的做法思路清晰，但是比较烦琐，因为我们要获取的是反码，即进行取反操作，那么可以从取反操作的性质入手。

首先，对于取反操作来说，如果原位是 0，则取反后会变成 1，如果原位是 1，则取反后会变成 0，这种效果与将每一位数字与 1 进行异或运算得到的结果是一致的。例如，假设输入的数值是 5，其二进制表示为 101，我们将其与 111 进行异或运算（对应的位如果相同，则运算结果为 0，不同则为 1），得到的结果为 010，与取反得到的结果一样。因此，我们可以使用 Python 中的异或运算来快速解决本题，现在只需要解决一个问题，即确定要与之进行异或运算的数的大小。

示例代码如下：

```python
def bitwiseComplement(N: int) -> int:
    c = 1
    while c < N:
        c = (c << 1) + 1
    return N ^ c
```

如以上代码所示，我们使用 while 循环来构造要与原数进行异或的数值，其中使用 "<<" 运算符来进行按位左移运算，这样可以构造出每一个二进制位都是 1 的数字。

通过本题的练习，我们可以体会到，在编程中，按位运算其实应用的地方并不多，但是对于某些特殊场景，按位运算可以极大地提高效率。要灵活地使用按位运算，一定要将二进制的计算与存储原理搞清楚。

4.1.3　编程实现——计算汉明距离

汉明距离是二进制运算在工业上的一种应用。汉明距离经常用于信息传输纠错、图片相似度分析、数据编码抗干扰性分析等场景。

汉明距离的定义非常简单，对于两个二进制数，汉明距离是指其对应位上不一致的位的个数。例如，二进制数 1010 与二进制数 1111 的从右向左第 1 位和第 3 位数字不同，因此其汉明距离为 2。现在输入两个整数，计算它们之间的汉明距离。

汉明距离是以理查德·卫斯里·汉明的名字命名的，其在信号误差检测和校正码相关的论文中首次引入这个概念，在通信工程中具有重要意义。汉明距离描述了从一个信号变成另一个信号所需要做的最小操作，目前在图片处理相关应用中，比较汉明距离也是一种常用的图片相似度算法。

要解决本题，还是要从二进制位运算的性质入手，汉明距离的值实际上就是两个二进制数不同位的个数。我们知道，位运算中的异或运算可以将两个二进制数所有不同的位强制置为

1，相同的位强制置为 0，因此我们可以使用异或运算来将所有不同的位标记出来，之后只需要计算结果中为 1 的二进制位的个数即可，这个过程可以借助与运算和位移运算实现。

示例代码如下：

```
def hammingDistance(x, y):
    res = x ^ y
    c = 0
    while res > 0:
        if res & 1 == 1:
            c += 1
        res = res >> 1
    return c
```

如以上代码所示，通过与 1 进行与运算可以快速地判断二进制数字的最低位是否为 1，借助循环右移运算，可以方便地获取到二进制数值中 1 的个数。

4.1.4 代码改进——求二进制数中 1 的最长间距

现在我们找到二进制数中所有 1 的个数已经不是难事，那么我们来增加一点难度，给定一个正整数，你能否计算出此正整数中两个连续的 1 之间的最长距离。例如，对于二进制数 1110110，其中连续两个 1 之间的最大距离为 2。

本题难度不大，但是在解题过程中，存在一些陷阱。例如，对于二进制数 1000，其中只有一个 1，即不存在两个连续的 1，因此对于类似 1000 这样的数值，本题的答案为 0。

要找到一个二进制数中连续两个 1 的最长间距，我们可以通过循环累加的方法来记录间距，解题思路简单总结如下：

（1）首先对二进制数的每一位进行遍历，可以采用位移运算实现。

（2）当遇到一个 1 时，开始进行计数，并将之前的计数清零，在清零前，如果当前距离最长，则需要将当前距离存储下来。

（3）遍历结束，将所存储下来的最长距离返回。

示例代码如下：

```
def binaryGap(N):
    max = 0
    cur = -1
    while N > 0:
        if N & 1 == 1:
            if cur != -1 and max < cur + 1:
                max = cur + 1
            cur = 0
        elif cur != -1:
            cur += 1
```

```
        N = N >> 1
    return max
```

需要注意，如以上代码所示，cur 变量的初始值设置为–1，这样做是为了规避前面我们所说的陷阱，一个二进制数第一次出现 1 时不会被存储记录。

4.1.5　代码改进——颠倒二进制数

通过前面几道习题的训练，相信你对位运算有了更深入的理解。下面来看一道与位运算相关的编程题。

给定一个 32 位的二进制数，将其左右颠倒后输出，即第一位与最后一位交换，第二位与倒数第二位交换，以此类推。

本题主要考察对二进制位运算的应用，解题思路较为简单。由于题目规定了是 32 位的二进制数，因此要将其进行颠倒，只需要从右向左依次取出原二进制数的 32 位，再从左到右排列成新的二进制数返回即可。示例代码如下：

```
def reverseBits(n):
    count = 0
    res = 0
    while count < 32:
        count += 1
        if n & 1 == 1:
            res = (res << 1) + 1
        else:
            res = res << 1
        n = n >> 1
    return res
```

灵活地运用二进制位运算是解决二进制相关题目的关键。

4.2　玩转四则运算

前面我们解决了许多与二进制相关的编程题。由于二进制的特殊性质，使用位运算常常可以事半功倍地解决问题。本节将回归十进制，解决更多与四则运算相关的逻辑编程题。通过这些题目的训练，不仅能够让我们对 Python 语言的应用能力得以提高，更可以拓宽我们的编程思路。

4.2.1 编程实现——一个数的各位相加

Python 语言自带数学运算相关的函数，对于四则运算，Python 中也提供了相应的运算符可以直接使用。

现在，尝试编程解决这样一个问题：输入一个非负整数，将这个数字的每一位上的数字提取出来并进行累加，将累加结果返回。

例如，输入数字 21，则返回的结果为 2+1=3；输入数字 123，则返回的结果为 1+2+3=6。

对我们来说，只按照题目中的要求来解决这道题非常容易，借助列表和字符串可以将数值中的每一位数字提取出来，之后进行简单的相加即可。示例代码如下：

```
def addDigits(num):
    l = list(str(num))
    res = 0
    for i in l:
        res += int(i)
    return res
```

如果仅仅如此，本道题的价值就太小了，实际上，本道题还可以进行拓展，当将数值的各位相加后，如果得到的结果不是个位数，就继续之前的操作，将结果的每一位数也进行相加，直到最终得到个位数的结果。题目只做了一点简单的修改，对于程序来说，就需要我们增加更复杂的逻辑。

分析上面的题目，最终需要得到个位数的结果，因此使用循环来解决问题思路比较清晰简单。示例代码如下：

```
def addDigits(num):
    l = list(str(num))
    res = 0
    for i in l:
        res += int(i)
    while res >= 10:
        tem = list(str(res))
        res = 0
        for i in tem:
            res += int(i)
    return res
```

现在，我们尝试挑战一下自己，假设不使用循环和递归，你能否解决这个问题呢？

乍看起来，这个要求有点过分，但是仔细分析一下各位相加这个操作的特点，有一个巧妙的方法可以帮助在不使用循环的前提下快速解决这个问题。首先，对于任意数值，我们可以将其写成如下格式：

abc = 100*a+10*b+c

最终，我们需要计算的实际上是 a + b + c 的值，因此可以将上面的等式改写如下：

abc = 99a+9b+(a+b+c)

因此，对于任意数来说，我们要求最终 a+b+c 的值，直接将原数对 9 进行取余即可。但是需要注意，有一种情况需要特殊处理，除了 0 之外，任何数对 9 取余如果结果为 0，则表明其各位相加的结果为 9。使用以上思路改写代码如下：

```python
def addDigits(num):
    if num == 0:
        return 0
    else:
        res = num % 9
        if res == 0:
            return 9
        else:
            return res
```

本来看似不可能完成的任务经过我们深入思考后，解决方案竟然这么简单。这就是编程的魔力，也是算法的魅力所在。永不满足，永远追求更优解，我们学习编程的最终目的也是如此。

4.2.2　编程实现——不用加减乘除运算符做加法

加减乘除四则运算是编程语言最基础的功能，Python 中也有对应的运算符来支持这些运算。我们开动一下脑筋，假设不使用 "+" "−" "*" "/" 这 4 个运算符，能够对两个数进行相加运算吗？尝试编写一个函数，输入两个数值（正整数），在不使用四则运算符的前提下将其相加的结果返回。给你一点小提示，可以从计算机二进制的原理入手进行思考。

要解决本题其实并不难，重要的是我们要了解二进制运算的一个有趣的特点。

对两个正整数进行异或运算，得到的结果实际上就是两数相加后所有未进位的位，例如二进制数 1101 与二进制数 1000 进行异或，将得到结果 0101。

同样，对两个数进行与运算得到的结果实际上是需要进位的位，例如二进制数 1101 与二进制数 1000 进行按位与运算，将得到结果 1000，这个结果实际上记录了在实际相加运算时所有需要向左进 1 的位，我们只需要统一做一次左移运算，即可得到进位后的结果。

通过上面两次运算后，我们将重新得到两个数，这两个数相加的结果与最初输入的两个数相加的结果将是一样的。重复上面的两种操作，直到不再有进位的位出现，则表明我们得到了最终的运算结果。示例代码如下：

```python
def func(a, b):
    f = 0
    n = 0
    while(b != 0):
```

```
f = a ^ b                # 未进位
n = (a & b) << 1         # 进位后
a = f
b = n
return a
```

如以上代码所示，其中 f 记录没有进位的位，n 记录进位的位，每次计算后，都将 a 和 b 重新赋值，直到不再有进位，则得到最终结果。

需要注意，从难度上讲，本题并不困难，但是要解决本题，需要对二进制的运算原理有着深入的理解。对于本题，你自己解出来了吗？

 ### 4.2.3　代码改进——求阶乘的尾数

前面成功挑战了与加法相关的编程题，我们现在要尝试挑战更高级的乘法了。对于阶乘，相信大家并不陌生，在数学中，阶乘使用!表示，即 3!表示 3 的阶乘，可以展开为 1*2*3。现在，输入一个数，尝试编程计算出其阶乘的结果中，末尾有几个 0。例如，当输入 5 的时候，结果为 1，因为 5! = 120，末尾有一个 0。

大部分读者看到本题，可能会想到使用最直接的方式来解答，即首先计算出输入数的阶乘，之后将数值转换成列表来检查列表尾部有多少个字符"0"。这种思路是正确的，但是并不可行。计算阶乘本身是一个十分耗时的操作，尤其是当输入的数字非常大时，计算阶乘就仅仅是理论上可行了。那么，我们就需要思考一下，是否可以从数字本身的性质入手解决这道题。

首先，这道题所要计算的是阶乘的结果末尾有多少个 0，对于乘法运算，其末尾如果要出现 0，其因子中一定包含 5，例如 2*5=10、4*5=20、6*5=30、8*5=40 等。因此，要得到阶乘的结果末尾有多少个 0，我们只需要计算出原数可以拆解出多少个因子 5 即可，找到了这个规律，解决本题将变得非常简单。示例代码如下：

```
def trailingZeroes(n):
    c = 0
    while n >= 5:
        n = int(n/5)
        c += n
    return c
```

在编程时，很多时候笨方法是解题的最直接思路，但更多时候，我们要通过巧妙的算法来增加解题的效率。计算机计算得很快、也很准确，但它并不是万能的，巧妙的算法还是需要编程人员对数学原理有一定的理解和对编程算法不懈的探索。

4.3 数字间的特殊运算

现实的世界是绚丽多彩的，数学的世界其实也不单调。数字间的各种运算尽情展现了数字变化之美。本节将接触到更多数字间特殊运算相关的编程题。接下来开动大脑，在数字的海洋里畅快遨游吧！

4.3.1 编程实现——平方根函数

我们知道，计算一个数的平方很简单，例如计算数 n 的平方，使用乘法 n*n 即可实现。但是开平方就不那么容易了，幸好在 Python 中，我们有直接可以使用的开平方函数，例如下面的示例代码：

```
import math
math.sqrt(9)
```

如以上代码所示，在 math 工具包中提供了 sqrt 函数可以直接计算某个数的平方根。现在，假设让我们自己实现一个函数，其功能类似于 sqrt 函数，用来对某个数字进行开平方计算，你能做到吗？注意，为了简化题目，我们要求计算结果为正整数值，即如果某个数的平方根不为整数，则只保留其整数部分即可。

要计算平方根，我们需要明确一个数的平方是如何计算得到的。一个数与其自身相乘可以得到其平方值，那么对一个数开平方，最简单的方法是使用二分法找到符合条件的数。对于本题，有一点需要注意，因为题目中要求只保留整数部分，因此在使用二分法查找符合条件的数时，要采用向下取整的原则。

示例代码如下：

```
def mySqrt(x):
    l = 0
    r = x
    while l < r:
        n = int((l + r) / 2)
        if n * n > x:
            r = n-1
        elif n * n < x:
            l = n+1
        else:
            return int(n)
    if l * l > x:
        return int(l-1)
    return int(l)
```

如以上代码所示，我们使用两个变量 l 和 r 分别记录二分边界的左边界和右边界。如果在查找过程中刚好找到了符合条件的数，则可以直接返回。当左边界不再小于右边界时，说明已经查找完毕，我们没有找到完全符合条件的整数，这时候就要采用向下取整的原则，将左边界返回即可。这里需要注意，当二分过程结束之后，左边界不一定会大于右边界，可以确定的是两者的差的绝对值不会大于 1，因此我们可以先尝试左边界的平方是否小于原输入的数，如果小于，则左边界就是答案，如果不小于，则我们需要将左边界减一后返回。

 ### 4.3.2　编程实现——求平方数之和

本题还是与平方运算有关。假设给定一个非负整数 n，你能否编程判断是否存在两个整数 a 和 b 使得 a 的平方加上 b 的平方结果为 n。

根据题意，我们需要找到两个数，使其平方和等于所输入的数。对于本题，我们可以通过全遍历的方式来找到答案，但是当输入的数很大时，全遍历的方式就不太合适了，我们可以采用左右夹逼的方式来寻找答案。

示例代码如下：

```
import math
def judgeSquareSum(self, c: int) -> bool:
    l = 0
    r = int(math.sqrt(c))
    while l <= r:
        if l * l + r * r > c:
            r = r - 1
        elif l * l + r * r < c:
            l = l + 1
        else:
            return True
    return False
```

如以上代码所示，我们以 0 为下限，原数的平方根为上限进行夹逼寻找。在循环查找过程中，如果当前上限和下限的平方和小于原数，则将下限增大，如果大于原数，则将上限减小，直到找到正确的组合或夹逼结束。

在解决本题时，有一点需要注意，题目中并没有要求相加的两个数不能相等，因此在编程时，我们要将这种特殊场景考虑在内，即下限与上限相等的情况。

  ### 4.3.3　编程实现——判断一个数是否为某数的幂次方

在数学中，求 n 个相同的数的乘积的运算被称为乘方运算，其运算的结果被称为幂。现在，我们给定一个整数，尝试编写一个函数来判断它是不是 4 的幂次方。例如，输入 16，函数的执行结果为 True，输入 5，函数的执行结果为 False。

本题的解题思路很简单，要判断输入的数是否符合条件，我们只需要将其与 4 的幂次方不断地进行对比即可，直到找到符合条件的幂次方或者大于原数即结束循环。

示例代码如下：

```python
def isPowerOfFour(num):
    s = 4
    while s < num:
        s = s * 4
        if s == num:
            return True
    if s == num or num == 1:
        return True
    return False
```

如上所示，其实题目修改为判断输入数是不是其他数字的幂次方也非常方便，例如将题目中的 4 的幂次方修改为 2 的幂次方，只需要将代码中变量 s 初始化的值修改为 2，并在每次累乘时都乘以 2 即可。更通用一些，我们可以将变量 s 的值使用参数进行传递，这个函数的功能就更加强大了。

4.4　计算质数

质数是指大于 1，且除了 1 和它本身不再有其他因数的自然数。从理论上说，质数的个数是无穷的，这在欧几里得的《几何原本》中有着经典的证明。由于质数的特殊性质，在数学上，与其相关的也有很多有趣的规律。在密码学上，质数常常会被用来作为加密的密钥，并且生活中的很多自然现象也与质数有着或多或少的关系，如害虫的生长周期等。本节就来尝试解决一些与质数相关的编程题。

4.4.1　编程实现——统计质数个数

给定一个非负整数 n，尝试统计所有小于 n 的质数的个数。

本题看似简单，实际上暗藏玄机。宇宙间最终极的简单往往也是最高深的复杂，与质数相关的问题就是这样的一种存在。

首先，关于质数我们并不陌生，在之前的章节中，我们也解决过与质数相关的编程题目。对于本题来说，题干非常简单，无非是要找到一定范围内的质数个数。全遍历的思路最直接，我们很容易写出如下代码：

```python
def isPrime(n):
    i = 2
    while i <= int(math.sqrt(n)):
        if n % i == 0:
```

```
            return False
        i += 1
    if n > 1:
        return True
    return False
def countPrimes(n: int) -> int:
    c = 0
    i = 2
    while i < n:
        if isPrime(i):
            c += 1
        i += 1
    return c
```

上面的代码理论上虽然可行，但是在实际应用中就不一定可用了。当我们输入的参数 n 较大时，上面的算法将变得非常耗时。因此，我们需要针对题目要求，更深入地思考质数的性质，来编写出更加高效可用的算法。

本题的核心是将质数筛选出来。在数学上，筛选质数有一种巧妙的方法，即厄拉多塞筛选法。

厄拉多塞是一位古希腊的数学家，关于寻找质数，其发明了一种与众不同的方法。假设我们要寻找 100 以内的质数，按照厄拉多塞筛选法，首先需要准备一个 100 个格子的容器分别表示 0～99 这 100 个数字。如果某个格子表示的数字为质数，则在这个格子内放入圆球，如果这个格子表示的数字不是质数，则让其空着。初始的时候，我们把除了表示 0 和 1 位置之外的盒子都放入圆球，从第 3 个盒子开始判断，如果 2 是质数，则将所有表示 2 的倍数的盒子中的小球都拿走，再继续向后，找到第 4 个盒子，其表示的数字是 3，是质数，因此再将所有表示 3 的倍数的盒子中的小球拿走，以此类推。最后，所有非空的盒子所表示的数字就是被筛选出来的质数。

根据厄拉多塞筛选法的思路，我们可以改写代码如下：

```
def countPrimes(n):
    if n <= 2:
        return 0
    l = [1] * n
    l[0] = 0
    l[1] = 0
    c = 1
    i = 3
    while i < len(l):
        if l[i] != 0:
            c += 1
            j = 3
            while j * i < len(l):
                l[j * i] = 0
```

```
            j += 2
        i += 2
    return c
```

上面的代码基本是对厄拉多塞筛选法思路的翻译，并且做了一些优化。我们知道偶数一定不是质数，因此在筛选的过程中，跳过了所有的偶数，使用这种算法来筛选质数，可以大大减少需要计算的次数，很大程度上提高了代码的运行效率。

 ### 4.4.2　编程实现——深度判断二进制数中特殊数的个数

本题将质数与二进制进行了简单的结合。给定两个整数 L 和 R，分别表示范围的左边界和右边界。在这个范围内，如果一个数值的二进制表示中，1 的个数是质数，则将其标记为一个特殊数，尝试编程返回范围内所有特殊数的个数。

本题本身没有特别的地方，也没有额外的难度，只是将二进制运算的特点与质数的特性进行了结合。我们之前介绍过方法，通过位移运算与按位与运算可以方便地获取二进制数中 1 的个数，判断质数对我们来说也没有任何难度，示例代码如下：

```python
def isPrime(n):
    if n < 2:
        return False
    i = 2
    while i <= int(math.sqrt(n)):
        if n % i == 0:
            return False
        i += 1
    return True
def countPrimeSetBits(L: int, R: int) -> int:
    res = 0
    for i in range(L, R+1):
        c = 0
        n = i
        while n > 0:
            c += n & 1
            n = n >> 1
        if isPrime(c):
            res += 1
    return res
```

针对本题，我们有一种更加简单的方式来获取二进制数中 1 的个数。这要借助 Python 中的字符串函数来实现。首先，我们可以将数值转换成二进制形式的字符串，之后只需要统计字符串中字符"1"的个数即可。Python 中字符串的 count 函数刚好可以实现这个功能，示例代码如下：

```
def isPrime(n):
    if n < 2:
        return False
    i = 2
    while i <= int(math.sqrt(n)):
        if n % i == 0:
            return False
        i += 1
    return True
def countPrimeSetBits(L: int, R: int) -> int:
    res = 0
    for i in range(L, R+1):
        s = bin(i)
        c = s.count("1")
        if isPrime(c):
            res += 1
    return res
```

在 Python 中，对字符串进行的相关操作要比直接对数值进行操作容易得多。因此，很多时候如果需要对数值进行截取、拆分、组合等操作，我们都可以先将其转换成字符串，再使用相关函数进行处理。

4.5 数字转换

本节是有趣的数字编程专题的最后一节。本节将处理的都是与数字转换相关的题目。对于本节提供的题目，需要更多关注数字之间内在的联系，找到其规律进行解题。通过本节的练习，一定会带给你更多收获。

4.5.1 编程实现——整数转换

输入两个整数 A 和 B，尝试编写一个函数，计算最少需要改变多少位，才能将数字 A 转换成数字 B，数字 A 和数字 B 都是 32 位的整数，可以是负数。

本题的核心是计算两个整数在内存中存储的二进制数据的差异位的个数。借助位运算，本题本身比较简单，然而如果使用 Python 语言来解决本题，还是存在一个陷阱，需要注意。

前面的章节介绍过，在 Python 中，数值都是以补码的形式存放在内存中的，对于正数来说，补码就是其二进制原码，对于负数来说，补码是其二进制原码的反码再加 1。正数和负数的差别在于最高位的符号位不同，正数的符号位为 0，负数的符号位为 1。首先，如果按照正常的思路解决本题，通过异或运算统计两个二进制数不同的位的个数，对于都是正数的情况是没有问题的，示例代码如下：

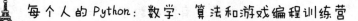

```
def convertInteger(A, B) :
    r = A ^ B
    c = bin(r).count("1")
    return c
```

然而，如果输入的数 A 或 B 中存在负数，则上面的程序就不能正确工作了，假设输入 A = 1、B = −1，它们在内存中存储的 32 位二进制数据分别是：

```
A: 0000 0000 0000 0000 0000 0000 0000 0001
B: 1111 1111 1111 1111 1111 1111 1111 1111
```

根据题目的要求，这种场景的正确答案应该是需要改变 31 位才能将 A 转换成 B，但是由于 bin 函数的缺陷，其会将负数直接输出为正数的二进制形式，并在最前面加上符号，因此上面的程序在执行时，异或运算首先得到的二进制数为：

```
1111 1111 1111 1111 1111 1111 1111 1110
```

bin 函数执行后，会将其转换成：

```
-0b0000 0000 0000 0000 0000 0000 0000 0010
```

最终统计 1 的结果将得到错误的答案 1。在 Python 中，有一种方式可以非常巧妙地让 bin 函数输出二进制数值的补码形式，只要让原数与 0xffffffff 进行与运算即可。也可以这样理解，整数与 0xffffffff 进行与运算得到的数与原数相同，负数与 0xffffffff 进行与运算得到的是其补码对应的无符号整数。

要完美地解决本题，需要修改上面的代码如下：

```
def convertInteger(A: int, B: int) -> int:
    A = A & 0xffffffff
    B = B & 0xffffffff
    r = A ^ B
    c = bin(r).count("1")
    return c
```

4.5.2　编程实现——整数转换成十六进制数

十六进制是计算机学科常用的一种进制方式。二进制与十六进制间的互相转换有着先天的优势，并且十六进制能够使用更短的长度来描述相对大的数值，对于颜色值的定义、内存地址描述等应用场景，大多会采用十六进制。

给定一个整数，你能否编写程序将其转换成十六进制数？需要注意，转换的结果中不要包含多余的前置 0（数 0 本身除外），输入的数字为 32 位有符号数，并且如果输入的是负数，需要使用补码的方式输出。例如，输入 17，程序需要输出字符串"11"，输入−1，程序需要输出字符串"ffffffff"。

根据题目的要求，我们需要将整数存在内存中的二进制数据以十六进制的方式输出。当然，Python 语言本身就提供了一些方法可以快速地进行进制的转换。在本题的解决过程中，我们不使用这些函数，从位运算的性质入手来解决。

首先，要将数值转换成十六进制的字符串，我们需要构建一个数值映射表，例如数值 10 对应字符"a"，数值 15 对应字符"f"等。我们可以将要映射的字符都放入列表中，与列表的下标进行一一对应。

示例代码如下：

```python
def toHex(num: int) -> str:
    l = ["0", "1", "2", "3", "4", "5", "6", "7",
         "8", "9", "a", "b", "c", "d", "e", "f"]
    num = num & 0xffffffff
    res = ""
    while num > 0:
        tmp = num & 0xf
        num = num >> 4
        res = l[tmp] + res
    if res == "":
        return "0"
    return res
```

如以上代码所示，有一点需要注意，当数值为 0 时，默认的算法会返回空的字符串，我们需要将其强制设置成"0"。本题主要考察的依然是位运算的基础原理。你或许发现了，按位与运算与位移运算在实际应用中非常常用，熟练地掌握它们可以在解决很多问题时助你一臂之力。

4.5.3　编程实现——将分数转换成小数

在数学上，所有的分数都可以转换成小数，但是并非所有的小数都可以转换成分数，只有有限小数和无限循环小数可以转换成分数。

现在，给定两个整数 A 和 B，分别表示分子和分母，尝试编写程序，将其转换成小数输出，你需要输出字符串类型的数据，并且如果有循环，需要将循环的部分包在括号内。例如，如果输入 A = 1、B = 2，则输出"0.5"。如果输入 A = 1、B = 3，则输出"0.(3)"。

这道题描述得非常清楚，题目本身逻辑也比较清晰简单。但是在实际解决时，还是有一定难度的。首先，在编写程序的时候，有 3 个难点需要我们克服：

（1）对计算结果的正负进行处理。

（2）如果是循环小数，我们需要找到如何判断出现循环的方法。

（3）如果是循环小数，我们需要知道循环部分的位置，以便插入小括号。

上面列举的 3 个难点，其中正负数的处理并不复杂，我们只需要根据乘除法中同号得正、异号得负的原则进行处理即可。本题核心的难点在于如何判定循环。将分数转换成小数可以采用最原始的除法逻辑进行处理，思路如下：

（1）首先用分子整除分母，得到小数点前的数字。

（2）如果分子除以分母有余数，将余数取出，让余数乘以 10 作为新的分子。

（3）用新的分子整除分母，得到的数字依次往小数点后追加。

（4）重复步骤 2 和步骤 3，直到没有余数，或者出现重复的余数。

根据上面算法思路的分析，我们可以通过循环整除的方式来将分数转换成小数，并且，如果出现了两次相同的余数，就证明已经出现了循环，我们只需要将出现相同余数的时机进行记录，并在合适的位置插入小括号即可。

借助上面的算法分析，编写示例代码如下：

```python
def fractionToDecimal(numerator, denominator):
    if numerator == 0:
        return "0"
    res = ""
    # 首先做正负号的逻辑
    if (numerator > 0 and denominator < 0) or (numerator < 0 and denominator > 0):
        res += "-"
    # 全部使用绝对值进行运算
    numerator = abs(numerator)
    denominator = abs(denominator)
    res = res + str(int(numerator / denominator))
    # 记录余数与余数出现的位置
    group = dict()
    if numerator % denominator != 0:
        res += "."
    # 循环进行运算
    while numerator % denominator != 0:
        rem = numerator % denominator
        rem *= 10
        # 判断余数是否出现过
        if rem in group.keys():
            resl = list(res)
            resl.insert(group[rem], "(")
            res = "".join(resl)
            res += ")"
            break
        group[rem] = len(res)
        numerator = rem
        res = res + str(int(numerator / denominator))
    return res
```

如以上代码所示，这个程序的编写还是有不少细节需要注意，例如小数点的插入逻辑、循环位置的记录与循环出现的判断逻辑等，这些你都做对了吗？

4.5.4　编程实现——罗马数字转整数

你见过罗马数字吗？罗马数字包含 7 种字符，分别是 I、V、X、L、C、D 和 M。这些符号与十进制数值间的对应关系如表 4-1 所示。

表 4-1　罗马数字与十进制数值间的对应关系

字　　符	数　　值
I	1
V	5
X	10
L	50
C	100
D	500
M	1000

罗马数字的编写有一定的规律，一般情况下，罗马数字在编写时，如果小的数字出现在大的数字右边，则它们是相加关系，例如数值 2 会写作 II，数值 12 会写作 XII，数值 27 则会写作 XXVII。但是也有特殊情况，当小的数字出现在大的数字左边时，它们是相减的关系，例如数值 4 会写作 IV，数值 9 写作 IX。对于小的数字出现在大的数字左边的情况，只有在如下几种场景会出现：

（1）IV

（2）IX

（3）XL

（4）XC

（5）CD

（6）CM

本小节的题目是这样的，输入一个字符串类型的罗马数字，将其转换成整数输出。数值的输入范围为大于 0 且小于 4000。

在解决本题之前，我们首先可以了解一下有关罗马数字的历史。罗马数字是一种非常古老的数学文字，比现在普及使用的阿拉伯数字早了 2000 多年，起源于古罗马国。古罗马数字只有前面列举的 7 种字符，如果要描述非常大的数字，可以在原字符的基础上加一条横线，表示将原数字增值 1000 倍。罗马数字使用的也是十进制计数法，罗马数字书写复杂，不方便记录与阅读，因此当阿拉伯数字流行后，罗马数字的应用很快就被替代。在罗马数字中没有 0 的表示，这是非常遗憾的地方。在当今的生活中，我们在某些场景下依然可以见到罗马数字的身影，例如图书章节标题、钟表时刻数字等。如今，在大部分场景下，使用罗马数字的本意都是为了美观。

回到本题，题目要求输入一个罗马数字，之后我们将其转换成整数进行输出。只要将罗马数字与阿拉伯整数间的映射处理好，解决本题并不困难。示例代码如下：

```python
def romanToInt(s):
    dic = {"I": 1, "V": 5, "X": 10, "L": 50, "C": 100, "D": 500, "M": 1000}
    res = 0
    for i in range(0, len(s)):
        if i < len(s) - 1:
            j = i + 1
            if dic[s[i]] < dic[s[j]]:
                res -= dic[s[i]]
            else:
                res += dic[s[i]]
        else:
            res += dic[s[i]]
    return res
```

4.5.5 代码改进——整数转罗马数字

前面，我们实现了将罗马数字转换成整数的程序。如果反过来，需要怎么做呢？尝试编写程序，输入一个 1～3999 范围内的整数，将其转换成罗马数字输出。

由于题目要求所输入的数值在 1～3999，因此有一种简单的算法可以快速地解决本题。首先，我们可以通过循环取余的方式获取一个整数各个位上的数字，之后通过映射关系将其转换成完整的罗马数字。示例代码如下：

```python
def intToRoman(num):
    l1 = ["", "I", "II", "III", "IV", "V", "VI", "VII", "VIII", "IX"]
    l2 = ["", "X", "XX", "XXX", "XL", "L", "LX", "LXX", "LXXX", "XC"]
    l3 = ["", "C", "CC", "CCC", "CD", "D", "DC", "DCC", "DCCC", "CM"]
    l4 = ["", "M", "MM", "MMM"]
    L = [l1, l2, l3, l4]
    res = ""
    i = 0
    while int(num / 10) > 0 or (num % 10) > 0:
        tl = L[i]
        temp = num % 10
        if temp != 0:
            res = tl[temp] + res
        i += 1
        num = int(num / 10)
    return res
```

上面的代码中，我们创建了 4 个列表，分别用来映射个位、十位、百位和千位的数字。这种方法虽然并不巧妙，但是在本题的场景下，确实非常合适。

至此，我们已经解决了很多与数字相关的编程题，后面的章节将换一下思路，跳出数字的领地，走进图形的世界，你准备好了吗？

❀ 本 章 结 语 ❀

通过本章的学习，我们对二进制相关运算、四则运算以及分数和小数等转换相关运算都有了初步的了解。数字与运算不是编程世界的全部，但却非常重要，生活中很多实际问题通过抽象和简化都可以转换成数字相关的问题。现在,你的编程手感是不是更好了呢？我们继续吧！

第5章
图形世界的点线面

几何无王者之道。

——阿基米德

现代数学可以分为代数与几何两大板块。在编程时，很多问题的解决要依赖代数数学的帮助，同样也有很多问题是与几何数学相关的。在前面的章节中，我们介绍了非常多的与数字相关的编程题，这些题目锻炼了我们大脑对数字的敏感度，本章开始将要解决的编程题更多与几何数学有关，这些与图形相关的题目能让我们大脑的抽象思考能力得到锻炼，并且也为我们使用编程解决问题提供了新的思路。

本章所介绍的题目重点关注生活中几何图形的点、线、面的关系。其中可能会使用到一些简单的几何定理，但更多的是需要我们对问题进行思考与分析，设计出合适的算法来编写程序解决问题。你准备好了吗，我们这就进入图形的世界。

5.1　有趣的点与线

点是组合图形世界的最小元素，点本身就是抽象的，其只有位置，没有大小。无穷连续的点会组成线，一条线就是一个一维空间。无论是二维图形还是三维图形，也无论是独立的简单图形还是复合的复杂图形，其都是由点成线，由线成面组成的。本节将尝试解决一些与图形中点和线相关的编程题。

5.1.1　编程实现——连点成线

平面直角坐标系是一种常用的几何数学工具。在平面内画两条相互垂直的直线，定义其公共交点为原点，横轴为 x 轴，纵轴为 y 轴，这样就建立了一个平面直角坐标系。两条直线将平面上的空间分割成了 4 个区域，其从右上角开始逆时针数起，依次为第一象限、第二象限、第三象限和第四象限。

关于平面坐标系，有一个有趣的故事。相传，有一次数学家笛卡尔生病卧床，他反复思考着一个问题：几何图形是直观的，而代数方程是抽象的，能否将这两者结合起来呢？这个问题让他百思不得其解。突然，墙角的一只蜘蛛引起了笛卡尔的注意，他观察到蜘蛛可以自由地在蛛网间移动，因此想到，蜘蛛就可以理解为一个点，它的每一个位置如果可以通过蛛网的网格记录下来，那么代数和几何间就有了联系，后来他将这一想法付诸实践，形成了坐标系的雏形。

描述一个点的位置，最常用的方式是使用坐标系。在直角坐标系中，一个点的位置可以由 x 坐标和 y 坐标确定。现在通过输入二维列表（列表中的元素也是列表），列表中存放的是一组点的横纵坐标，例如[[1, 2], [2, 2]]，请你编程判断这些点是否属于同一条直线，如果是，则返回 True，否则返回 False。

要解决本题，一个很明显的思路是以第一个点为初始点，之后分别计算后面的点与第一个点连成的直线的斜率，如果斜率全部相等，则可以证明这些点都在同一条直线上，如果斜率不等，则证明这些点并不都在同一条直线上。

斜率用来表示一条直线关于坐标轴倾斜的程度。通常用直线上两点的纵坐标之差与横坐标之差的比值来表示。关于本题，示例代码如下：

```
def checkStraightLine(coordinates):
    if len(coordinates) <= 1:
        return True
    # 计算斜率
    x1 = coordinates[1][0] - coordinates[0][0]
    y1 = coordinates[1][1] - coordinates[0][1]
    for i in range(1, len(coordinates)):
        xn = coordinates[i][0] - coordinates[0][0]
        yn = coordinates[i][1] - coordinates[0][1]
        if y1 * xn != yn * x1:
            return False
    return True
```

上面的代码逻辑比较简单，但是有一点需要额外注意，因为计算斜率的时候有可能使得分母为 0，要避免这种情况的产生，我们可以将除法运算转换成乘法运算。假设有 3 个点，分别为(x1, y1)、(x2, y2)、(x3,y3)，要比较斜率，实际上是判断表达式(y2−y1)/(x2−x1) == (y3−y1)/(x3−x1)是否成立，将其转换成乘法，即判断表达式(y2−y1)* (x3−x1) == (y3−y1)*(x2−x1)是否成立，其结果是一样的。

为了避免除数为 0 产生的逻辑异常，在编程中很多时候我们都可以将除法转换成乘法来进行运算。

5.1.2　编程实现——最短时间内访问所有的点

在编程领域，有一类非常流行的问题：寻找最短路径。这类问题通常与实际有着非常紧密的结合，例如网络路由的选择、游戏中机器人行为模式的设定等。本节将解决一道有关平面访问点的路径的问题。

平面上有一组点，它们的位置都由整数的横纵坐标表示。在平面上，1秒的时间可以沿横坐标移动一个单位，也可以沿纵坐标移动一个单位，或者横纵坐标同时移动一个单位（对角线）。现在，输入这样一组点，尝试编程输出按照列表的顺序依次访问这些点需要的最短时间是多少。备注：输入的列表中最少有一个点。

本题的核心在于如何找到两点之间最短的路径。根据图中描述，每一秒中，我们可以在平面上向横坐标方向移动一个单位，向纵坐标方向移动一个单位，也可以同时向横纵坐标方向移动一个单位。实际上，对于一个坐标系上一个单位大小的正方形格子来说，我们以格子的一点为起点，一秒内可以移动到这个格子的另外3个顶点中的任意一点，如图5-1所示。

一秒内在平面上可移动到的位置

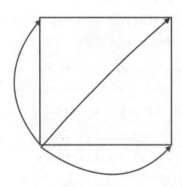

图5-1　平面上访问某点的示意图

明白了这个道理，解决本题就变得非常简单，从一点移动到另一点，我们只需要循环验证两点横纵坐标的差异，依次缩小其差异，直到两点完全重合为止。示例代码如下：

```python
def minTimeToVisitAllPoints(points):
    t = 0
    p = points[0]
    for i in range(1, len(points)):
        pp = points[i]
        while pp[0] != p[0] or pp[1] != p[1]:
            if pp[0] > p[0]:
                p[0] += 1
            if pp[1] > p[1]:
                p[1] += 1
            if pp[0] < p[0]:
                p[0] -= 1
```

```
        if pp[1] < p[1]:
            p[1] -= 1
        t += 1
    return t
```

本题所描述的场景是一种最简单的寻路应用场景。你之前是否玩过剧情回合类的场景游戏？在游戏中，怪物总是会追随角色进行移动，就是采用这样的一种寻路策略。

 5.1.3　编程实现——找到穿过最多点的直线

我们知道，在平面上，两个点可以确定一条直线。现在输入一个二维列表，里面存放了一组点，你是否能编程找到一条直线，使得这条直线穿过的点最多，假定对于输入的点组，除了组成的与横轴或纵轴平行的直线可能有多条之外，不会产生多条斜率相同的平行线。对于你的程序来说，只需要返回这条直线最先穿过的两个点在输入列表中的下标即可，例如输入[[0,0],[1,1],[1,0],[2,0]]，正确的结果是返回[0,2]，因为[0,0],[1,0],[2,0]这条直线穿过了最多的点，且最先穿过的点为[0,0],[1,0]，在列表中的下标为 0 和 2。

通过题目分析，我们要找到一条直线穿过输入列表中最多的点，可以先通过两点确定一条直线，再检查有多少个点在这条直线上。我们知道，要判断点是否在某条直线上，只需要计算直线上任取一点与要判断的点组成的直线的斜率与原直线是否相同，如果相同，则说明这个点在此直线上。对于本题，我们可以采用两层循环来把点进行两两组合计算斜率，把计算得到斜率相同的点作为一组记录下来，最后找出点数最多的组即可。但是有一点需要注意，对于与坐标系中横轴平行和纵轴平行的直线要单独处理，如图 5-2 所示。

当出现与横轴或纵轴平行的直线时，我们要特别注意，对于横坐标相同的点，计算斜率时，其分母为 0，因此我们需要用特殊的标记来对其进行分组，例如可以使用特殊字符串组合直线的横坐标作为标记，同样对于平行于横轴的点，计算斜率时，其分子始终为 0，我们也需要使用同样的方式进行处理。

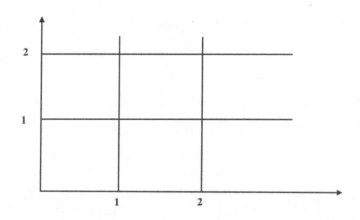

图 5-2　坐标系示意图

示例代码如下：

```
def bestLine(self, points):
    # 创建一个字典来为点分组
    lines = {}
    # 从前往后遍历列表中的点
    for i in range(0, len(points) - 1):
        pi = points[i]
        # 遍历当前点后所有的点，与当前点组成直线
        for j in range(i + 1, len(points)):
            pj = points[j]
            n = ""
            # 与横轴或纵轴平行的直线进行特殊处理
            if (pj[0] - pi[0]) == 0:
                n = "y" + str(pj[0])
            elif (pj[1] - pi[1]) == 0:
                n = "x" + str(pj[1])
            else:
                n = str((pj[1] - pi[1]) / (pj[0] - pi[0]))
            if n in lines.keys():
                l = lines[n]
                l.append(j)
            else:
                l = []
                l.append(i)
                l.append(j)
                lines[n] = l
    max = 0
    maxKey = ""
    # 找到点最多的一组
    for i in lines.keys():
        item = lines[i]
        if len(item) > max:
            max = len(item)
            maxKey = i
    return lines[maxKey][0:2]
```

本题本身的难度并非特别大，但是依然有许多细节需要注意，例如遍历的顺序、与横纵轴平行情况的处理等。在编写程序时，我们可以使用如下测试用例进行验证：

输入列表：[[-24272, -29606], [-37644, -4251], [2691, -22513], [-14592, -33765], [-21858, 28550], [-22264, 41303], [-6960, 12785], [-39133, -41833], [25151, -26643], [-19416, 28550], [-17420, 22270], [-8793, 16457], [-4303, -25680], [-14405, 26607], [-49083, -26336], [22629, 20544], [-23939, -25038], [-40441, -26962], [-29484, -30503], [-32927, -18287], [-13312, -22513], [15026, 12965], [-16361, -23282], [7296, -15750], [-11690, -21723], [-34850, -25928], [-14933, -16169], [23459, -9358], [-45719, -13202], [-26868, 28550], [4627, 16457], [-7296, -27760], [-32230,

8174], [-28233, -8627], [-26520, 28550], [5515, -26001], [-16766, 28550], [21888, -3740], [1251, 28550], [15333, -26322], [-27677, -19790], [20311, 7075], [-10751, 16457], [-47762, -44638], [20991, 24942], [-19056, -11105], [-26639, 28550], [-19862, 16457], [-27506, -4251], [-20172, -5440], [-33757, -24717], [-9411, -17379], [12493, 29906], [0, -21755], [-36885, -16192], [-38195, -40088], [-40079, 7667], [-29294, -34032], [-55968, 23947], [-22724, -22513], [20362, -11530], [-11817, -23957], [-33742, 5259], [-10350, -4251], [-11690, -22513], [-20241, -22513]]

输出答案：[4, 9]

程序的编写过程本身也是一个试错的过程，因此在解题时不要害怕出错，我们的思维能力可以在分析错误的过程中逐渐获得提高。

5.2 图形的奥妙

连点可以组成线，线的组合可以构成各种各样的图形。本节将解决一些关于图形的编程题，其中有些题目涉及真实的图形，有些题目则是抽象意义上的图形。由线到面，我们的编程旅程又前进了一步，加油吧！

5.2.1 编程实现——输出杨辉三角

给定一个非负整数 n，尝试编程输出杨辉三角的前 n 行。提示：在杨辉三角中，每个数是它左上方和右上方数字的和。输出的格式为二维数组，数组中的每个元素描述杨辉三角中的一行。例如如果输入 5，将返回[[1], [1, 1], [1, 2, 1], [1, 3, 3, 1], [1, 4, 6, 4, 1]]。

杨辉三角是中国数学史上的一个伟大的成就。杨辉是南宋时期杭州人，在公元 1261 年，其所著的《详解九章算法》一书中，收录了一种三角形数表，称为"开方作法本源图"，这种数表被后人称为杨辉三角。杨辉三角每个数字都是其左上和右上的数字之和，如果左上或右上没有数字，则以 0 代替，例如一个 5 行的杨辉三角表示如下：

```
1
1   1
1   2   1
1   3   3   1
1   4   6   4   1
```

本题的核心是对杨辉三角的构造，使用 Python 编写程序解决这道题非常容易，除了第一行以外，每一行的元素都是由上一行推导出来的，因此在推导下一行的元素时，我们只需要临时将上一行首尾补 0，之后两两相加即可。

示例代码如下：

```
def generate(numRows):
    res = []
    for i in range(0, numRows):
        l = []
        if i == 0:
            l.append(1)
        else:
            temp = [0] + res[i - 1] + [0]
            while len(temp) > 1:
                l.append(temp[0] + temp[1])
                del temp[0]
        res.append(l)
    return res
```

输入 5，运行程序，上面的代码将输出如下列表：

[[1],[1,1],[1,2,1],[1,3,3,1],[1,4,6,4,1]]

你可以尝试一下，后续能否编写算法将杨辉三角可视化地打印出来，即通过 print 函数与空格的结合使用，让打印出的杨辉三角更加可视化。

杨辉三角在日常生活中有着很多的应用场景，如游戏策略、股票趋势计算等都借助了杨辉三角相关的性质。

 5.2.2　代码改进——尝试输出杨辉三角的某一行

构造杨辉三角并不困难，现在如果输入一个正整数 n，尝试输出杨辉三角第 n 行的元素。

其实这道题使用上一小节介绍的算法就可以解决。在上一小节中，我们能够编程输出任意行的杨辉三角数表，根据本题要求，要输出杨辉三角的第 n 行元素，我们也可以先计算出 n 行杨辉三角的所有元素，之后截取计算结果的最后一行进行输出。然而，通过这种方式来解决本题无疑会造成很大的性能浪费，进行了大量的无效运算，产生了非常多的冗余数据。

要获取杨辉三角某一行的元素，我们可以使用一种更加巧妙的方式，这要借助杨辉三角性质所推导出的公式的帮助。

首先，杨辉三角有这样的性质：

（1）每行数字左右对称。

（2）每行数字的起始数字都是 1。

（3）第 n 行的数字有 n 个。

（4）第 n 行的第 m 个数可以使用组合公式进行表达，即 $C(n-1, m-1)$。

有了上面几条性质，高效地解决本题就非常容易。对于上面的第 4 条性质，我们可以对其再进行一次推导。

组合的计算方式如下，

C(n, m) = n!/(m!*(n–m)!)

因此，第 n 行第 m 个元素可以表示如下：

C(n–1,m–1) = (n–1)!/((m–1)!*((n–1)–(m–1))!)

第 n 行第 m+1 个元素表示如下：

C(n–1,m–1+1) = (n–1)!/(m!*((n–1)–m)!)

第 m+1 个元素与第 m 个元素的比值为：

K = ((n–1)!/(m!*((n–1)–m)!)) * (((m–1)!*((n–1)–(m–1))!)/(n–1)!)

　= ((m–1)!*((n–1)–(m–1))!) / (m!*((n–1)–m)!)

　= ((n–1)–(m–1))! / ((n–1)–m)! * m

　= (n–m)! / ((n–1)–m)! *m

　= (n–m) / m

最终，只要明确了第 n 行的第 1 个元素的值，实际上就可以依次向后推导出第 n 行所有的元素。示例代码如下：

```
def getRow(rowIndex):
    l = []
    temp = 1
    for i in range(0, rowIndex + 1):
        l.append(temp)
        temp = temp * (rowIndex - i) // (i + 1)
    return l
```

借助杨辉三角性质和数学定理的帮助，我们的程序不仅更加简洁，存储效率和运行效率也都更加优异。

5.2.3　编程实现——规划一个矩形合理的长和宽

我们使用的大多应用程序都是有界面、可交互的桌面应用程序。我们看到的各种光鲜亮丽的界面实际上都是通过坐标系以数据的方式进行记录和绘制的。

在应用开发中，页面的绘制十分重要。在尺寸有限的页面上合理地布局组件是应用开发者的基本功。现在，给定一个矩形的面积，你需要编程规划出这个矩形合理的长和宽。要求如下：

（1）设计的矩形面积必须与输入的面积相等。

（2）宽度要小于等于长度。

（3）宽度和长度的差距最小。

编写一个函数，输入整型面积值，你需要输出一个列表，里面存放所规划的矩形的长和宽（都为整数值）。例如，输入 4，程序应该输出[2, 2]。

本题比较简单，属于方案规划类型的题目，由于题目要求长和宽尽量接近，且宽不大于长，因此我们从最极端的情况（长和宽相等）开始尝试，根据情况动态地改变长和宽的值。示例代码如下：

```python
import math
def constructRectangle(area):
    l = int(math.sqrt(area))
    w = l
    while w * l != area:
        if w * l > area:
            w -= 1
        else:
            l += 1
    return [l, w]
```

这道题虽然简单，但是其规划思路非常重要。在实际应用开发中，尤其是界面开发中，根据屏幕动态地进行组件布局往往就需要使用这类规划算法。

5.2.4 编程实现——判断矩形是否重叠

平面上的矩形可以使用列表进行表示，例如[x1, y1, x2, y2]，其中（x1,y1）表示矩形左下角的坐标，(x2, y2)表示矩形右上角的坐标。如果两个矩形有相交的面积，则称两个矩形有重叠。需要注意，共享同一条边界的两个矩形不算相交。现在，将输入两个列表，分别表示两个矩形，尝试编程返回这两个矩形是否有重叠。若有重叠，则返回 True，否则返回 False。

本题的核心是判断矩形区域是否有重叠，判断矩形的重叠在实际开发中有着非常重要的应用。例如游戏类应用中，经常需要进行碰撞检测，如射击类游戏子弹的碰撞抵消、武侠类游戏技能的命中判定等。本题实际上就是要找到一种进行矩形碰撞检测的算法。

首先，要判断两个矩形是否有重叠部分并不容易，但是我们可以采用逆向思维来解决问题，判断两个矩形不重叠要比判断两个矩形重叠简单得多。如果两个矩形不重叠，那么它一定满足下面4种场景之一：

（1）第2个矩形区域完全在第1个矩形区域左边，这时第2个矩形右上角点的横坐标不大于第1个矩形左下角点的横坐标。

（2）第2个矩形区域完全在第1个矩形区域右边，这时第2个矩形左下角点的横坐标不小于第1个矩形右上角点的横坐标。

（3）第2个矩形区域完全在第1个矩形区域上边，这时第2个矩形左下角点的纵坐标不小于第1个矩形右上角点的纵坐标。

（4）第2个矩形区域完全在第1个矩形区域下边，这时第2个矩形右上角点的纵坐标不大于第1个矩形左下角点的纵坐标。

在编程时，我们只需要判定上面 4 种场景的规则是否满足，如果命中了任何一种场景，则表明两个矩形没有重叠，如果 4 个场景都没有命中，则表明两个矩形有重叠部分。

示例代码如下：

```
def isRectangleOverlap(rec1, rec2):
    if rec2[2] <= rec1[0]:
        return False
    if rec2[0] >= rec1[2]:
        return False
    if rec2[3] <= rec1[1]:
        return False
    if rec2[1] >= rec1[3]:
        return False
    return True
```

在实际应用中，碰撞的检测往往会更加负责，例如不规则边界物体的碰撞检测等。一般在开发游戏类应用时，我们使用的游戏开发引擎都会提供碰撞检测的函数。

5.2.5　代码改进——判断圆和矩形是否有重叠

矩形可以使用列表表示：[x1, y1, x2, y2]，其中（x1,y1）表示矩形左下角的坐标，(x2, y2)表示矩形右上角的坐标。同样，平面中的圆也可以使用列表表示：[r, x, y]，其中 r 表示圆的半径，(x, y)表示圆心坐标。现在，输入一个表示矩形的列表和一个表示圆形的列表，编程判定矩形和圆形是否相交或相切（是否有重叠部分，包括相切的情况）。

前面我们对判断两个矩形是否重叠已经有了一些经验。对于本题，我们也可以采用之前的判断思路，使用逆向思维将圆与矩形不重叠的情况进行枚举。

首先，如果圆和矩形不重叠，则圆与矩形的相对位置有 8 种可能性，如图 5-3 所示。

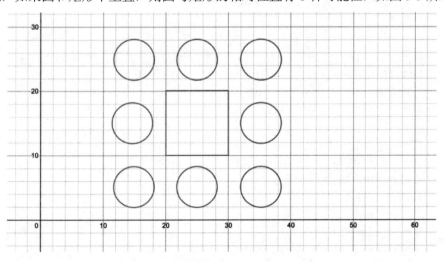

图 5-3　圆与矩形的相对位置示意图

如图 5-3 所示，如果圆心在矩形的正左、正右、正上或正下，则我们需要判断圆心与矩形左边、右边、上边或下边的距离是否大于圆的半径，如果大于，则表明圆和矩形没有相接触的部分。对于圆心在矩形的左上、左下、右上和右下的情况，我们需要做单独处理，这时需要判断圆心到矩形左上顶点、左下顶点、右上顶点和右下顶点的距离是否大于圆的半径，如果大于，则表明圆和矩形没有相接触的部分。

　　根据上面的分析，编写示例代码如下：

```python
import math
def checkOverlap(circle, rect) -> bool:
    x_center = circle[1]
    y_center = circle[2]
    radius = circle[0]
    x1 = rect[0]
    y1 = rect[1]
    x2 = rect[2]
    y2 = rect[3]
    if x_center <= x1 and y_center <= y2 and y_center >= y1:
        # 左侧
        return radius >= (x1 - x_center)
    elif x_center >= x2 and y_center <= y2 and y_center >= y1:
        # 右侧
        return radius >= (x_center - x2)
    elif y_center >= y2 and x_center <= x2 and x_center >= x1:
        # 上侧
        return radius >= (y_center - y2)
    elif y_center <= y1 and x_center <= x2 and x_center >= x1:
        # 下侧
        return radius >= (y1 - y_center)
    elif x_center <= x1 and y_center > y2:
        # 左上
        a = x1 - x_center
        b = y_center - y2
        return radius >= math.sqrt(a * a + b * b)
    elif x_center <= x1 and y_center < y1:
        # 左下
        a = x1 - x_center
        b = y1 - y_center
        return radius >= math.sqrt(a * a + b * b)
    elif x_center >= x2 and y_center > y2:
        # 右上
        a = x_center - x2
        b = y_center - y2
        return radius >= math.sqrt(a * a + b * b)
    elif x_center >= x2 and y_center < y1:
        # 右下
```

```
# 右上
a = x_center - x2
b = y1 - y_center
return radius >= math.sqrt(a * a + b * b)
return True
```

如以上代码所示，计算圆心到矩形顶点的距离使用到了勾股定理。除了枚举的 8 种情况外，均可说明圆与矩形有相交或相切部分。

 5.2.6　编程实现——统计有效三角形的个数

输入一个列表，列表中是一组非负数值，尝试统计出任取其中 3 个值作为边长可以组成的有效三角形的个数。需要注意，列表中可以有重复的值，使用列表中不同位置的数值组成的相同三角形不算重复，例如：

输入[2,2,3,4]，结果将返回 3，可以组成的有效三角形边长组合如下：

```
2,3,4 (使用第一个 2)
2,3,4 (使用第二个 2)
2,2,3
```

在平面几何中，三角形有着特殊的性质，三角形是一种非常稳定的图形。其由 3 条边构成，在三角形中，任意两条边之和大于第三边，同样任意两条边之差也小于第三边。我们可以根据这个性质来确定三条指定边长的线段能否构成三角形。

本题有两种解法，一种是采用暴力组合的方式，将所有 3 条边的组合进行枚举，逐个验证是否满足组成三角形的条件来统计有效的三角形的个数。另一种是采用双指针法，通过指针的移动找到复合要求的边长范围。

首先，我们先来看如何使用暴力组合的方法解题。要将所有 3 条边的组合方式进行枚举，需要使用 3 层循环，示例代码如下：

```
def triangleNumber2(nums):
    res = 0
    nums.sort()
    count = len(nums)
    for i in range(0, count-2):
        l1 = nums[i]
        for j in range(i+1, count-1):
            l2 = nums[j]
            for k in range(j+1, count):
                l3 = nums[k]
                if l1+l2 > l3:
                    res += 1
                else:
                    break
    return res
```

如以上代码所示，首先将列表进行排序，之后使用循环来遍历列表，将可能组成三角形的三条边的所有情况进行枚举，要组成三角形，必须满足两短边之和大于最长的边这一条件。

上面的解法思路很简单，但是需要使用三层循环，当列表中元素的个数增加时，这个算法的性能将急剧下降，我们可以思考一下，是否有更加高效的算法可以解决问题。

要提高算法的性能，最直接的想法是如何减小循环的嵌套层数。我们可以使用双指针法来对上面的算法进行改造，示例代码如下：

```python
def triangleNumber(nums):
    res = 0
    # 先对列表中的元素进行从小到大排序
    nums.sort()
    count = len(nums)
    # 进行遍历
    for i in range(0, count-2):
        # 固定一个元素作为最长的边
        l1 = nums[count - 1 - i]
        # 取最短的边
        l = 0
        # 取剩下最大的数作为第 3 条边
        r = count - 1 - i - 1
        while l < r:
            # 如果满足条件，则表明 l~r 的所有元素都可以作为第 3 条边
            if nums[l] + nums[r] > l1:
                res += (r - l)
                r -= 1
            else:
                # 更换最短边
                l += 1
    return res
```

上面的代码的核心是：首先确定最长的边，之后使用 l 和 r 两个游标指针来固定三角形另外两边的范围，将三层循环结构优化成两层循环结构。

5.3 周长与面积

在解决与图形相关的应用题时，通常离不开周长和面积的计算。本节所介绍的编程题重点也与图形的周长和面积相关。

5.3.1 编程实现——求重叠矩形的面积

输入两个描述矩形的列表，如果这两个矩形有重叠部分，尝试编程计算

其重叠部分面积的大小。如果没有重叠部分，直接返回 0 即可。

　　我们知道，计算矩形的面积需要明确矩形的长和宽。对于本题来说，其核心难点在于如何获取到两个矩形重叠部分的长和宽，如图 5-4 所示。当两个矩形有重叠部分时，其重叠部分构成的矩形一定在两个矩形外边界的内部。

　　如图 5-4 所示，其实要获取重叠部分的边界非常容易，对于上边界，我们只需要选择两个矩形的上边界中较小的一个即可。对于下边界，我们需要选择两个矩形的下边界中较大的一个。对于左边界和右边界类似，左边界需要选择两个矩形左边界中较大的一个，右边界需要选择两个矩形右边界中较小的一个。

　　确定了重叠部分的 4 条边界，解决本题就变得非常容易了。

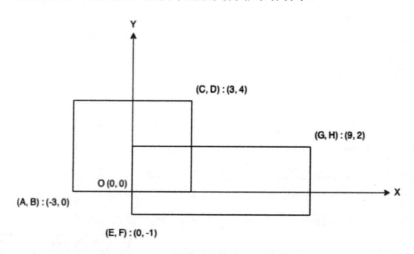

图 5-4　两个矩形重叠

示例代码如下：

```python
def computeArea(r1, r2):
    A, B, C, D = r1[0], r1[1], r1[2], r1[3]
    E, F, G, H = r2[0], r2[1], r2[2], r2[3]
    if E >= C or F >= D or G <= A or H <= B:
        return 0
    inner_x1 = max(A, E)
    inner_x2 = min(C, G)
    inner_y1 = max(B, F)
    inner_y2 = min(D, H)
    inner_s = (inner_y2 - inner_y1) * (inner_x2 - inner_x1)
    return inner_s
```

　　如果我们对本题的要求做一点小小的修改，需要计算两个矩形所覆盖区域的总面积，需要怎么做？

　　首先，假设两个矩形没有任何重叠，则两个矩形所覆盖区域的总面积就是两个矩形面积的和，可以记作 s1 + s2，假设两个矩形有重叠部分，并且重叠部分的面积为 s3，则两个矩形所覆盖的总面积为 s1 + s2 - s3，即需要将重叠部分的面积减去。对于解决修改后的题目，示例代码如下：

```python
def computeArea(r1, r2):
    A, B, C, D = r1[0], r1[1], r1[2], r1[3]
    E, F, G, H = r2[0], r2[1], r2[2], r2[3]
    l1 = C - A
    w1 = D - B
    l2 = G - E
    w2 = H - F
    s1 = l1 * w1
    s2 = l2 * w2
    if E >= C or F >= D or G <= A or H <= B:
        return s1 + s2
    inner_x1 = max(A, E)
    inner_x2 = min(C, G)
    inner_y1 = max(B, F)
    inner_y2 = min(D, H)
    inner_s = (inner_y2 - inner_y1) * (inner_x2 - inner_x1)
    return s1 + s2 - inner_s
```

温馨提示一下，对于解决与图形相关的编程题，画图是非常重要的，将图形直观地表示出来有助于我们思路的分析与整理，并且更加容易利用图形的性质来找到解题的突破点。因此，当你遇到图像相关的题目没有明确的思路时，可以尝试先把图形画出来。

 ### 5.3.2 编程实现——找到最小面积的矩形

输入一个二维列表，其中存放的是一组点，尝试编程确定由这些点组成的矩形中，面积最小的矩形是哪个，并将最小的面积返回。在构造矩形时，需要满足矩形的边与坐标系的 x 轴或 y 轴平行。例如，输入[[1,1],[1,3],[3,1],[3,3],[2,2]]这些点，程序执行后将返回 4。因为这些点组成的最小矩形为[[1,1],[1,3],[3,3],[3,1]]（分别为矩形的左下角点、左上角点、右上角点、右下角点），这个矩形的面积为 4。

首先，要计算出这些点可以组成的矩形中的最小面积。我们首先需要找到一种算法来将这些点能够组成的矩形找出。一个完整的矩形需要由 4 个点组成，然而实际上确定一个矩形只需要两个点，即对角线上的两个顶点。对于本题，我们可以遍历列表中所有的点，两两进行组合，通过这一组组合确定一个唯一的矩形，之后检查矩形另外两个顶点是否在列表内，如果在，则表明可以组成完整矩形，我们可以计算其面积进行保存，最终找到最小的面积。

示例代码如下：

```python
def minAreaRect(points):
    minS = 0
    for i in range(0, len(points)-1):
```

```
    for j in range(i+1, len(points)):
        p1 = points[i]
        p2 = points[j]
        if p1[0] == p2[0] or p1[1] == p2[1]:
            continue
        p3 = [p1[0], p2[1]]
        p4 = [p2[0], p1[1]]
        s = abs(p2[1] - p1[1]) * abs(p2[0] - p1[0])
        if s > minS and minS > 0:
            continue
        if (p3 not in points) or (p4 not in points):
            continue
        if minS == 0:
            minS = s
        elif minS > s:
            minS = s
return minS
```

其实，本题的要求还是比较宽松的，其所要求构造出的矩形全部都是正方向的矩形，即边与横轴或纵轴平行，现在我们加大一点难度，假设去掉这个条件，对构造的矩形不做任何限制要求，尝试编程找到这些矩形中的最小面积。

题目稍微改变了一点，但是难度增加了很多。首先，要解决题目，我们需要分析如下两个问题：

（1）如何确定哪些点可以组成矩形？

（2）如何获取所组成矩形的长和宽？

其实，上面两个问题也是解决本题的核心。

对于如何确定哪些点可以构成矩形，我们需要换一种思路，由于题目并没有要求矩形的边与坐标轴平行，因此任意两点连线都可能为组成矩形的对角线，如图 5-5 所示。

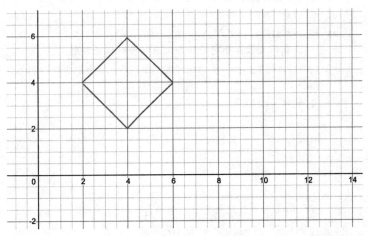

图 5-5 矩形示意图

要确定矩形，我们可以通过对角线入手，在矩形中，两条对角线的长度一定相同，并且两条对角线的交点一定是两条对角线的中点。有了这两个性质，我们来判断一组点能否组成矩形就容易很多。思路如下：

（1）将列表中的点两两组合，作为矩形的对角线。

（2）找出对角线长度相同且中点坐标相同的两组点。

（3）两组点中如果没有相同的点，则表明可以构成矩形，这两组点就是矩形的 4 个顶点。

第一个问题解决了，我们再来思考一下第二个问题，现在问题就变成已知矩形的 4 个顶点，如何计算矩形的面积。其实，只要我们任取矩形的 3 个定点，通过勾股定理即可计算出其相邻两边的长度，即矩形的长和宽。

示例代码如下：

```python
import math
def minAreaFreeRect(points):
    res = 0
    # 存放dic {"center":[x,y],"l":lenth,"points":[[x,y],[x,y]]}
    centerList = []
    for i in range(0, len(points) - 1):
        p1 = points[i]
        for j in range(i + 1, len(points)):
            p2 = points[j]
            # 计算对角线长度
            l = math.sqrt((p2[1] - p1[1]) * (p2[1] - p1[1]) +
                    (p2[0] - p1[0]) * (p2[0] - p1[0]))
            # 获取中心点坐标
            center = [(p2[1] + p1[1])/2, (p2[0] + p1[0])/2]
            # 核心查找逻辑
            for item in centerList:
                center2 = item["center"]
                l2 = item["l"]
                ps = item["points"]
                # 中心点相同且长度相同的两条对角线可以组成矩形
                if center2[0] == center[0] and center2[1] == center[1] and l ==
l2:
                    # 获取4个顶点
                    pp1 = ps[0]
                    pp2 = p1
                    pp3 = ps[1]
                    pp4 = p2
                    # 判断是否有重复的顶点
                    if pp1 == pp2 or pp1 == pp4 or pp2 == pp3 or pp3 == pp4:
                        continue
                    # 计算矩形宽
                    width = math.sqrt(
```

```
                        (pp2[1]-pp1[1])*(pp2[1]-pp1[1])+(pp2[0]- pp1[0])*
(pp2[0]-pp1[0]))
                    # 计算矩形长
                    length = math.sqrt(
                        (pp3[1]-pp2[1])*(pp3[1]-pp2[1])+(pp3[0]- pp2[0])*
(pp3[0]-pp2[0]))
                    s = width * length
                    if res > 0 and s < res:
                        res = s
                    elif res == 0:
                        res = s
            centerList.append(
                {"center": center, "l": l, "points": [p1, p2]})
    return res
```

本题的解题代码相对较长，代码中穿插了许多注释可以帮助我们理解算法设计思路。上面的示例代码中，使用了字典结构来存储每一组确定对角线的点。在有多个信息需要存储时，字典这种数据结构非常好用，其不仅使用起来非常方便，由于字典采用的是哈希表的存储结构，存取值的效率也非常高。

5.3.3　编程实现——求三角形的最大周长

输入一个列表，列表中存放的是一组数字，数字表示边长，尝试编程找到其中可组成的周长最大的三角形的周长是多少。

本题比较简单，对于任意 3 条长度的边组成的三角形有如下特性：

（1）任意两边之和大于第三边。

（2）任意两边之差小于第三边。

实际上，只要满足任意两边之和大于第三边这个条件，这 3 条长度的边即可组成三角形。对于我们编写程序来说，要判断任意长度的三条边是否可以组成三角形，最简单的方式是将 3 条边根据长度进行排序，判断两条较短的边的和是否大于最长的边，如果满足条件，则表明可以组成三角形，如果不满足条件，则无法组成三角形。

题目中要求找到这一组边中可以组成的周长最大的三角形的周长，我们可以将输入的列表进行从大到小的排序，排序完成后，只需要遍历列表，找到 3 个相邻的且满足组成三角形条件的边长即可。

示例代码如下：

```
def largestPerimeter(A):
    A.sort(reverse=True)
    for i in range(0, len(A)-2):
        # 无法构成三角形
        if A[i] >= A[i+1] + A[i+2]:
```

```
        continue
    return A[i] + A[i+1] + A[i+2]
return 0
```

如上面的代码所示，Python 中的列表对象默认提供了排序的方法，其中 reverse 参数用来指定排序是否逆序，如果设置这个参数，则默认的排序规则是从小到大进行排序，将其设置为 True，则最终将以从大到小的规则对列表中的元素进行排序。

5.3.4 编程实现——求最大的三角形面积

解决了找到最大三角形周长的问题，我们再来思考一下与三角形面积相关的问题。输入一个二维列表，列表中的每个元素都是一个描述点的列表，如[x, y]。从中任取 3 个点组成三角形，尝试编程找到其中可以组成的面积最大的三角形，将其最大的面积返回。例如输入的列表为[[0,0],[0,1],[1,0],[0,2],[2,0]]时，其将输出 2，因为[0,0],[0,2],[2,0]这 3 个点组成的三角形面积最大，为 2。

解决本题的核心是如何通过三角形的 3 条边长来计算其面积。在数学上，已知 3 个边长计算三角形的面积有一个专门的公式：海伦公式。

$$S=\sqrt{p(p-a)(p-b)(p-c)}$$

其中，p 为三角形周长的一半，a、b、c 分别为三角形的 3 条边长。

上面的公式最初由古希腊数学家阿基米德提出，后来在数学家海伦的著作中给出了公式的证明方法，因此人们更习惯使用海伦的名字来命名这个公式。其实，我国宋代的数学家秦九昭在公元 1247 年也独立提出了三斜求积术，其与海伦公式是完全等价的，海伦公式有时也被称为海伦-秦九昭公式。

有了海伦公式，解决本题就非常容易了，我们首先可以对列表进行遍历，对每 3 个点组成的三角形计算面积，最终选择最大的面积返回。关于组成的三角形 3 条边长的获取，可以使用勾股定理。

示例代码如下：

```
import math
def largestTriangleArea(points):
    res = 0
    for i in range(0, len(points)-2):
        p0 = points[i]
        for j in range(i+1, len(points)-1):
            p1 = points[j]
            for k in range(j+1, len(points)):
                p2 = points[k]
                a = math.sqrt((p1[1]-p0[1])*(p1[1]-p0[1]) +
                        (p1[0]-p0[0])*(p1[0]-p0[0]))
                b = math.sqrt((p2[1]-p0[1])*(p2[1]-p0[1]) +
```

```
                        (p2[0]-p0[0])*(p2[0]-p0[0]))
        c = math.sqrt((p2[1]-p1[1])*(p2[1]-p1[1]) +
                        (p2[0]-p1[0])*(p2[0]-p1[0]))
        p = (a + b + c) / 2
        s = math.sqrt(abs(p*(p-c)*(p-b)*(p-a)))
        if res < s:
            res = s
    return res
```

5.4 凸多边形

本节将探讨一道与多边形有关的编程题。假定我们按照一定顺序输入一组点，将这些点作为多边形的顶点，你需要判断组成的多边形是否为凸多边形。输入的点组有如下特点：

（1）顶点至少为 3 个。

（2）可以保证组成的多边形每个顶点是两条边的汇合点且所有边互不相交。

例如输入[[0,0],[0,1],[1,1],[1,0]]，将返回 True，因为输入的 4 个点可以组成一个正方形，其是凸多边形。

5.4.1 什么是凸多边形

凸多边形是生活中比较常见的多边图形。简单理解，将一个图形中任意的一条边向两边无限延展，如果其他所有边都在同一侧，则此多边形为凸多边形，否则为凹多边形，如图 5-6 和图 5-7 所示。

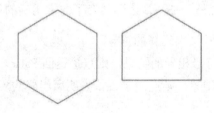

图 5-6 凸多边形示例

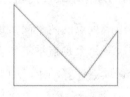

图 5-7 凹多边形示例

在数学上，关于凸多边形还有另一种定义：没有任何一个内角是优角的多边形。优角是指大于 180°且小于 360°的角。在生活中，我们遇到的所有正多边形都是凸多边形，所有的三角形也都是凸多边形。

解决本题需要使用另一种判断凸多边形的方法，即判断顶点的凹凸性，对于凸多边形来说，每个顶点的凹凸性都是一致的。要判断顶点的凹凸性，我们需要使用另一个数学工具：向量叉乘。下一小节具体介绍。

5.4.2 向量叉乘

向量叉乘即向量的积。对向量进行乘法运算，分为点乘和叉乘两种，向量点乘运算的结果为一个标量，而向量叉乘运算的结果依然是向量。并且，向量叉乘得到的结果向量与原来两个向量组成的平面是垂直的。如图5-8所示为向量叉乘的示意图。

向量叉乘最终的结果向量的方向可以用右手法则快速确定，其与进行叉乘的两个向量的夹角有关，因此只要我们对两个向量进行叉乘运算，即可确定其夹角的凹凸性。叉乘右手法则示意图如图5-9所示。

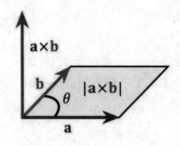

图5-8　向量叉乘示意图

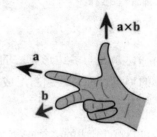

图5-9　叉乘右手法则示意图

对于平面上的两个向量来说，叉乘的结果是垂直于此平面的向量，例如假设平面上的向量a为$(x1, y1, 0)$，向量b为$(x2, y2, 0)$，则叉乘的结果向量c可以表示为$(0, 0, x1y2 - x2y1)$。因此，对于本题，我们最终要判断的是依次构成每个内角的两条边作为向量的叉乘最终的结果是否全部同号，如果全部同号，则表明所有内角凹凸性一致，即这些顶点组成的多边形为凸多边形。

5.4.3 编程实现——判断凸多边形

有了前面的理论基础，判断一组点连成的多边形是不是凸多边形就有了非常明确的思路：

（1）将组成顶点的两个向量进行叉乘运算，记录叉乘运算的符号。

（2）依次对每个顶点重复步骤1，如果发现有符号相异的结果，则直接返回False。

（3）所有顶点计算结束，如果没有符号相异的结果，则返回True，表明所组成的多边形是凸多边形。

根据上面的解题思路，编写示例代码如下：

```python
def isConvex(points):
    n = 0
    for i in range(0, len(points)-2):
        p1 = points[i]
        p2 = points[i+1]
        p3 = points[i+2]
        l1 = [p2[0]-p1[0], p2[1]-p1[1]]
        l2 = [p3[0]-p2[0], p3[1]-p2[1]]
```

```
        m = l1[0]*l2[1] - l1[1]*l2[0]
        if n == 0:
            n = m
        elif n * m < 0:
            return False
# 检查最后两个顶点
for i in range(0, 2):
    p1 = points[len(points)-(2-i)]
    p2 = []
    p3 = []
    if i == 0:
        p2 = points[len(points)-1]
        p3 = points[0]
    if i == 1:
        p2 = points[0]
        p3 = points[1]
    l1 = [p2[0]-p1[0], p2[1]-p1[1]]
    l2 = [p3[0]-p2[0], p3[1]-p2[1]]
    m = l1[0]*l2[1] - l1[1]*l2[0]
    if n == 0:
        n = m
    elif n * m < 0:
        return False
return True
```

其实，解决本题的核心并不是编程算法思路，而是对数学中向量运用的理解。计算机科学与数学科学是分不开的，因此，要想成为一名优秀的软件工程师，数学基础要扎实。

5.5　三维图形

相对于平面上的图形，三维图形离我们的生活更近。我们的生活中充斥着各种各样的三维立方体，如长方体模样的桌子、正方体模样的凳子、圆柱体模样的水桶、球体模样的各种球类等。本节将尝试解决一些与三维图形相关的编程题目，通过对这些题目的思考，能十分有效地锻炼我们的抽象思维能力。

5.5.1　编程实现——计算三维形体的表面积

在一个平面坐标系上摆放一些长、宽、高都为 1 的立方体，尝试编程计算这些立方体组成的三维形体的表面积。需要注意，本题的程序将输入一个二维列表，列表中的每一个元素都是一个列表，用来描述立方体的摆放位置，假设输入的列表为 l，则其中任一元素 c = l[i][j] 即表示在平面坐标(i, j)的位置上垂直摆放 c 个立方体，例如输入的列表 l 为[[2]]，则表示在(0, 0)位置垂直摆放两个立方体，其表面积和为10，输入的列表1为[[1,2],[3, 4]]，则表示在(0, 0)位置摆放一个立方体，在（0, 1）位置摆放两个立方体，在（1, 0）位置摆放3个立方体，在（1, 1）位置摆放4个立方体，最终表面积为34。如图5-10和图5-11所示，其中数字表示在此位置上放置的立方体的个数。

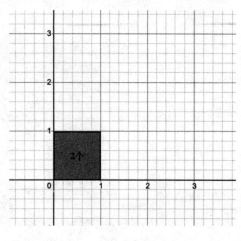

图 5-10　三维形体示意图 1　　　　　　　图 5-11　三维形体示意图 2

本题的难度并不在于解题算法的复杂，而是在于对题目本身的理解和寻找三维形体表面积的计算规律。

首先，对三维形体进行分析，我们可以遍历二维列表，对每一个位置摆放的立方体柱都有这样的特点：顶面和底面会贡献两个单位的表面积，并且每个单位立方体会贡献前后左右4个单位的表面积。当多个立方体柱有接触时，每当一个单位立方体有一个面接触，就会减少两个单位的表面积，如图5-12所示。

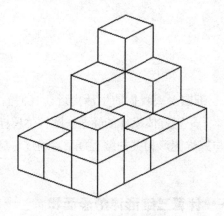

图 5-12　三维形体示意图

因此，我们的解题思路非常简单清晰：

（1）将每个位置放置的立方体的表面积进行累加。

（2）对位置相邻的立方体，将其接触的表面积减去。

示例代码如下：

```
def surfaceArea(grid):
    # 记录表面积
    res = 0
    // 外层遍历将每一列的数据取出
    for i in range(0, len(grid)):
        column = grid[i]
        # 内层遍历取出每个位置累放的小立方体个数
        for j in range(0, len(column)):
            item = column [j]
            # 计算此独立立方体的表面积
            if item > 0:
                res += (4 * item + 2)
            if j > 0:
                # 将其与上侧立方体相接触部分的面积减去
                res -= 2 * min(item, row[j-1])
            if i > 0:
                # 将其与左侧立方体相接触部分的面积减去
                res -= 2 * min(item, grid[i-1][j])
    return res
```

如以上代码所示，每当有两个小立方体的某个面相接时，实际上会减少两个单位的表面积。

 5.5.2　代码改进——求解三维形体的投影面积

以上一小节的题目为基础，前面我们解决了计算三维形体表面积的问题，现在对题目稍微做一下变化，加入从顶面、前面和侧面对三维形体进行投影，你能否编程计算 3 个投影图形的总面积是多少？例如我们输入的列表为[[2]]时，其上面、前面和侧面对应的投影图形的面积分别为 1、2、2。最终需要返回它们的总面积和，即 5。

解决本题的核心是如何确定三维形体上、前、右 3 个方向的投影面积。对于这 3 个方向的投影，我们可以分别进行处理。

对于上侧的投影，处理起来十分简单，我们只需要对二维列表进行遍历，只要有摆放小立方体的位置，都将占据一个单位的投影面积。

对于前侧的投影，其投影图形实际上是由每一列立方体中最高的立方体决定的。因此，我们只需要统计每一列立方体组中最高的一个的前面面积即可。

对于右侧投影的计算要稍微麻烦一些，其与前侧投影类似，只是需要找到每一行立方体中最高的一个来计算面积。由于列表的构造特点，要获取一列元素非常容易，获取一行元素则比较麻烦，在不改变列表本身的构造规则的情况下，我们可以通过使用字典来对遍历过程中每一行元素的高度进行存储，保留高度最高的一个最终进行面积计算。

根据上面的思路，编写示例代码如下：

```python
def projectionArea(grid):
    # 上投影面积
    t = 0
    # 正投影面积
    f = 0
    # 侧投影面积
    r = 0
    dic = {}
    for i in range(0, len(grid)):
        column = grid[i]
        for j in range(0, len(column)):
            item = column[j]
            # 上投影面积累加
            if item > 0:
                t += 1
            # 按照行维度记录立方体的高度
            if j in dic.keys():
                if dic[j] < item:
                    dic[j] = item
            else:
                dic[j] = item
        # 前侧投影面积累加
        f += max(column)
    for s in dic.values():
        r += s
    return t + f + r
```

通过这两道题目的锻炼，相信你对解决三维图形相关的题目有了新的见解和思路。其实对于三维形体相关的编程题，解题的思路本身都比较简易清晰，复杂之处在于我们需要有足够的抽象思维，需要对三维形体的结构和特性有清晰的认识。在解决这类问题时，当你无法想清楚解题思路时，不妨多动动笔，让图形帮你理清思路。

❀ 本 章 结 语 ❀

本章介绍了许多与几何图形相关的编程题。这类题目的解题核心在于对图形本身性质的理解，以及如何将几何的解题思路与编程结合。在数学中，有许多复杂的代数问题，如果能够借助几何图形来描述和抽象，则往往会产生神奇的简化效果，对于编程也是一样，很多应用场景的问题我们都会将其抽象成几何问题来解决。

第 6 章

探索字符的世界——字符串操作

世界上的一切都必须按照一定的规矩秩序各就各位。

——莱蒙特

在编程领域中，字符串是一个非常流行的名词。字符串本身是指一种数据类型，目前主流的编程语言都会提供对字符串这种数据类型的支持。由于在实际的编程应用中，字符串的作用非常重要，无论是编程语言学习、算法学习、面试做题还是实际应用开发都少不了字符串的身影。

本章将进入字符串的海洋，一起探索解决各种与字符串有关的趣味问题。字符串的排列、组合、变换等眼花缭乱的操作会为我们的编程思维打开一扇新的窗户。

Python 本身就是一门面向应用的语言，其内部提供了非常多的工具来对字符串进行处理，使用 Python 语言来处理字符串你会感觉非常轻松。通过本章的学习，能够让你使用 Python 操作字符串的能力得到进一步提高。

6.1　字符串的排列

字符串的排列实际上是对字符串整理的一种方式，例如将乱序的字符串按照一定的排列顺序进行排列。本节将通过几道字符串排序相关的编程题帮助你了解这类题目的核心解题思路。

6.1.1　编程实现——格式化字符串

字符串的格式化非常重要，很多时候，我们需要编写程序将输入的杂乱无章的字符串按照指定的规则进行重新排列后再输出。格式化有时候是为了统一输出格式，有时候是为了提高可视化。现在，给定一个混合了数字和字母的字符串，其中字母全部为小写。尝试编写程序对字符串进行格式化，使得新的字符串满足如下条件：

（1）相同类型的字符不能相连，即数字的左右必须是字母，字母的左右必须是数字。

（2）如果无法满足条件 1，则返回空字符串。

例如输入"ab34n31o"，可以返回"a3b4n3o1"作为答案。

本题思路比较简单，根据题意，字符被分为两类，一类是"数字型"字符，另一类是"字母型"字符，第一步需要做的是对字符串中的字符进行分类。由于"数字型"字符数量有限，只有 10 个，因此我们可以创建一个列表，将所有"数字型"字符放入其中作为分类的标准。

将字符分类完成后，剩下的就是重新组合，重新组合有这样的特点，如果两类字符的数量差距大于 1，则其一定不能满足题目的要求组成新的字符串，直接返回空字符串即可。如果两类字符的数量差距不大于 1，则我们依次从两类字符中取出字符排列成新的字符串即可。有一点需要注意，首个字符需要从数量较多的一类中取。

示例代码如下：

```python
def reformat(s):
    nums = ["0", "1", "2", "3", "4", "5", "6", "7", "8", "9"]
    numList = []
    charList = []
    res = ""
    for i in s:
        if i in nums:
            numList.append(i)
        else:
            charList.append(i)
    if abs(len(numList)-len(charList)) > 1:
        return ""
    if len(numList) > len(charList):
        for i in range(0, len(charList)):
            res += numList.pop()
            res += charList.pop()
        res += numList.pop()
        return res
    elif len(numList)-len(charList) == 0:
        for i in range(0, len(numList)):
            res += charList.pop()
            res += numList.pop()
        return res
    else:
        for i in range(0, len(numList)):
            res += charList.pop()
            res += numList.pop()
        res += charList.pop()
        return res
```

需要注意，本题的答案是开放性的，只要满足题目要求的组合，都是正确答案。当然，解题思路也是开放的，你是否有其他的解题方案？

6.1.2 编程实现——格式化字符串进阶

给定一个字符串 string，检查是否可以重新排列字符串，使结果满足如下条件：相邻的字符不相同。如果可以，则返回任意可行的结果，如果不可以，则返回空字符串。例如，输入字符串"bbaacc"，返回"abcabc"为其中一种正确答案。

本题是上一小节介绍的格式化字符串一题的进阶。要解决本题，首先需要找到一种算法来将不同的字符穿插排列。并非任何场景的输入都可以按照题目的要求构成新的字符串，例如输入"aaaa"，则不论怎么排列，其都无法满足题目的排列要求。实际上，如果能够根据题目要求构成新字符串，原输入的字符串需要满足如下条件：

```
maxCharCount < (stringLength+1)/2
```

其中 maxCharCount 只出现最多次数的字符的出现次数，stringLength 为原字符串的长度。如果发现输入的原字符串不满足上面的条件，则直接返回空字符串即可。如果满足条件，我们可以采用下面的思路来对字符串进行重排：

（1）将原字符串中每个字符的个数分别统计出来。

（2）将统计完成的结果按照字符出现的次数从大到小排序，组成数据源列表。

（3）从数据源列表中依次取值填充到新的空列表中，填充空列表时，先将偶数位全部填充完成，再填充奇数位。

（4）将列表重新组合成最终的结果字符串。

这种算法比较形象的叫法为奇偶插空，可以将连续的字符分散排列，示例代码如下：

```python
def reorganizeString(S):
    # 创建一个字典用来记录每个字符出现的个数
    dic = {}
    # 创建指定长度的列表，使用字符"0"填充
    res = ["0" for i in range(0, len(S))]
    # 对字符数量进行统计，字典中存放的 key 是字符，value 是字符数量
    for item in S:
        if item in dic.keys():
            dic[item] += 1
        else:
            dic[item] = 1
    # 使用排序函数对字典中的每一组数据进行排序
    sortList = sorted(dic.items(), key=lambda item: item[1])
    # 进行条件检查，因为列表是排序后的，最后一个字符的出现次数最多
    if sortList[-1][1] > (len(S)+1)/2:
        return ""
    # 用来记录当前要插入的字符的剩余个数
    tempCount = 0
    # 用来记录当前要插入的字符
```

```python
        tempItem = None
        # 进行偶数位的插入
        for i in range(0, len(S), 2):
            if tempItem == None:
                tempItem = sortList.pop()
            if tempCount == 0:
                tempCount = tempItem[1]
            res[i] = tempItem[0]
            tempCount -= 1
            if tempCount == 0:
                tempItem = None
        # 进行奇数位的插入
        for i in range(1, len(S), 2):
            if tempItem == None:
                tempItem = sortList.pop()
            if tempCount == 0:
                tempCount = tempItem[1]
            res[i] = tempItem[0]
            tempCount -= 1
            if tempCount == 0:
                tempItem = None
    return "".join(res)
```

　　上面的代码中有着详细的注释，逻辑也比较好理解。其中有一些地方我们需要注意，首先 Python 中字典的应用，字典对象的 items() 方法将返回一组二维列表，结构为：[(key, value), (key, value), …]，使用这个方法我们可以方便地获取字典中的每一对键值组合。sorted 函数也是首次使用，这个函数可以将列表中的数据按照我们指定的键进行排序，其中 key 参数可以传入一个 lambda 表达式，将要决定排序的键返回即可。

　　lambda 表达式的作用和函数类似，是 Python 提供的一种匿名函数的功能。从结构上看，lambda 表达式非常简洁，其设计实质上参考了函数式编程的思想。

 6.1.3　编程实现——字符串全排列

　　输入一个字符串，尝试编程将字符串中字符的所有排列组成列表返回。例如输入"abc"，可以返回["abc","acb","bac","bca","cab","cba"]作为答案。

　　解决本题有一定的难度，我们可以先对题目进行简单的分析，以输入字符串"abc"为例，要找到字符"a""b"和"c"的全部排列场景很简单，我们只需要一位一位地去枚举选择就好了。例如，对于第一位来说，我们可以选择的字符有"a""b"或者"c"，第一位一旦确定，第二位的选择就会受到影响，如果第一位选择了"a"，则第二位只有"b"和"c"可以选择，同样，一旦第二位确定，第三位的可选择范围就更小，如果第一位选择了"a"，第二位选择了"b"，则第三位只有"c"可以选择。选择的过程如图 6-1 所示。

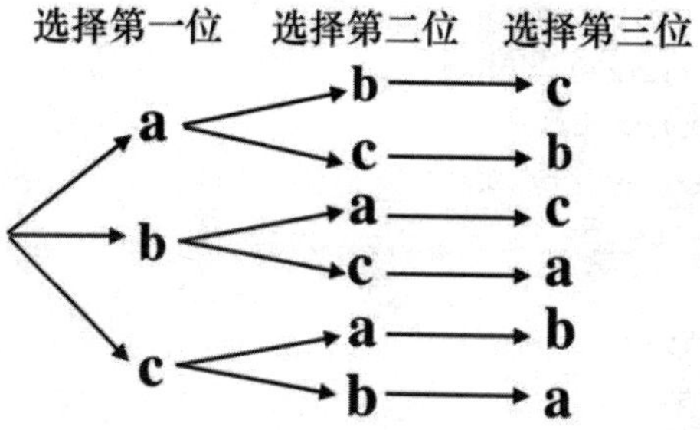

选择第一位　　选择第二位　　选择第三位

图 6-1　对字符串"abc"进行全排列示意图

如图 6-1 所示，每当一位被确定后，后面的位只能从剩余的字符中进行选择，这个选择的过程就是一种搜索问题解的过程。如果将图 6-1 旋转 90°，你会发现，图中的选择过程实际上是一种树状结构，选择就是做决策，此结构有时也被称为决策树。

在处理决策树这类问题时，首先需要确定当前决策节点可以选择的分支，对于本题，即我们需要明确每一位可以选择的字符。之后，我们需要使用回溯的方法来遍历所有决策节点。简单理解，当我们第一位选择了"a"之后，需要先确定下一位可选择的字符有"b"和"c"，之后使用递归的方式继续做决策，当决策到终节点的时候，需要将之前的决策节点进行回溯还原，对于本题，即还原到第一位决策前的状态，继续遍历其他决策节点。

在编程时，还有一点需要注意，输入的字符串中可能存在重复字符，在对某一位进行决策选择时，我们需要将重复的字符剔除掉，即对决策树进行剪枝。示例代码如下：

```python
# 定义一个递归函数，用来对每一位上的字符进行选择
# res 参数为最终的结果列表
# index 参数为当前要选择的位
# charList 参数为当前的排列
def select(res, index, charList):
    # 如果当前已经选择到最后一位，则表明已经选择到终节点
    # 将当前排列方式存入结果列表
    if index == len(charList) - 1:
        res.append("".join(charList))
        return
    # 定义集合用来过滤重复字符
    dic = set()
    # 遍历当前位可选择的所有字符，index 位之前的已经固定，只需要遍历之后的
    for i in range(index, len(charList)):
        # 如果重复，做剪枝直接跳过
        if charList[i] in dic:
            continue
        dic.add(charList[i])
        # 做字符位置交换，将第 i 位的字符固定到 index 位
        temp = charList[i]
        charList[i] = charList[index]
        charList[index] = temp
```

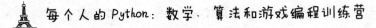

```
        # 继续做下一节点的决策
        select(res, index+1, charList)
        # 做回溯，将交换的位还原
        charList[index] = charList[i]
        charList[i] = temp
# 入口函数
class Solution(object):
    def permutation(s):
        chars = list(s)
        res = []
        select(res, 0, chars)
        return res
```

回溯算法在许多编程场景中都有应用，在使用回溯算法时，我们只需要把握一个原则：如果当前分支可以继续前进，就继续前进，如果到达分支路径的终点或触发了终止条件，就退回来，选择另一个分支继续。很多有关树的问题都需要使用到递归与回溯的思想，这些我们会在后面的章节专门介绍。

6.1.4　编程实现——根据字符出现的频率进行排序

输入一个字符串，你能否编程重新对字符串的字符进行排列，按照其中字符的出现频率降序进行排序？例如，如果输入字符串"hello"，你需要将其排列为"lleho"，当然"lleoh""llheo""lleho"等也是正确答案，因为原字符串中只有字符"l"出现了两次，其余字符都只出现了一次，最终的答案只要将"l"字符排列到字符串的前面即可。

本题要求我们根据字符串中字符出现的频率进行字符串的重排。我们可以通过遍历字符串，统计字符串中所有出现过的字符的出现次数，使用dict字典这一数据结构是非常合适的，字典中元素的key可以存储字符，value可以存储其出现的次数。做完了字符出现次数的统计后，后面的工作就非常简单了，根据出现的次数对字典的元素进行排序，然后重组成新的字符串即可。

示例代码如下：

```
def frequencySort(s):
    # 字典用来记录字符出现的次数
    dic = dict()
    for c in s:
        if c in dic.keys():
            dic[c] += 1
        else:
            dic[c] = 1
    # 对字典元素进行排序
    l = sorted(dic.items(), key=lambda x: x[1], reverse=True)
    res = ""
    # 进行字符串的重排
```

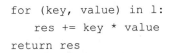

```
for (key, value) in l:
    res += key * value
return res
```

如以上代码所示，你会发现，在需要对字典元素进行排序时，sorted 方法非常强大，首先 dict 对象的 items()方法会返回一个列表，列表中的元素全部是元组，形如(key, value)。元组中第 1 个元素是键值对的键，第 2 个元素是键值对的值。sorted 方法可以通过设置参数 key 为一个 lambda 表达式来决定以什么作为标准进行排序，上面的代码使用键值对中的值（字符出现的次数）作为标准进行排序，reverse 参数设置排序的方式，如果设置为 True，则会从大到小进行排序，否则从小到大进行排序。对于列表中存放复杂对象需要排序的场景，也可以使用 sorted 函数。

6.1.5　编程实现——交换字符

输入两个字符串，如果交换第 1 个字符串中的两个字符后就可以得到第 2 个字符串，则表明这两个字符串可以相互转换，需要返回 True 作为答案，如果不能转换，需要返回 False 作为答案。例如输入"acb"和"cab"，则答案为 True，将第 1 个字符串"acb"中的前两个字符交换，即变成了"cab"，如果输入"ac"和"ac"，则需要返回 False。

本题要求我们判断通过一次位置交换是否可以将字符串 A 转换成字符串 B。要满足题目的要求，两个字符串需要满足如下条件：

（1）如果两个字符串完全相同，则只有字符串中存在重复的字符时才能满足条件（将重复的字符交换一次）。

（2）如果两个字符串不同，要满足条件，则它们的长度需要相同，并且两个字符串中只有两个位置的字符相异（假设为 m 位和 n 位）。

（3）判断字符串 A 和字符串 B 不同的两位对应的字符是否满足如下条件：A[m]==B[n] 且 A[n]==B[m]。如果满足，则可以通过一次交换转换。

根据上面的解题思路，编写代码如下：

```
def buddyStrings(A, B):
    if len(A) != len(B):
        return False
    m = -1
    n = -1
    for i in range(0, len(A)):
        if A[i] != B[i]:
            if m == -1:
                m = i
            elif n == -1:
                n = i
            else:
```

```
                 return False
    if A == B and len(set(A)) < len(A):
         return True
    if m != -1 and n != -1 and A[m] == B[n] and A[n] == B[m]:
         return True
    return False
```

现在，我们对题目进行一些升级，给定两个字符串 A 和 B，可以对 A 中的任意字符进行替换，但是需要遵守如下替换规则：

如果要替换某个字符，则所有的此字符都需要替换成相同的字符。

你需要判断字符串 A 是否可以通过字符替换得到字符串 B。例如，如果输入 A 字符串为"addca"，B 字符串为"cookc"，则需要返回 True，因为将 A 字符串中的字符"a"替换为"c"，"d"替换为"o"，"c"替换为"k"即可得到字符串 B。

其实，要满足升级后题目的要求，我们需要判断输入的两个字符串相同位置的字符是否对应，即当 A[i] == A[j] 的时候，需要判定 B[i] == B[j] 是否成立。算法思路如下：

（1）输入的两个字符串如果长度不等，则直接返回 False。

（2）输入的两个字符串如果完全相等，则直接返回 True。

（3）对输入的第 1 个字符串中字符出现的位置进行统计。

（4）使用统计结果对第 2 个字符串进行验证，如果有位置不对应的情况出现，直接返回 False。如果验证成功，则返回 True。

示例代码如下：

```
def isIsomorphic(s, t):
    if len(s) != len(t):
        return False
    if s == t:
        return True
    dic = {}
    for i in range(0, len(s)):
        c = s[i]
        if c in dic.keys():
            dic[c].append(i)
        else:
            dic[c] = [i]
    for (c, indeces) in dic.items():
        if t.count(t[indeces[0]]) == len(indeces):
            if len(indeces) > 1:
                tmp = t[indeces[0]]
                for index in indeces:
                    if tmp != t[index]:
                        return False
```

```
        else:
            return False
    return True
```

6.2　字符串的分割

在进行字符串的处理时，字符串分割是常见的操作。在实际应用中，如 URL 地址的解析、网页爬虫的数据处理都需要对字符串进行分割处理。在 Python 中，默认提供了切片语法来对字符串进行分割处理。本节将通过一些示例题目来帮助大家拓展解决本类问题的思路。

 ### 6.2.1　平衡字符串的分割

输入一个只包含"L"和"R"的字符串，并且其中 L 与 R 的个数是相等的。符合这种输入条件的字符串称为平衡字符串。尝试编程对输入的平衡字符串进行分割，尽可能多地分割出平衡字符串子串，并将可以得到的子串数量返回。

例如，输入"RLLLRRRL"将返回 3，其可以分割成"RL""LLRR"和"RL"。输入"LLLRRR"将返回 1，因为其只能分割出"LLLRRR"。

本题非常简单，属于字符串分割相关题目中的入门级题目。解决本题的核心是对平衡字符串进行理解。我们只需要掌握平衡字符串的核心即可：其中字符"L"与字符"R"的个数相同。在编写程序时，我们可以对字符串进行遍历，对每一个字符进行检查，使用两个变量对字符"L"和字符"R"进行计数，每当字符"L"的个数与字符"R"的个数相同时，即表明可以分割出一个平衡的子字符串。

示例代码如下：

```
def balancedStringSplit(s):
    res = 0
    # 记录字符"L"出现的次数
    lc = 0
    # 记录字符"R"出现的次数
    rc = 0
    for i in s:
        if i == 'L':
            lc += 1
        if i == "R":
            rc += 1
        if rc == lc:
            res += 1
            lc = 0
            rc = 0
    return res
```

6.2.2 编程实现——分割出回文字符串

我们前面解决过与回文数字相关的题目。本节将介绍一道与回文字符串有关的编程题。要求输入一个字符串，将此字符串分割成一些子串，使每个子串都是回文串（单字符的字符串也属于回义串）。你需要将所有可能的分割方案返回。例如输入字符串"abb"，需要返回：

```
[
    ["a", "b", "b"],
    ["a", "bb", ],
]
```

这个二维列表作为答案（列表中元素的顺序可以变动）。

本题的核心是将字符串分割出多个回文的子字符串。判断某个字符串是不是回文字符串非常简单，我们直接将字符串进行逆序，然后判断与原字符串是否相同即可。对字符串进行分割的过程实际上是一个递归的过程，解决本题使用递归函数将非常容易。

示例代码如下：

```python
# 判断是不是回文字符串
def isPal(s):
    if s == s[::-1]:
        return True
    return False
# 递归进行分割
def clipStr(start, s, l, res):
    # 字符串已经分割结束，加入结果列表
    if start > len(s) - 1:
        res.append(list(l))
        return
    # 从当前位置向后遍历进行分割
    for i in range(start+1, len(s)+1):
        # 如果检测到回文，递归继续分割
        if isPal(s[start:i]):
            clipStr(i, s, l+[s[start:i]], res)
# 入口函数
def partition(s):
    res = []
    clipStr(0, s, [], res)
    return res
```

本题是使用递归处理字符串问题的一个示例，在处理字符串相关问题时，使用递归往往可以更高效、更简单地解决问题。在使用递归解决问题时，一定要明确递归的结束条件，避免产生无限循环的异常逻辑。

6.2.3 编程实现——分割字符串获取最大分数

本题是一道非常有意思的题目，输入一个只有"0"和"1"组成的字符串，其长度不小于 2，我们需要将其从某个位置分割成左右两个子串（子串的长度都大于 0），在左串中，每出现一个 0，则计 1 分，在右串中，每出现一个 1，则计 1 分，尝试编程计算出所有分割方案中最高可以得多少分，并将分数返回。例如，如果输入"00111"，当分割的左子串为"00"，右子串为"111"时得分最高，为 5 分，我们需要返回 5 作为正确答案。

本题的解题思路比较简单，根据题目中的要求，我们能够明确每次截取都可以将输入的字符串截取成两部分，需要计算出左半部分子串中"0"的个数与右半部分子串中"1"的个数的和。因此，我们可以采用遍历的方式枚举所有可分割的情况，对每种情况的得分进行计算，最终返回最大的得分。示例代码如下：

```
def maxScore(s):
    score = 0
    for i in range(1, len(s)):
        l = s[0:i]
        r = s[i:]
        tmp = l.count("0") + r.count("1")
        if tmp > score:
            score = tmp
    return score
```

本题放入字符串分割这一节介绍是因为其中需要用到分割字符串的简单技巧。其实本题最终的目的是对字符串中的某些字符进行统计。下一节将给大家介绍更多有关字符串中字符查找与统计的编程题。

6.3 字符串的查找与统计

前面我们练习了一些与字符串相关的编程题，都是对字符串进行修改操作。无论是进行字符串的格式化还是对字符串进行分割，都要对原字符串进行改动。本节将介绍的这些编程题将把重点转移到字符串的查找与统计上。例如，对字符串中某个字符的位置进行查找，对字符串中某些字符的个数进行统计，等等。

6.3.1 编程实现——统计连续字符的长度

输入一个字符串，尝试编程返回其中最长的连续重复字符的长度。例如，输入字符串"abbbcdeff"，其中最长的连续重复字符组成的子串为"bbb"，因此需要返回 3 作为答案。如果输入"hello"，需要返回 2 作为答案，因为其中最长的连续重复字符组成的子串为"ll"。

本题是一道非常经典的字符串编程题。在编程工程师相关职位的面试中，本题的出场率也非常高。本题本身难度并不大，解题思路也比较简单，过程如下：

（1）对字符串进行遍历，记录当前遍历到的字符连续出现的次数。

（2）遍历到不同的字符后，重置计数。

（3）将计数的最大值返回。

根据上面的思路，编写示例代码如下：

```python
def maxPower(s):
    # 记录最长的连续重复字符个数
    maxL = 0
    # 当前计数的字符
    currentChar = ""
    # 当前计数的字符的个数
    currentL = 0
    for c in s:
        if currentChar == "":
            currentChar = c
            currentL = 1
        else:
            if c == currentChar:
                currentL += 1
            else:
                currentL = 1
                currentChar = c
        if currentL > maxL:
            maxL = currentL
    return maxL
```

6.3.2 编程实现——检查字符串中所有的字符是否唯一

解决了查找最长连续重复字符的问题，我们再来看一道检查字符是否唯一的问题。尝试编写程序，输入一个字符串后，判断字符串中所有的字符是否全都不同，换句话说，需要判断此字符串中所有的字符是否都是唯一的，如果是，则返回 True，如果不是，则返回 False。例如输入"hello"将返回 False，因为其中字符"l"不是唯一的，输入"world"则会返回 True，因为其中任一字符都只出现了一次。

解决这道题，最直接的思路是对字符串进行遍历，记录出现的字符，如果发现有重复的字符出现，则不能满足题目中的"唯一"要求，返回 False 即可，如果直到遍历结束都没有重复的字符出现，即可返回 True。

示例代码如下：

```
def isUnique(astr):
    s = set()
    for c in astr:
        if c in s:
            return False
        s.add(c)
    return True
```

如以上代码所示，解题的过程非常简单，除去函数的声明部分，核心的解题算法只有 6 行代码，其实是使用 set 集合来存储出现过的字符。对于 Python 中的 set 集合，不知大家是否还有印象，set 是一种集合数据类型，其中存储的元素全部唯一，针对 Python 语言，我们仅仅使用一行代码就可以解决本题。我们可以将字符串直接转成 set 集合，在转换的过程中，集合默认会将重复的元素去除，之后只需要比较集合元素的个数与原字符串的长度是否相等即可，如果相等，则表明原字符串中没有重复的字符，如果不相等，则表明有重复的字符出现。

示例代码如下：

```
def isUnique(astr):
    return len(set(astr)) == len(astr)
```

 6.3.3 编程实现——查找第一次出现的唯一字符

在 6.3.2 小节中，我们编写了程序判断一个字符串中的所有字符是否都是唯一的。本节对问题做一点小小的升级，输入一个字符串，编程找到此字符串中第一次出现的唯一字符，尝试将其返回，如果字符串中不存在唯一字符，则返回空字符串。例如，输入"acddaeef"，将返回"c"，因为字符"c"和"f"是字符串中的唯一字符，字符"c"是首次出现的。

本题除了要找到字符串中的唯一字符外，更关键的是对唯一字符串出现的顺序进行记录，根据题目的要求，我们需要返回第一次出现的唯一字符。因此，在设计算法时，我们可以采用两种不同的数据结构来分别处理"找唯一"和"定顺序"的问题。可以使用字典来处理"找唯一"的问题，通过比较字典中的键是否重复来确定字符是否唯一。使用列表来处理"定顺序"的问题，在遍历查找过程中，依次将当前被判定为唯一的字符追加到列表中，后面发现某个字符再次出现时，将列表中对应的字符移除，最终只需要判断列表中是否有元素即可。

示例代码如下：

```
def firstUniqChar(s):
    # 记录字符是否出现
    dic = {}
    # 记录字符的先后顺序
    l = []
    for c in s:
        # 如果发现字符非唯一，则将列表中记录的字符移除
        if c in dic.keys():
            if c in l:
```

```
            l.remove(c)
        else:
            dic[c] = 1
            l.append(c)
    if len(l) > 0:
        return l[0]
    return ""
```

如果题目要求我们找到第一次出现的唯一字符的位置，即返回第一次出现的唯一字符的下标（如果没有符合条件的字符，则返回-1），上面的代码需要如何修改？

其实将返回字符修改为返回下标非常容易，只需要对字符对应的下标进行记录即可。在上面的代码中，实际上只使用字典中的键来检测唯一，并没有利用键对应的值，我们正好可以用其来存放下标。

修改上面的代码如下：

```
def firstUniqChar(s):
    dic = {}
    l = []
    for i in range(0, len(s)):
        c = s[i]
        if c in dic.keys():
            if c in l:
                l.remove(c)
        else:
            dic[c] = i
            l.append(c)
    if len(l) > 0:
        return dic[l[0]]
    return -1
```

 6.3.4　编程实现——求最长不含重复字符的子字符串长度

输入一个字符串，尝试编程找到其中最长的不包含重复字符的子字符串，并将其长度返回。例如，输入"aaa"，将返回 1 作为结果，输入"abcabcbb"，将返回 3 作为结果。

本题需要查找的是最长的不含重复字符的子串，首先可以先确定一个起始点，之后计算从此起始点向后截取可以得到的不含重复字符的最长子串的长度，之后依次向后移动起始点，循环计算子串长度的操作，最终取长度最大的结果返回即可。核心思路可以总结如下：

（1）以 0 为起点进行不含重复字符的最长子串的长度计算。

（2）移动起点，再次进行不含重复字符的最长子串的长度计算。

（3）重复过程 2，直到起点移动到原字符串的最后一个字符位置为止。

（4）将计算结果中的最大值返回。

根据以上思路，编写示例代码如下：

```python
# 计算不含重复字符的最长子串的长度
def maxL(start, s):
    # 使用集合记录出现过一次的字符
    box = set()
    m = 0
    for i in range(start, len(s)):
        c = s[i]
        if c in box:
            return m
        box.add(c)
        m += 1
    return m
# 入口函数
def lengthOfLongestSubstring(s):
    maxLength = 0
    # 依次移动起始点的位置，记录最大长度
    for start in range(0, len(s)):
        l = maxL(start, s)
        if l > maxLength:
            maxLength = l
    return maxLength
```

 6.3.5　编程实现——查找常用字符

相信大家都有使用输入法打字的经历。在使用输入法打字时，一般输入法都会根据我们常用的词组进行提示。输入法能够对常用词组进行提示，要靠其内部的统计算法实现。本节将尝试编写一个算法将常用字符查找出来。

输入一组字符串，我们需要编写程序，将其中的常用字符查找出来，常用字符的定义为：所输入的一组字符串中，所有的字符串中都包含此字符，则此字符就被定义为常用字符。例如，假设我们输入一组字符串为["ball", "gad", "apple"]，则最终需要返回["a"]，因为只有字符"a"在输入的 3 个字符串中都出现了。如果输入["cool", "lock", "cook"]，则最终的结果需要返回["c", "o"]，需要注意，返回的结果中不能存在重复的字符。

解决本题有两个核心点：

（1）找到所有字符串中都包含的字符。

（2）进行字符去重。

对于第 2 点，我们可以借助 set 集合数据结构的特点来进行子字符去重。对于第 1 点，我们可以采用剔除法，首先可以将第一个字符串中所有出现过的字符都认定为常用字符，之后对后面的字符串依次进行遍历，如果某个字符没有在后面的字符串中出现，则将其剔除掉，当将所有的字符串都遍历完成后，剩下的字符即为我们筛选出的常用字符。

示例代码如下：

```python
def commonChars(A):
    box = set(A[0])
    for i in range(1, len(A)):
        string = A[i]
        temp = set()
        for c in string:
            if c in box:
                temp.add(c)
        box = temp
    return box
```

6.4 字符串的变换

在互联网上，很多数据是以字符串为载体进行传输的。字符串数据在传输时，离不开数据的压缩、解压、加密、解密等。这些对字符串的操作实际上都是对字符串按照某种规则进行变换的。本节介绍的编程题大多与字符串变换相关，通过对字符串变换相关题目的练习，相信大家在之后的编程中对字符串的操作可以更加游刃有余。

 ## 6.4.1 编程实现——字符串平移

我们规定，字符串平移是指将字符串最左边的字符移动到最右边，其他位置的字符保持不变。现在，输入两个字符串，尝试编程判断第 2 个字符串是否可以由第 1 个字符串平移得到。例如输入"hello"和"llohe"，则需要返回 True 作为答案，因为将"hello"平移一次将变成"elloh"，再平移一次就会变成"llohe"。

本题的核心在于如何进行字符串的平移操作。我们分析一下字符串平移的特点可以发现，每平移一次，实际上就是将字符串的首字符移动到字符串的末尾。我们在操作时，可以先将字符串从第 2 个字符开始截取到尾部形成新的字符串，再将首字符拼接到新字符串末尾即可。

示例代码如下：

```python
def rotateString(A, B):
    if len(A) != len(B):
        return False
    if A == B:
        return True
    for i in range(0, len(A)-1):
        A = A[1:] + A[0]
        if A == B:
            return True
    return False
```

如以上代码所示，我们使用了字符串的切片方法。str[i:]表示从字符串 str 的下标 i 开始截取到最后。上面的示例程序是最容易想到的解决算法，你能否开动脑筋，将算法再简化一些呢？

解决本题，我们甚至使用一行代码就可以搞定，本题需要判断 A 字符串是否可以通过平移得到 B 字符串，从另一方面来看，其实就是将 A 字符串扩展一倍后，B 字符串是不是 A 字符串的子串，例如 A 字符串为"hello"，B 字符串为"llohe"，则 B 字符串一定是"hellohello"的子串。知晓了这一特点，解决本题的代码就可以变得非常简洁，如下：

```python
def rotateString(A, B):
    return len(A) == len(B) and B in A + A
```

 6.4.2　编程实现——字符串平移加密

在上一小节解决问题的过程中，实际上已经涉及一种字符串的加密算法。例如输入一组字符串和一个密钥（这里的密钥即字符串平移的次数），尝试编写程序来实现字符串的加密和解密。这个程序会输入 3 个参数，分别为要加密或解密的字符串组（列表）、密钥（整数）和运算模式是加密还是解密（布尔）。例如输入["hello", "world", "you"]、3、True，则需要输出["lohel", "ldwor", "you"]。

本题是对字符串平移算法的一种简单应用。加密可以理解为使用指定的平移位数对字符串进行平移处理，解密实际上是使用与加密相同的平移位数对字符串进行逆向平移操作。

示例代码如下：

```python
# 加密函数
def encFunc(s, c):
    res = s
    for i in range(0, c):
        res = res[1:] + res[0]
    return res
# 解密函数
def decFunc(s, c):
    res = s
    for i in range(0, c):
        res = res[-1] + res[:-1]
    return res
# 进行字符串组的加密解密
def handleString(strList, c, enc):
    res = []
    for s in strList:
        if enc:
            res.append(encFunc(s, c))
        else:
            res.append(decFunc(s, c))
    return res
```

可以发现，虽然对字符串进行平移可以实现对字符串的加密和解密，但是这种加密的方式太简单，并且非常容易在没有密钥的情况下被找到规律从而破解。在实际的应用中，使用的加密算法往往会复杂很多，然而其本质都是对数据按照算法规则进行处理。

6.4.3 编程实现——压缩字符串

在网络传输时，对字符串进行压缩可以非常可观地减少网络交互的数据量，加快网络传输的速度，减少用户流量的消耗。在进行大量字符串类型的数据传输时，对字符串进行压缩是不可避免的。

现在我们使用一种最简单的方式对字符串进行压缩，对字符串中连续重复的字符进行压缩。如果压缩后的字符串比原字符串短，则返回压缩后的字符串，如果压缩后的字符串不比原字符串短，则返回原字符串。压缩规则为：将字符与其出现的次数组合来压缩字符串。例如输入字符串"aabbccccddefff"，压缩后为"a2b2c4d2e1f3"，压缩后的字符串比原字符串短，所以需要返回"a2b2c4d2e1f3"，如果输入的字符串为"abc"，则压缩后为"a1b1c1"，压缩后比原字符串更长，因此需要返回原字符串"abc"。

数据压缩是指在不丢失数据信息的前提下，缩减数据量，减少存储空间，从而提高传输效率。根据本题的要求，我们需要将字符串连续重复的字符进行压缩处理，这种压缩处理不会丢失字符串的原始信息，但是并非所有场景下，使用这种方式对字符串进行压缩结果都是有益的，如果原字符串中的连续重复字符非常少，则压缩的结果反而会造成负面的影响。

解决本题并不困难，我们只需要在遍历的过程中将连续出现的重复字符进行合并即可，压缩完成后，我们需要将其长度和原字符串的长度进行比较，来决定是否使用压缩后的结果作为最终结果。

示例代码如下：

```python
def compressString(S):
    res = ""
    count = 0
    for c in S:
        if len(res) > 0:
            # 判断是不是连续重复字符
            if res[-1] == c:
                count += 1
            else:
                res += str(count)
                res += c
                count = 1
        else:
            res += c
            count += 1
    res += str(count)
    if len(res) < len(S):
```

```
    return res
    return S
```

其实，针对本题，当字符串中出现的连续字符较少时，有较大的概率压缩是无效的。我们可以对题目的要求做一些改进：只有遇到连续字符才进行压缩，这样可以保证不会产生无效的压缩操作，算法的效率更优。例如输入"aabbccccddefff"，压缩后的结果为"a2b2c4d2ef3"，输入"abc"，压缩后的结果为"abc"。

简单修改上面的算法如下：

```
def compress(chars):
    tmp = ""
    count = 0
    res = ""
    for c in chars:
        if tmp == "":
            tmp = c
            count = 1
            continue
        if c == tmp:
            count += 1
        else:
            res += tmp
            if count > 1:
                res += str(count)
            tmp = c
            count = 1
    res += tmp
    if count > 1:
        res += str(count)
    return res
```

6.4.4 编程实现——字符串解压

字符串解压是对字符串压缩的一种逆运算。我们规定输入一个经过压缩的字符串，需要将其解压成原字符串。解压规则如下：

```
k[string]
```

其中中括号内的字符串为要展开的部分，k 表示要展开的次数，例如输入"3[a]2[bc]"，需要将其解压成"aaabcbc"，解压的过程可能会出现嵌套，例如输入"2[a3[c]]"，需要将其解压成"acccaccc"。

本题的难点在于字符串的解压是可以嵌套的。遇到嵌套，我们自然会想到使用递归函数来处理。没错，递归函数最适合的应用场景就是有逻辑嵌套的场景。对于本题，我们在对字符串进行遍历的过程中，遇到"数字""中括号"这类特殊字符时，需要做特殊的逻辑处理。核心算法思路如下：

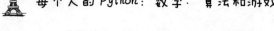

（1）首先定义变量：res 表明最终的结果，deep 记录当前递归深度，count 记录当前子串需要展开的次数，chars 记录需要递归运算的子串。

（2）对输入的字符串进行遍历操作。

（3）当遇到"["字符时，表明需要执行递归逻辑，将当前递归深度加 1。

（4）当遇到"]"字符串时，表明嵌套逻辑的闭合，将当前递归深度减 1。

（5）当遇到"]"符号且递归深度变成 0 时，进行递归运算。

（6）当遇到数字字符时，如果当前递归深度为 0，则使用 count 进行记录，否则拼接到 chars 子串中。

（7）当递归深度大于 0 时，遍历到的当前字符都需要拼接到 chars 子串中。

（8）当递归深度等于 0 时，遇到非特殊字符，直接拼接入 res 结果字符串中。

上面的算法看上去烦琐，其实逻辑并不复杂，我们只要将递归逻辑理解清楚，编写本题的 Python 程序就不困难。

示例代码如下：

```python
# 对字符串解码的核心递归函数
def decode(s):
    res = ""
    # 所有数字类数字的集合
    nums = ("0", "1", "2", "3", "4", "5", "6", "7", "8", "9")
    # 记录需要展开的次数
    count = ""
    # 记录需要展开的子串
    chars = ""
    # 记录递归深度
    deep = 0
    # 核心逻辑
    for c in s:
        if deep > 0:
            chars += c
        if c in nums and deep == 0:
            count += c
        elif c == "[":
            deep += 1
        elif c == "]":
            deep -= 1
            if deep == 0:
                res += decode(chars) * int(count)
                chars = ""
                count = ""
        elif deep == 0:
            res += c
    return res
```

```
# 入口函数
def decodeString(s):
    return decode(s)
```

截至目前，我们已经练习了很多与递归相关的题目。递归是编程中非常重要的一种技巧，但是其理解起来往往不是特别直观，掌握其最有效的方案就是不断地进行思考与练习。后面还会有很多实用到递归算法的机会，加油吧！

6.4.5　编程实现——将数字翻译成字符串

我们使用 0～25 这 26 个数字分别对应 "a"～"z"。现在，给定一个由数字组成的字符串，需要将其翻译成字母串，并将所有可能的翻译结果个数返回。例如输入 "12258"，其可能的翻译有 "bccfi""bwfi""bczi""mcfi" 和 "mzi"，需要返回 5 作为答案。输入 "11389"，需要返回 3 作为答案，因为可能的翻译为 "aachi""kchi" 和 "amhi" 3 种。

题目中要求将 0～25 这 26 个数字分别映射到对应的字母上，本题的核心难点在于如何对数字进行划分翻译，对于小于 9 的数字，其只有一种翻译方式，对于大于 9 但是小于 26 的数字，其有两种翻译方式，例如对于数字 21，其可以翻译为 "ba"，也可以翻译为 "u"。因此，本题实际上也是一种决策类的题目，每次进行翻译前，都可以选择单个数字字符进行翻译，也可以选择与当前数字字符之后一个字符结合进行翻译。

在实际编程中，还是需要使用递归的思想解决本题。核心思路如下：

（1）对当前输入数值进行判断，如果不大于 9，则直接返回 1。

（2）如果当前数值大于 9 且不大于 25，则直接返回 2。

（3）如果当前数值大于 25 且小于 100，则直接返回 1。

（4）如果不满足上面 3 种场景，则进行决策，分为两种可选情况：第一位数字单独翻译或前两位数字组合翻译，并将剩下的数字字符串继续进行递归运算。

示例代码如下：

```
# 核心递归函数
def trans(num):
    # 小于 10 的数，只有一种翻译方式
    if num <= 9:
        return 1
    # 小于 26 的两位数，有两种翻译方式
    elif num <= 25:
        return 2
    # 大于 25 的两位数，只有一种翻译方式
    elif num < 100:
        return 1
    else:
        # 大于 25 的组合无法翻译，进行剪枝
        if int(str(num)[:2]) <= 25:
```

```
            return trans(int(str(num)[1:])) + trans(int(str(num)[2:]))
        else:
        # 继续递归
            return trans(int(str(num)[1:]))
# 入口函数
def translateNum(self, num):
    return trans(num)
```

❀ 本 章 结 语 ❀

字符串是编程中使用最多的数据类型之一，因此在许多编程语言中都为字符串提供了非常多的处理函数供开发者直接使用，除此之外，对于字符串匹配和搜索相关问题，一种更加通用的解决方案是使用正则表达式。Python 中也提供了对正则表达式的支持，如果你有兴趣，可以学习一下与正则表达式相关的知识，掌握了它，你的字符串处理能力将得到质的提升。

本章介绍了许多与字符串相关的基础编程题。由于字符串的操作灵活，在实际编程中应用广泛，与其相关的题目也千变万化，在下一章中，我们将介绍更多有关字符串操作的进阶问题，以便更深入地对解决字符串问题的编程思路进行学习。

第**7**章

探索字符的世界——字符串应用

作为一种感人的力量，语言的美产生于言辞的准确、明晰和动听。

——高尔基

在上一章中，我们介绍了很多与字符串相关的编程题目。这些题目大多都专注于字符串中字符本身的处理。本章将介绍更多更加面向应用的字符串编程题。通过对词句的处理，帮助大家更加深入地掌握字符串编程题的解题技巧。当然，本章会介绍进阶题目，有些题目的难度也会略高。但笔者相信，这对大家的编程能力将是一轮新的挑战与锻炼。

通过本章，你将学习到很多与词句处理相关的问题解法，例如统计单词的个数、进行单词的搜索与替换等。同时，本章还会介绍一些与字符串操作相关的高阶问题。在题目的安排上，本章依然采用循序渐进、由简到难的方式、准备好了吗？一起出发吧！

7.1　单词提取

处理词句是字符串编程操作应用的场景之一。随着计算机越来越普及地应用到生活中的各个领域，计算机帮助了各行各业的工作者更加高效地处理事务与解决问题。计算机对词句的处理能力是非常强大的，当下已经有人工智能程序可以帮助编辑工作者进行文字的勘误与简单的文案编写工作。

程序能够对词句进行处理，首先需要使得程序能够对文本的结构、语义等有一定的理解。简单来说，对于输入的一段文本，程序首先需要分析出其段落分布、语句断行、词组组合，之后才能通过词库与词频进行其他逻辑分析。本节将介绍一些基础的字符串词语处理相关的编程题，其中大多与单词的查找、统计、处理有关。

7.1.1　编程实现——统计字符串中的单词个数

输入一个字符串，其为一段英文语句。尝试统计其中的单词个数，为了简单起见，本题中的单词是指连续的不是空格的字符串，也就是说，你只需要以空格作为分隔标准进行统计。

例如输入"Hello, World!"，需要返回结果为2，因为"Hello,"被认定为一个单词，"World"被认定为一个单词。

本题本身比较简单，核心是以空格来将字符串分割成一组独立的单词。但是有一个细节需要注意，输入的字符串中有可能会出现连续的空格，因此不能使用空格数来判定字符串中的单词个数。为了处理这个问题，我们可以使用一个临时的变量来记录当前是否在构成单词的过程中，如果在，当我们遇到空格时，进行单词的计数，如果不在，则不进行计数。

示例代码如下：

```python
def countSegments(s):
    tmp = True
    count = 0
    for c in s:
        if c != " ":
            if tmp:
                count += 1
            tmp = False
        else:
            tmp = True
    return count
```

其实，对于使用 Python 语言解决本题来说，还有一种更加简洁、更加通用的方法。Python 的字符串对象中提供了 split 方法，这个方法可以将字符串按照指定的分隔符进行分割，如果在调用这个方法的时候不传任何参数，则其默认以控制格式类型的字符进行分割，空格也属于控制格式的一种类型。使用 split 方法解决上面的问题将变得非常简单，修改代码如下：

```python
def countSegments(s):
    return len(s.split())
```

7.1.2 编程实现——返回字符最后一个单词的长度

输入一个仅包含字母和空格的字符串。尝试编写程序，返回最后一个单词的长度。如果字符串中不包含单词，返回 0 即可。例如输入"Hello World"，需要返回 5，因为最后一个单词是"World"，其长度为 5。

有了上一小节的基础，对于本题，相信你一定能手到擒来，只需要将字符串以空格为标志进行分割即可。如果分割后的单词数不等于 0，则将最后一个单词的长度返回。

示例代码如下：

```python
def lengthOfLastWord(s):
    l = s.split()
    if len(l) > 0:
        return len(l[-1])
    else:
        return 0
```

7.1.3 编程实现——统计最常用的单词

对词频进行统计是智能输出法实现智能提醒的常用方法。在某些试图揣摩文章主旨的程序中，提炼文章的关键词常常需要对词频进行统计。下面尝试解决一道与词频统计相关的编程题。

输入一个字符串，其为一个完整的段落。再输入一个列表，列表中存放的是禁用词汇。尝试编程统计出段落中出现次数最多的单词，但是此单词不能在禁用词汇列表中。需要注意，段落中会出现大写字母，但在统计过程中需要忽略大小写。禁用词汇列表中所有的单词只会使用小写字母表示。例如，如果输入的段落为："The first program I learned was Hello World. I loved programming. I loved the world. I believe that programming changes the world."，输入禁用词汇为["i"]，则最终需要返回的答案为："the"或"world"，因为虽然其中"i"出现了 4 次，但其在禁用列表中，需要被排除，之后出现次数最多的单词为"the"与"world"，都是 3 次。

需要注意，一个段落中可能出现两个最常用的单词，返回任意一个即可。并且，段落中可能出现的标点符号只有"!"（感叹号）"?"（问号）"'"（引号）","（逗号）";"（分号）和"."（句号）这 5 种，如果过滤后没有任何单词，则返回空字符串。

解决本题，我们需要先做如下几件事情：

（1）将所有标点符号进行剔除，防止由于标点造成单词的认定混淆。
（2）对段落以单词为维度进行分割。
（3）统计每个单词出现的次数，统计时需要忽略掉大小写。
（4）过滤禁用列表中的词汇。

完成了上面 4 件事情，我们只需要从剩下的单词中选取出现次数多的返回即可。

示例代码如下：

```
def mostCommonWord(paragraph, banned):
    newStr = ""
    for c in paragraph:
        if c == "!" or c == "?" or c == "'" or c == "," or c == ";" or c == ".":
            newStr += " "
        else:
            newStr += c
    words = newStr.split()
    dic = {}
    for w in words:
        w = w.lower()
        if w in dic.keys():
            dic[w] += 1
        else:
            dic[w] = 1
    sortList = sorted(dic.items(), key=lambda x: x[1], reverse=True)
```

```
for i in sortList:
    if i[0] in banned:
        continue
    return i[0]
return ""
```

如以上代码所示，仕剔除标点符号时，我们对字符串进行了遍历，遇到指定的标点符号时就将其替换成空格字符。其实使用 Python 中的 split 方法或 replace 方法可以实现相同的效果，且代码会更加整洁。读者可以尝试一下能否使用 Python 中提供的函数对上面的代码进行改进。

7.1.4 编程实现——拆分单词

输入一个非空的字符串，其中只包含 26 个英文字母。同时，再输入一组单词列表。尝试编程判断是否可以将输入的字符串拆分，使每一部分都是单词列表中的单词。例如输入字符串 "helloworld"，输入的单词列表为["hello", "world"]，则需要返回 True。如果输入的字符串为 "looknow"，输入的单词列表为["look", "know"]，则需要返回 False，因为无论先拆出哪个单词，剩下的部分都无法再满足要求。

分析一下本题，你会发现，本题其实是一道典型的动态决策型题目。其核心难点在于如何对单词进行划分。对于动态决策类型的题目，我们通常使用回溯法来解决，这又要使用到递归函数。

首先对字符串从前向后进行遍历，如果发现当前组成的前半部分的字符串已经可以命中列表中的单词，则递归验证后半部分字符串。这和我们之前练习的决策型题目的解法思路基本是一致的。核心思路如下：

（1）定义递归函数，输入index作为字符串截取的起点，输入s参数为原字符串。

（2）递归函数以输入的 index 作为起点进行遍历，从前往后遍历的过程中，如果能够组成列表中的单词，则再次调用递归函数验证之后的字符串是否满足要求。

（3）递归结束的条件为当递归函数输入的起点超过字符串的下标值。

（4）当最外层的遍历结束后，依然没有找到符合条件的场景，则返回 False。

示例代码如下：

```
def wordBreak(s, wordDict):
    # 设置函数缓存
    import functools
    @functools.lru_cache(None)
    # 定义递归函数
    def breakFunc(start, s):
        # 拆分完成，返回结果
        if start >= len(s):
            return True
        # 在当前决策分支下继续递归验证
```

```
    for index in range(start+1, len(s)+1):
        if s[start:index] in wordDict:
            if breakFunc(index, s):
                return True
        return False
    return breakFunc(0, s)
```

上面的代码中使用到了 Python 的缓存功能，functools.lru_cache 是 Python 3.2 后引入的一个功能强大的注解器。使用此注解器可以将某个函数定义为使用缓存，当使用相同的参数对此函数进行调用时，会使用缓存的结果直接返回，大大提高函数的执行效率。如以上示例代码，当输入的字符串较长时，递归函数调用的次数会非常多，为其增加缓存可以极大地缩短程序运行时间。

 7.1.5 编程实现——计算单词的最短距离

输入一个列表，列表中存放的全部是单词。再输入两个单词（不相等），尝试编程找到这两个单词在列表中的最短距离。需要注意，列表中的单词可能重复出现。例如输入列表为 ["hello","world","hi","you","hello"]，输入的两个单词为别为 "hello" 和 "you"，则它们在列表中的最短距离为 1。

本题我们需要计算两个单词在列表中相距的最短距离。按照常规思路，首先需要将两个单词在列表中的位置统计出来，之后找到这些位置中距离最近的即可。这一过程描述出来如下：

（1）遍历列表，找到指定单词在其中的位置，使用列表进行记录，同一个单词可能出现多次。

（2）对记录的列表进行遍历，找到距离最近的两个位置。

示例代码如下：

```
def shortestDistance(words, word1, word2):
    # 定义两个列表记录两个单词的位置信息
    index1 = []
    index2 = []
    # 进行位置的统计
    for i in range(0, len(words)):
        w = words[i]
        if w == word1:
            index1.append(i)
        if w == word2:
            index2.append(i)
    res = 0
    # 两层循环，找到最短的距离
    for i in index1:
        for j in index2:
            if res == 0:
```

```
                res = abs(i-j)
            elif abs(i-j) < res:
                res = abs(i-j)
    return res
```

现在，我们对题目的条件做一些小小的修改，假设输入的两个单词也可能重复，那么上面的代码还能正常工作吗？需要怎么优化呢？

7.2 词句重组

在 7.1 节中，需要处理的核心是单词的查找，这使我们对检索算法有了一定的练习。本节依然需要用到检索相关的算法，但是检索不是我们的目的，最终需要以检索为工具来对单词和语句进行重构。本节将介绍一些与单词替换、转换、压缩等操作相关的题目，提高对单词的处理能力。

7.2.1 编程实现——从字符串中返回字母组成单词

输入一个列表，其中存放一组单词。同时输入一个字符串，其表示一组字符。尝试使用字符串中的字符拼成单词列表中的单词（字符串中的每个字符只能使用一次），找出所有能够组成的单词并返回。例如，输入一组单词为["hello","world","you"]，输入字符串为"pqrstuvwxyz"，使用字符串中的字符可以组成单词列表中的单词"you"，因此需要返回["you"]作为答案。

本题的核心是使用规定的字符来尝试组成单词表中的单词。我们可以对单词表中的单词进行遍历，对每个单词都进行验证。在验证的过程中，每使用字符串中的一个字符，都需要将此字符剔除掉，如此才能满足每个字符只能使用一次的条件。

示例代码如下：

```
def countCharacters(words, chars):
    res = []
    # 遍历所有单词
    for w in words:
        # 创建临时字母表
        tmp = list(chars)
        can = True
        # 进行此单词的验证
        for c in w:
            if c in tmp:
                tmp.remove(c)
            else:
                can = False
                break
```

```
    if can:
        res.append(w)
    return res
```

 7.2.2　编程实现——语句逆序

前面我们练习过将字符串进行逆序的题目。本节尝试对语句进行逆序。题目是这样的，输入一个字符串，其描述的是一句英文语句，需要编程对语句进行逆序。为了简单起见，字符串中的单词只以空格进行分割，无须处理标点符号。例如输入"I love Python"，逆序后需要输出"Python love I"。

本题比较简单，只需要使用 Python 中提供的三个功能函数即可以非常方便地解决本题。使用 split 函数来对字符串进行分割，使用 reverse 函数来对列表进行逆序，最后使用 join 函数将逆序后的列表重新组合即可。

需要注意，之前我们使用 join 函数的时候，都是使用空字符串进行调用的，因此其组合的时候会省略分隔符。对于本题，我们需要使用空格对单词进行分割，因此需要使用空格字符来作为分隔符进行字符串的组合。

示例代码如下：

```
def reverseWords(s):
    l = s.split()
    l.reverse()
    return " ".join(l)
```

split 和 join 函数经常会成对使用，当某些场景直接对字符串进行处理比较麻烦时，我们可以先将其进行分割，转换成列表，对列表中的元素处理完成后，再将其拼接成字符串即可。

 **7.2.3　编程实现——语句重排**

输入一个字符串，字符串描述的是一句英文语句。我们定义字符串中除了单词外，只有空格，并且单词是以空格进行分割的，每两个单词间只会使用一个空格进行分割。现在编写程序对英文语句进行重排，将较短的单词排列在前，如果有长度相同的单词出现，则以它们在原字符串中的顺序为准。在进行语句重排时，需要满足语句首字母大写的要求。例如输入字符串为"Python is very cool"，重排后的结果为"Is very cool python"。

本题要求我们根据指定的规则进行语句的重排。本身逻辑比较简单，解题思路如下：

（1）使用空格对字符串进行分割，将单词提取出来。

（2）将单词根据长度排序进行重排，过程中将首字母大写，其他字母都转成小写。

示例代码如下：

```
def arrangeWords(text):
    # 进行单词提取
```

```
    l = text.split()
    res = []
    for i in l:
        insert = False
        # 将单词转成小写
        i = i.lower()
        # 将当前遍历出的单词插入指定的位置
        for index in range(0, len(res)):
            j = res[index]
            if len(i) < len(j):
                insert = True
                res.insert(index, i)
                break
        if not insert:
            res.append(i)
    # 进行首字母大写的转换
    return " ".join(res).capitalize()
```

如以上代码所示，我们在返回字符串的时候，使用了一个新的函数capitalize，capitalize 函数的作用是对字符串的首字母进行大写操作。

7.2.4 编程实现——单词前缀替换

输入一个列表，列表中存放的是一组单词前缀，再输入一个字符串，字符串描述的是一个英文语句。你需要做的是，如果字符串中有单词的前缀包含在列表中，则将此单词替换成对应的前缀。例如，输入的单词前缀列表为["he","py","wo"]，输入的字符串为"hello python hi world"，则替换后的结果为"he py hi wo"。我们规定，如果某个单词命中了列表中的多个前缀，则使用较短的前缀进行替换。

在解决本题之前，我们首先需要学习一个新的 Python 函数：startswith。startswith 函数用来检查字符串是否包含指定的前缀，如果包含，则此函数会返回 True，否则返回 False。这个函数的调用方式如下：

```
str.startswith(str, beg=0,end=len(string))
```

首先，这个函数由字符串对象进行调用，其中第 1 个参数为要检查的前缀，beg 函数设置开始检查的位置，end 函数设置结束检查的位置。使用 startswith 函数可以解决本题中前缀检查的问题。由于题目要求，如果有多个匹配结果，则以较短的前缀替换。对于本题来说，在替换前，需要先对前缀列表进行排序，解题思路如下：

（1）对前缀列表根据前缀的长度升序进行排序。
（2）将语句分割成单词组。
（3）对单词组中的每个单词进行前缀验证，如果满足要求，则进行替换。

示例代码如下：

```
def replaceWords(dict, sentence):
    newDict = []
    for i in dict:
        insert = False
        for index in range(0, len(newDict)):
            j = newDict[index]
            if i < j:
                newDict.insert(index, i)
                insert = True
                break
        if not insert:
            newDict.append(i)
    l = sentence.split()
    res = []
    for i in l:
        insert = False
        for j in newDict:
            if i.startswith(j):
                res.append(j)
                insert = True
                break
        if not insert:
            res.append(i)
    return " ".join(res)
```

7.3 单词缩写

我们知道，字符串可以根据一定的算法来进行压缩。对于单词来说也是一样。我们可以按照一定的规则对单词进行缩写。本节将由易到难地探索一道与单词缩写有关的编程题的解法。

7.3.1 编程实现——判断是否有相同的缩写

我们规定，单词的缩写规则是取单词的首尾字母和将中间省略的字母个数统计后的数字组合后作为新的缩写后的结果。例如，单词“hello”缩写后为“h3o”，单词“world”缩写后为“w3d”。现在，输入一个单词列表，尝试编程判断其中是否有缩写结果一样的单词，如果有，则返回 True，否则返回 False。例如输入["door","deer","look"] 将返回 False，因为其中“deer”和“door”的缩写都是“d2r”。

按照题目要求的规则进行单词缩写比较简单，我们只需要检查单词的长度，如果长度不大于 2，则直接将单词返回即可；如果长度大于 2，则直接取出首尾字符，再将单词长度减 2 后插入中间即可。

示例代码如下：

```
# 编写一个函数用来对单词进行缩写
def small(word):
    if len(word) < 3:
        return word
    return word[0] + str(len(word)-2) + word[-1]
# 判断输入的列表中的单词缩写是否唯一
def isUnique(dic):
    l = []
    for i in dic:
        s = small(i)
        if s in l:
            return True
        l.append(s)
    return False
```

有了上面的基础，现在我们对题目做一些升级。输入一个单词列表和一个单词，判断列表中是否存在与输入的单词缩写相同的单词，需要注意，对于相同的单词，缩写相同不算重复。例如，输入列表为["deer","world","hello"]，输入单词为"dear"，则需要返回 True，因为列表中的单词"deer"的缩写与"dear"的缩写相同。但是，如果我们输入的列表为["dear","world","hello"]，输入的单词为"dear"，则需要返回 False，因为虽然列表中的"dear"缩写与所输入的单词一样，但是这两个单词本身就相同，因此缩写不算重复。

改进后的题目也非常简单，为了满足题目要求，在对列表中单词的缩写验证前，我们只需要对列表中的单词做一次过滤即可，示例代码如下：

```
def small(word):
    if len(word) < 3:
        return word
    return word[0] + str(len(word)-2) + word[-1]
def isUnique(dic, word):
    # 先对列表进行过滤
    newDic = []
    for i in dic:
        if i == word:
            continue
        newDic.append(i)
    # 进行缩写检查
    for i in newDic:
        s = small(i)
```

```
    if s == small(word):
        return True
    return False
```

 7.3.2　编程实现——列举单词所有缩写形式

上一小节中，单词的缩写规则比较严格，只能取首尾两个字符。其实按照这个缩写思路，单词的缩写可以有多种模式。例如，对于 word 这个单词的缩写，我们可以将其缩写成如下形式（不会出现数字相邻的情况）：

"word"、"1ord"、"w1rd"、"wo1d"、"wor1"、"2rd"、"w2d"、"wo2"、"1o1d"、"1or1"、"w1r1"、"1o2"、"2r1"、"3d"、"w3"、"4"

现在，输入一个单词，尝试编程将其所有缩写形式组成列表返回。

本题略微复杂，要找到一个单词的所有缩写形式，其难点在于如何选择单词的缩写部分。这其实也是一种决策，你可能想到了，与动态决策相关的题目，要使用回溯法配合递归来解决。首先理清算法思路：

（1）定义一个递归函数，传入一个 start 作为起点，传入一个 word 作为要处理的单词。

（2）判断如果起点不小于单词的长度，则表明已经处理完成，将单词直接添加进结果列表。

（3）从起点开始遍历单词，每遍历到一个字符都有两种选择，其一是将从起点到这个字符的所有字符进行缩写，其二是不进行缩写。

（4）在第 3 步的基础上，如果要进行缩写，则将其缩写后的结果存储，并将字符串的后半部分继续递归处理；如果不进行缩写，则直接进行递归处理。

（5）在上面的核心逻辑前提下，需要额外处理两个细节：其一是数字不能连续，如果上一个字符是数字字符，则当前字符不能缩写；其二是最终的结果中可能存在重复，我们需要做去重处理后再返回。

按照上面的算法思路，编写示例代码如下：

```python
def generateAbbreviations(word):
    # 存放结果的列表
    res = []
    # 用来判定是不是数字字符
    nums = ["1", "2", "3", "4", "5", "6", "7", "8", "9", "0"]
    # 做函数结果缓存，提高递归效率
    import functools
    @functools.lru_cache(None)
    # 定义递归函数
    def hand(start, w):
        # 起点溢出，完成递归
        if start >= len(w):
```

```
            res.append(w)
        # 进行回溯算法
        for index in range(start+1, len(w)+1):
            # 若前一个字符不是数字, 则进行缩写
            if w[start-1] not in nums:
                tmpWord = w[:start] + str(index - start) + w[index:]
                res.append(tmpWord)
                hand(start+1, tmpWord)
            # 不进行缩写, 继续递归运算
            hand(index, w)
    hand(0, word)
    return list(set(res))
```

@functools.lru_cache(None)是 Python 中的一种装饰器用法，其可以为函数设置缓存逻辑，对于递归函数，通过缓存可以极大地增加运行效率。

7.4　语句处理

语句是由单词组成的。单词处理是语句处理的基础，语句处理是单词处理的应用。在语句内，我们常常需要对单词进行处理。在文章内，我们要处理的就是语句。

 ### 7.4.1　编程实现——比较语句的差异

输入两个字符串，分别表示两个语句，编程找出两个语句中的差异单词有哪些。所谓差异单词，是指没有同时出现在两个语句中的单词（语句中的单词以空格进行分割，不存在标点符号）。例如，如果输入的两个字符串分别为："hello world" "hi world" 则需要返回["hello","hi"]。

要比较两个英文语句的差异，实际上是找出那些只在某个语句中出现过的单词。本题的思路比较简单，我们可以将每个语句提取出一组单词集合，需要做的就是找到两个单词集合的差集。

在 Python 中，集合中的 difference 方法可以用来筛选出两个集合不同的部分，使用这个方法可以非常方便地解决本题。

示例代码如下：

```
def uncommonFromSentences(A, B):
    res = []
    set1 = set(A.split())
    set2 = set(B.split())
    res = list(set1.difference(set2)) + list(set2.difference(set1))
    return res
```

如果对本题做一点升级，要求找出在两个语句中只出现过一次的单词，需要怎么做呢？由于集合本身有去重性，因此升级后的题目我们不能通过比较集合的差异来得到答案，但是依然可以借助集合来记录多次出现的单词，同时使用另一个集合记录所有出现过的单词，从第 2 个集合中将第 1 个集合中的单词剔除即可。

示例代码如下：

```python
def uncommonFromSentences(A, B):
    res = set()
    dele = set()
    A = A.split()
    B = B.split()
    for i in A:
        if i in res:
            dele.add(i)
        res.add(i)
    for i in B:
        if i in res:
            dele.add(i)
        res.add(i)
    for i in dele:
        res.remove(i)
    return res
```

7.4.2 编程实现——分析词组

程序是如何对自然语言进行理解的？实际上程序是将自然语言中的核心词组提取出来，根据预设的意义进行解释。本节将介绍一道与分析词组相关的题目。输入两个单词 A 和 B，其中单词 B 如果出现在 A 后，则会组成 AB 词组，输入一个字符串语句，编程尝试找到句子中 AB 词组后所跟的第一个单词是什么（忽略大小写）。答案可能存在多个，需要返回一个列表。例如输入的 A、B 单词分别为 "i" "like"，输入的语句为 "i like coffee, I like tea"，则需要返回的答案为["coffee","tea"]。

本题的核心在于如何识别出特定的词组。本题逻辑并不复杂，规定了具体的词组是由两个指定的单词组成的，因此可以采用计数的方式对词组的构成过程进行标记。

示例代码如下：

```python
def findOcurrences(text, first, second):
    # 将字符串拆分成单词组
    words = text.split()
    # 计数标记
    tmp = 0
    # 结果列表
    res = []
    for w in words:
```

```
        # 当计数为 2 时，表明前面已经组成词组
        if tmp == 2:
            res.append(w)
            tmp = 0
        # 词组中的第一个单词
        if w == first:
            tmp = 1
        # 词组中的第二个单词，且前面是第一个单词
        elif w == second and tmp == 1:
            tmp = 2
        # 重置计数
        else:
            tmp = 0
    return res
```

7.5 回文字符串

在前面的章节中，我们有做过与回文相关的一些编程题，对回文也有了初步的了解。在编程中，与回文相关的场景非常常见，与回文相关的题目也非常丰富。本节将介绍一组与回文字符串相关的编程题。

 ### 7.5.1 编程实现——验证回文字符串

输入一个字符串语句，尝试编程从字符角度验证其是不是回文字符串。在本题中，所有的字符都是小写字母，且可以忽略空格和标点符号（只验证字母与数字字符）。例如，输入"poor ma am roop."，结果为 True。

还记得我们之前处理回文数字时所使用的方法吗，将数字转换成字符串，再使用 Python 提供的字符串逆序方法将字符串逆序，之后比较逆序前后的字符串是否相同即可。对于本题，由于我们需要处理的是语句，因此在进行回文验证之前需要对字符串进行一些预处理，将字符串中的空格和标点字符去除。

示例代码如下：

```
def isPalindrome(s):
    # 定义两个列表用来筛选字母和数字字符
    chars = ["a", "b", "c", "d", "e", "f", "g", "h", "i", "j", "k", "l",
        "m", "n", "o", "p", "q", "r", "s", "t", "u", "v", "w", "x", "y",
"z"]
    nums = ["0", "1", "2", "3", "4", "5", "6", "7", "8", "9"]
    res = ""
    for c in s:
        # 将字符统一小写处理
```

```
        c = c.lower()
        if (c in chars) or (c in nums):
            res += c
    return res == res[::-1]
```

7.5.2 编程实现——构造回文字符串

回文字符串的验证对我们来说不成问题，如果输入一个字符串，你能否编程来判定这个字符串是否可以通过重排来构造出回文字符串呢？例如，输入的字符串为"aabbcc"，则需要返回 True，因为这个字符串可以重排成"abccba"，可以构造出回文字符串。

解决本题的核心在于如何判定一组字符是否可以构造出回文字符串。只要我们了解回文字符串的特点，解决本题非常容易。

首先，如果回文字符串中的字符个数为偶数，则其中所有的字符一定是成对出现的。如果是奇数，则除了一个字符的个数是奇数外，其他字符的个数一定是偶数。因此，要判定这些字符能否构成回文字符串，实际上就是对字符的个数进行统计后，判定是否满足奇偶条件。

示例代码如下：

```
def canPermutePalindrome(s):
    dic = {}
    for c in s:
        if c in dic.keys():
            dic[c] += 1
        else:
            dic[c] = 1
    sing = 0
    for item in dic.items():
        if item[1] % 2 != 0:
            sing += 1
    if sing > 1:
        return False
    else:
        return True
```

对于可以构成回文串的情况，能否尝试对上面的代码进行改造，将其所有可能组成的回文串返回？例如输入"aacc"，需要返回["acca","caac"]作为答案，如果不能够构成回文字符串，可以返回空列表。

改动后的题目难度增加了很多。仔细思考一下，其实并不新鲜，所使用的解题方法在之前的练习中都使用过。首先，一组字符如果可以构成回文串，除了可以有一个奇数个数的字符外，其他字符一定都是成对出现的。对于回文字符串，如果其前半部分确定了，则后半部分也都确定了。因此，我们需要做的实际上是一道全排列的问题。关于全排列，我们之前做过类似的题目，实际上还是使用递归加决策回溯来解决。

示例代码如下：

```python
def generatePalindromes(s):
    # 字符串中只有一个字符，只能有一种组合方式
    if len(set(s)) == 1:
        return [s]
    # 判定是否可以构成回文
    dic = {}
    for c in s:
        if c in dic.keys():
            dic[c] += 1
        else:
            dic[c] = 1
    tmp = 0
    c = ""
    for item in dic.items():
        if item[1] % 2 != 0:
            tmp += 1
            c = item[0]
    # 不能构成回文，直接返回空列表
    if tmp > 1:
        return []
    # 能够构成回文，先将奇数去掉
    if c != "":
        dic[c] -= 1
    # 将所有成对的字符铺平放入列表中，只放入前一半
    l = []
    for i in dic.items():
        for j in range(int(i[1] / 2)):
            l.append(i[0])
    # 定义递归函数，对列表进行全排列
    res = []
    def sele(start, string):
        if start >= len(string)-1:
            res.append(string)
            return
        sele(start+1, string)
        # 决策与回溯
        for index in range(start+1, len(string)):
            tmp = string[index]
            tmps = list(string)
            tmps[index] = tmps[start]
            tmps[start] = tmp
            sele(start+1, tmps)
    sele(0, l)
    # 将列表还原成回文字符串
    f = []
    for i in res:
```

```
    f.append("".join(i)+c+"".join(i[::-1]))
# 去重返回结果
return list(set(f))
```

上面的代码看上去有些复杂，其实并不然，每一块逻辑都是我们之前练习过的，本题只是对其组合起来进行应用。

 7.5.3　编程实现——找到最长的回文子字符串

输入一个字符串，尝试编程找到其中最长的回文子字符串。例如输入"abcbd"，需要输出"bcb"作为答案。

本题要求我们找到一个长字符串中的回文部分。使用决策回溯的算法是可以解决的。由于题目中要求返回的是最长的回文子字符串，因此对于本题，我们还有一种更加简单的算法可用，可以先假定一个最长的回文子串长度进行验证，之后逐次缩短长度，直到找到满足条件的子串为止。

示例代码如下：

```
def longestPalindrome(s):
    # 初始假定回文子串的长度与原字符串相同
    length = len(s)
    # 进行循环验证
    while length > 0:
        # 检查当前长度是否可以在原字符串中截取出回文字符串
        for i in range(len(s)):
            if i + length > len(s):
                break
            string = s[i:(i + length)]
            # 找到回文子串，直接返回
            if string == string[::-1]:
                return string
        length -= 1
    return ""
```

如果题目要求的是将所有的回文子串找出来，需要怎么做？思考一下，尝试修改上面的代码，满足改进后的题目要求。

 7.5.4　编程实现——拼接构成回文串

输入一组不重复的字符串，编程找出其中所有成对拼接后可以组成回文字符串的子串组合。例如，输入["abbc","cbba","sll","ls"]，则需要返回[[0, 1], [1, 0], [2, 3]]，因为"abbccbba""cbbaabbc""sllls"都是可以构成的回文字符串。

解决本题的一个简单思路是进行暴力遍历，即将所有可能的组合进行回文验证，最终得到的结果。

示例代码如下：

```python
# 用来判断是不是回文字符串
def isHuiwen(s):
    return s == s[::-1]
def palindromePairs(words):
    res = []
    for i in range(0, len(words)-1):
        for j in range(i+1, len(words)):
            s = words[i] + words[j]
            s2 = words[j] + words[i]
            if isHuiwen(s):
                res.append([i, j])
            if isHuiwen(s2):
                res.append([j, i])
    return res
```

上面的示例代码虽然可以解决问题，但是其效率并不高。当我们输入的列表中数据量非常大时，代码的运行效率将非常差。思考一下，是否有更加高效的算法可以解决本题？

7.6 字符串的复杂操作

本节介绍的题目相对复杂一些，解题难度也较高。这对我们的编程能力将是一个挑战。当然，本节介绍的每道题目也都有思路分析与详细的代码示例，克服困难的最好方式是不断练习，加油吧！

7.6.1 编程实现——字符串解码

我们规定，英文字母的"a~z"使用数字 1~26 进行转换。现在输入一个数字字符串，尝试将其所有可能解码出的结果返回。例如输入"13"，需要返回["ac","m"]。因为可以将 1 和 3 分别进行转换，也可以将 13 组合进行转换。

前面我们做过一道与本题非常类似的题目。然而本题要更加复杂一些，首先对字母的映射是从数字 1 开始的，因此需要对 0 做单独的处理。整体的解题思路依然是采用递归决策算法。

解题思路分析如下：

（1）定义一个映射表，用来将数字解码成指定的字符。

（2）定义一个递归函数，对传入其中的字符串进行处理。

（3）如果当前要处理的字符串以 0 开头，则无法进行解码，直接返回空列表。

（4）如果当前要处理的字符串转成整数小于 11，则只有一种解码方式，将其解码放入列表返回。

（5）如果当前要处理的字符串转成整数大于 10 且小于 27，则需要做判定逻辑：如果字符串以"0"结尾，则只有一种解码方式，解码后将其放入列表返回；如果字符串以非"0"结尾，则有两种解码方式（两个字符单独解码和合起来解码），将转码结果放入列表返回。

（6）如果当前要处理的字符串转成整数大于 26 且小于 100，则需要判定其末尾是不是字符"0"，如果是，则无法解码，直接返回空列表，如果不是，则只有一种解码方式（两个字符单独解码），解码后放入列表返回。

（7）若以上情况都不满足，则表明当前字符串转成整数后的数值是三位以上的数，我们需要进行递归运算。在递归时，有两种场景可以决策，即当前字符串第 1 个字符单独解码后递归和将当前字符串前两个字符组合后递归。

根据上面的思路，编写示例代码如下：

```
import functools
# 定义映射表
chars = ["", "a", "b", "c", "d", "e", "f", "g", "h","i", "j",
         "k", "l", "m", "n", "o", "p", "q", "r", "s", "t", "u",
         "v","w", "x", "y", "z"]
# 对递归函数设置缓存
@functools.lru_cache(None)
def func(s):
    if s[0] == "0" or len(s) == 0:
        return []
    if int(s) <= 10:
        return [chars[int(s)]]
    if int(s) <= 26:
        if s[1] != "0":
            return [chars[int(s[0])] + chars[int(s[1])], chars[int(s)]]
        else:
            return [chars[int(s[:2])]]
    if int(s) <= 99:
        if s[1] != "0":
            return [chars[int(s[0])] + chars[int(s[1])]]
        else:
            return []
    res = []
    if int(s[:2]) <= 26:
        for j in func(s[2:]):
            res.append(chars[int(s[:2])]+j)
    for j in func(s[1:]):
        res.append(chars[int(s[0])]+j)
    return res
```

你是否独立地解决了本题？在编程中，决策和递归是解决这类题目的核心。相信经过多次的练习，你一定会掌握解决此类题目的诀窍。

7.6.2　编程实现——构建 IP 地址

输入一个字符串，其是一组数字。尝试将其拆分成一个有效的 IP 地址，IP 地址的每个数中间使用符号"."进行分隔。编程将所有可能拆出的 IP 地址返回。如果不能构建出正确的 IP 地址，则返回空列表。例如输入"25525511125"，需要返回["255.255.111.25","255.255.11.125"]作为答案。

IP 地址是指互联网协议地址。其提供了一种统一的地址格式，为互联网上的每一个节点提供了一个逻辑地址。对于本题，我们只需要了解，IP 地址是由 4 个数组组成的，每个数字都在 0～255（包括 0 和 255），且数字不能以 0 开头。

阅读题目，你可能已经想到了，本题依然是一道与决策相关的题目，还是要使用递归来解决。核心思路如下：

（1）编写一个递归函数对字符串进行处理，输入一个要处理的字符串和一个列表，列表中存放当前已经截取出的数字。

（2）如果当前要处理的字符串长度为 0，则表明已经处理完成，对列表进行记录。

（3）如果当前字符串长度不为 0，且列表中已经有 4 个数字，则表明此条处理路径无法满足要求，抛弃掉结果。

（4）进行决策，对于当前字符串处理的决策方案有 3 种，第 1 个字符单独作为一个数值进行截取，前两个字符作为数值进行截取，前 3 个字符作为一个数值进行截取。在决策时，我们还要处理一些剪枝的条件，例如当前要处理的字符串的长度是否满足，截取的数值是否有前置 0，对于 3 位数，还要额外判断其是否大于 255。之后进行递归运算。

（5）通过上面的处理，我们已经将所有的构建情况进行了枚举，一个有效的 IP 地址只能是 4 个数值，且中间使用点"."进行连接，最终对结果列表进行整理后返回即可。

示例代码如下：

```python
def restoreIpAddresses(s):
    # 存放构建结果
    res = []
    # 定义递归函数
    def sele(s, l):
        if len(s) == 0:
            res.append(l)
            return
        if len(l) > 3:
            return
        # 第 1 种决策场景
        newl = list(l)
        newl.append(s[0])
        sele(s[1:], newl)
```

```
    # 第 2 种决策场景
    if len(s) > 1 and s[0] != "0":
        newl = list(l)
        newl.append(str(int(s[:2])))
        sele(s[2:], newl)
    # 第 3 种决策场景
    if len(s) > 2 and s[0] != "0":
        z = s[:3]
        if int(z) <= 255:
            newl = list(l)
            newl.append(s[:3])
            sele(s[3:], newl)
sele(s, [])
fin = []
# 进行格式整理，将不合法的情况去掉
for i in res:
    if len(i) == 4:
        fin.append(".".join(i))
return fin
```

7.6.3 编程实现——验证 IP 地址的有效性

前面我们学习了如何将给定的字符串构建成有效的 IP 地址。其实，之前所构建的 IP 地址都是 IPv4 协议的。本节将输入一个字符串，判定其是不是有效的 IPv4 或 IPv6 地址。IPv4 地址由 4 个数字组成，其不会以 0 开头，且每个数字都在 0～255 的闭区间内，数字间使用符号"."进行连接。IPv6 地址由 8 组十六进制的数字表示，每组之间使用符号":"进行连接，每组由 4 个十六进制的数字表示。IPv6 的每组数字允许使用 0 开头，但是不允许是空的。输入的字符串中只有组成 IPv4 或 IPv6 的字符，没有其他字符和空格。如果其是有效的 IP 地址，则需要返回 True，否则返回 False。例如"2001:01b8:85a3:0:0:8A2E:0470:733a"是一个有效的 IPv6 地址，需要返回 True。

本题的难点不在于逻辑思维的复杂，而在于将所有的情况考虑周全。在进行 IP 地址的有效性验证前，我们首先需要判定所验证的地址是符合 IPv4 规则还是符合 IPv6 规则，这一步可以通过字符"."与字符":"的区别来判定。之后需要根据两种协议的规则分别制定指定条件做完整的验证。

对于 IPv4 协议的地址，需要满足如下条件：

（1）使用"."分隔后会分隔出 4 个子串。

（2）所有子串中只包含数字字符。

（3）所有子串不能是空子串。

（4）除了"0"外，所有子串不能以 0 开头。

（5）所有子串转成数值要小于 256。

对于 IPv6 协议的地址，需要满足如下条件：

（1）使用 ":" 分隔后会分隔出 8 个子串。

（2）所有子串中只能包含数字和 a（A）～f（F）字符。

（3）所有子串不能是空子串。

（4）所有子串的长度不大于 4。

编写示例代码如下：

```python
def validIPAddress(IP):
    # 进行 IPv6 验证
    if ":" in IP and "." not in IP:
        l = IP.split(":")
        if len(l) != 8:
            return False
        for i in l:
            if i == "":
                return False
            if len(i) > 4:
                return False
            for c in i:
                if (c not in nums) and (c.lower() not in chars):
                    return False
        return True
    # 进行 IPv4 验证
    elif ":" not in IP and "." in IP:
        l = IP.split(".")
        if len(l) != 4:
            return False
        for i in l:
            if i == "":
                return False
            if len(i) > 1 and i[0] == "0":
                return False
            for c in i:
                if c not in nums:
                    return False
            if int(i) > 255:
                return False
        return True
    return False
```

可以发现，本题的示例代码虽然长，但是逻辑简单，只要我们将 IP 地址的特点分析清楚，解决本题就手到擒来。

7.6.4 编程实现——实现模糊匹配

你有使用正则表达式的经验吗？在正则表达式的规定中，有两个字符比较特殊，分别是 "?" 和 "*"，其中问号表示单个通配符，其可以匹配单个任意字符，星号表示任意通配符，其可以匹配任意的字符串。现在，输入一个字符串和一个匹配模式，尝试编程实现这两个通配符的功能（输入的字符串只包含 "a～z" 的字母，且都为小写）。例如，输入字符串 "abcd" 和匹配模式 "ab"，需要返回 False，因为匹配模式 "ab" 无法匹配到整个字符串 "abcd"；输入字符串 "abbb" 和匹配模式 "?bbb"，则需要返回 True；同样，输入字符串 "abcd" 与匹配模式 "*"，也需要返回 True。

!!! 注意　　"*" 也可以匹配空字符串。

本题的核心难点在于对于 "*" 的处理，一个 "*" 可以匹配任意个字符，这其实也是一个决策和回溯的问题。

示例代码如下：

```python
# 对递归函数设置缓存
import functools
@functools.lru_cache(None)
def specHandle(s, p):
    newP = str(p)
    newS = str(s)
    for c in p:
        # 如果不是*，进行常规的匹配
        if c != "*":
            if len(newS) == 0:
                return False
            if c == "?" or c == newS[0]:
                newS = newS[1:]
                newP = newP[1:]
            else:
                return False
        else:
            # 决策递归进行匹配
            for i in range(len(newS)+1):
                if specHandle(newS[i:], newP[1:]):
                    return True
            break
    # 匹配结束
    if len(newS) == 0 and len(newP) == 0:
        return True
```

```
      return False
# 入口函数
def isMatch(s, p):
   newP = ""
   tmp = ""
   # 将重复的*进行合并，以提高效率
   for c in p:
      if c == "*" and tmp == "*":
         continue
      tmp = c
      newP += tmp
   return specHandle(s, newP)
```

由于连续的多个"*"与单个"*"实际的作用是相同的，因此在实现匹配逻辑前，我们可以将连续的"*"进行合并，从而提高效率。

❀ 本 章 结 语 ❀

如果本章提供的编程题目你都可以独立解决，那么恭喜你，已经通过了字符串编程这一重要关卡。如果你觉得本章的题目已经非常困难，也没有关系，后面的章节会更多地使用到递归、回溯、贪心、动态规划等解题思路，通过后面的练习可以增强你对复杂编程题目的解题能力，那时再回看本章，就会觉得容易很多了。

第8章

玩转数据结构——列表与链表

至诚则金石为开。

—— 葛洪

我们常说，程序的本质就是数据结构与算法。算法主要描述了问题解决的过程和方法，而数据结构则描述了数据组织与存储的方式。合适的场景采用合适的数据结构，有时候可以极大地提高算法的效率。

本章开始，我们将介绍一些与数据结构相关的编程题，其中包括列表、链表、字典、堆、栈、树等常用结构。本章将先从其中略微简单的列表与链表开始介绍。

列表也被称为数组，在 Python 中，列表是最基础的一种数据结构，其用来存放一组数据，每个数据都会分配到一个索引。通过索引可以方便地获取指定位置的数据。在 Python 中，列表操作的方法十分丰富，除了基本的增删改查外，还有许多方法提供了检查成员、列表乘法、切片等支持。

从存储的排列方式上来说，列表通常使用一组连续的空间进行数据的存储。而链表则是使用非连续的空间存储一组数据。链表由一系列的节点组成，每个节点都包括两部分，一部分是存储的数据本身，另一部分是一个指针，存储下一个节点位置。对于链表来说，只要我们找到了第 1 个元素，就可以使用它将链表上所有的元素依次获取到。相对于列表，链表有一个很大的优势，其不受连续空间大小的限制，并且很容易扩容。每个节点只存储下一个节点位置的链表被称为单向链表，每个节点既存储下一个节点的位置又存储上一个节点位置的链表被称为双向链表。单向链表只能顺序查询，以某个节点为起始只能获取到其后的所有节点，而双向链表既可以顺序查询，又可以逆序查询，从任意一个节点都可以推导出完整的整个链表。列表与链表示意图如图 8-1 所示。

本章将从列表与链表开始，为你打开数据结构的神奇之门。

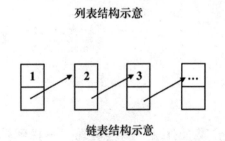

图 8-1 列表与链表结构示意图

8.1 获取列表中的信息

列表用来存储数据，因此查询数据是列表需要提供的基础功能。除了获取数据外，其实我们还可以从列表中获取很多额外的信息。例如对于有序列表，我们很容易就能获取到列表中的最值。本节将尝试解决一些与列表查询相关的题目。

8.1.1 编程实现——寻找列表平衡点

输入一组整数组成的列表。你能否找到其中的一个位置，使得小于此位置下标的所有元素的和与大于此位置下标的所有元素的和相等。如果可以找到，则返回这个位置，如果不能，则返回–1。例如输入列表[1, 2, 6, 10, 4, 5]，则需要返回3，因为1+2+6 = 9，4 + 5 = 9，满足题目要求。

要解决本题，一个简单的思路是枚举所有可能的平衡点位置，然后对平衡点左右两侧的数值求和，验证是否满足条件。然而，这种思路虽然简单，但是效率很差。其实，我们不需要每次切换平衡点都进行左右两侧的累加操作。我们可以从左向右遍历平衡点，让左侧的元素依次累加，右侧的元素依次累减，如果找到满足条件的平衡点，直接返回即可。这样可以极大地提高程序的运行效率。

示例代码如下：

```python
def pivotIndex(nums):
    if len(nums) == 0:
        return -1
    if len(nums) == 1:
        return 0
    left = 0
    right = 0
    for i in nums:
        right += i
    for i in range(0, len(nums)):
        if i > 0:
            left += nums[i-1]
        right -= nums[i]
        if left == right:
            return i
    return -1
```

8.1.2 编程实现——找到列表中缺失的元素

输入一个存放了数值的列表，列表中的数值都是整数。现在假设列表中的最小值为n，最大值为 m，可以确保列表中的元素个数为 m–n 个且没有重复元素，则对于整数区间[n, m]来说，列表中一定缺失了一个数值，尝试编程将其找到。例如输入[1, 2, 4, 6, 3]，则列表中缺失了数值 5，需要返回 5 作为答案。

本题的解法非常简单，我们只要确定了区间的上下限，之后依次验证区间中的元素是否在列表中存在即可。

示例代码如下：

```
def missingNumber(nums):
    for i in range(min(nums), max(nums)+1):
        if i not in nums:
            return i
```

除了示例代码提供的解题思路外，对于本题，你还有其他的方法解决吗？

8.1.3　代码改进——寻找所有整数中两数之差绝对值的最大值

输入一个二维列表，列表中的每一个元素都是一个子列表。子列表中存放的全部是整数。尝试编程找到所有整数中两数之差的绝对值最大是多少。例如输入[[1, 2], [3, 1], [5, 2]]，则最终的结果为 4，因为这些数中绝对值最大的情况为元素 1 和元素 5 做差值运算。需要注意，选择的两个数字不能来自同一个子列表中。

本题看上去简单，但是其中隐藏了许多陷阱。首先，我们可以使用暴力的方式对列表进行双层遍历，这是一种最简单的解题思路。

示例代码如下：

```
def maxDistance(arrays) -> int:
    res = 0
    for i in arrays:
        ma1 = max(i)
        mi1 = min(i)
        for j in arrays:
            if i == j:
                continue
            ma2 = max(j)
            mi2 = min(j)
            if abs(ma2 - mi1) > res:
                res = abs(ma2 - mi1)
            if abs(mi2 - ma1) > res:
                res = abs(mi2 - ma1)
    return res
```

如以上代码所示，这种解题方式虽然可行，但是效率很低。随着列表中元素的增加，其循环的次数将成次方趋势增长。其实对于本题，我们可以采用一次循环解决问题。整体思路为：

记录最大值与最小值，次大值与次小值。同时记录最大值和最小值是否来自同一个子列表。如果不是来自同一个子列表，则直接对最大值和最小值进行绝对值运算。如果来自同一个子列表，则需要做一些额外的判断处理，需要对最大值与次小值求绝对值和对最小值和次大值求绝对值。最后将计算得到的绝对值中较大的一个返回即可。

优化后的代码如下：

```python
def maxDistance(self, arrays) -> int:
    mi1 = min(arrays[0])
    ma1 = max(arrays[0])
    mi2 = min(arrays[0])
    ma2 = max(arrays[0])
    isOne = True
    mi2IsReal = False
    ma2IsReal = False
    for index in range(len(arrays)):
        i = arrays[index]
        if index == 0:
            continue
        mi = min(i)
        ma = max(i)
        # 最大值和最小值来自同一个子列表
        if mi < mi1 and ma > ma1:
            isOne = True
            ma2 = ma1
            mi2 = mi1
            mi1 = mi
            ma1 = ma
            continue
        # 次小值的赋值
        if not mi2IsReal or (mi > mi1 and mi < mi2):
            mi2IsReal = True
            mi2 = mi
        # 次大值的赋值
        if not ma2IsReal or (ma < ma1 and ma > ma2):
            ma2IsReal = True
            ma2 = ma
        # 最小值的赋值
        if mi <= mi1:
            mi1 = mi
            isOne = False
        # 最大值的赋值
        if ma >= ma1:
            ma1 = ma
            isOne = False
    if not isOne:
```

```
        return abs(mi1-ma1)
    else:
        return max(abs(mi1-ma2), abs(mi2-ma1))
```

如以上代码所示，其中有一个细节需要注意，示例代码中定义了两个变量用来做次大（小）值的赋值逻辑，初始时，我们都使用了第一个子列表中的最值赋值给最大（小）值和次大（小）值，此时的次大（小）值并不是有效的。

8.1.4 代码改进——根据条件获取列表中的值

输入一个列表，列表中存放的全部是整数。尝试编程返回列表中第 3 大的整数，需要注意，如果存在重复元素，则需要过滤，如果列表中的元素不足 3 个，则返回列表中最大的整数即可。例如输入[1,2,2,5]，则需要返回 1 作为答案，如果输入[5,10]，则需要返回 10 作为答案。

题目中要求获取列表中第 3 大的整数，从解法逻辑上思考，我们只需要将前 3 大的元素找出，再返回其中的最小值即可。在解决本题时，需要注意先将列表中的元素进行去重。

示例代码如下：

```
def thirdMax(nums):
    # 进行列表元素去重
    nums = list(set(nums))
    # 去重后的列表元素不足 3 个，直接返回最大值
    if len(nums) < 3:
        return max(nums)
    # 依次取出前 3 大的值
    a = max(nums)
    nums.remove(a)
    b = max(nums)
    nums.remove(b)
    c = max(nums)
    # 将最小值返回
    return min(a, b, c)
```

借助集合中的元素不会重复这一特点来对列表进行去重，代码非常简单，效率也很高。

8.1.5 代码改进——寻找列表中连续元素的和的最大值

输入一个列表，列表中存放一组整数。尝试找到列表中连续元素的和的最大值。例如输入的列表为[-1,-2,-3,4,5,6,-4]，则需要返回 15 作为答案，因为其中连续元素 4、5、6 的和最大。

本题要求找到列表中连续元素的和的最大值，最直接的方式是对列表中所有可能的连续组合进行遍历求和，之后取最大值返回。

示例代码如下：

```python
def maxSubArray(nums):
    res = nums[0]
    # 外层遍历，确定连续元素的起始位置
    for i in range(0, len(nums)):
        tmp - nums[i]
        ma = tmp
        # 内层遍历，确定连续元素的终止位置
        for j in range(i+1, len(nums)):
            tmp += nums[j]
            if tmp > ma:
                ma = tmp
        if ma > res:
            res = ma
    return res
```

上面的示例代码虽然简单，并且可以解决问题，但是运行效率很低，随着列表中元素个数的增多，n2 时间复杂度的算法的效率将越来越低。思考一下，能对上面的代码做哪些优化呢？

在不改变算法思路的情况下，上面的示例代码依然有一些可优化的地方。首先根据题意，我们要找的是连续元素的和的最大值，对于正数来说，连续的几个正数是可以合并成一个元素的，对于负数来说，非列表前缀的连续负数也可以进行合并。因此，我们可以在进行遍历前，先将列表中可以合并的元素进行合并，减小列表的规模，从而达到提高效率的目的。

示例代码如下：

```python
def maxSubArray(nums):
    if len(nums) == 0:
        return 0
    arr = [nums[0]]
    # 使用一个临时变量记录上一个元素的符号
    tmp = 0 if nums[0] >= 0 else 1
    # 使用标记记录是不是以负数开头的
    tip = False if tmp == 0 else True
    for i in range(1, len(nums)):
        # 当前正数且同号
        if nums[i] >= 0 and tmp == 0:
            arr[-1] += nums[i]
        # 当前负数且同号，并且不属于列表的前缀
        elif nums[i] < 0 and tmp == 1 and tip == False:
            arr[-1] += nums[i]
        # 当前数符号与之前符号不同
        else:
            arr.append(nums[i])
            tmp = 0 if nums[i] >= 0 else 1
            if tmp == 0:
                tip = False
    nums = arr
```

```
        res = nums[0]
        for i in range(0, len(nums)):
            tmp = nums[i]
            ma = tmp
            for j in range(i+1, len(nums)):
                tmp += nums[j]
                if tmp > ma:
                    ma = tmp
            if ma > res:
                res = ma
        return res
```

优化后的代码在一定程度上可以提高运算效率，但是并不稳定，如果输入的列表规模较大且正负数穿插排列，则优化后的代码效率反而会变得更低。

其实本题是一道典型的动态规划问题，我们可以使用推导法来解决。思考一下，假设使用 i 表示列表元素的下标，使用 f(i)表示以下标为 i 的元素结尾的连续元素的最大值，则以下标为（i+1）的元素（设元素为 n）结尾的序列连续元素的最大值要么是 f(i)+n，要么是 n。因此，通过这个动态规划的公式，我们只需要将列表中每个位置的元素都假设成结尾元素计算其连续元素的最大值并保存，最终将所有计算结果的最大值返回即可。

示例代码如下：

```
def maxSubArray(nums):
    if len(nums) == 0:
        return 0
    pre = nums[0]
    res = [pre]
    for i in range(1, len(nums)):
        pre = max(pre + nums[i], nums[i])
        res.append(pre)
    return max(res)
```

如以上代码所示，第 2 次优化后，不仅使代码量减少了很多，更重要的是时间复杂度由 n2 降低成了 n，这将从本质上改善算法的效率。

 8.1.6 代码改进——寻找列表中最长的连续递增序列

上一小节解决了寻找列表中连续元素的和的最大值问题。本节要介绍的问题与之类似，我们需要找到列表中最长的连续递增序列。输入一个列表，列表中存放的全部为整数元素，尝试编写程序，将最长的递增子列表返回（只需返回任意一个满足条件的即可）。例如输入列表为[1,3,5,2,7]，则需要返回[1,3,5]作为答案。

本题只要求求得最长的连续递增子列表。我们可以通过对输入的列表进行一次遍历解决。首先需要使用一个临时的变量记录当前已经积累的最长递增序列的长度，另一个变量记录当前遍历到的元素所在的递增序列的长度，一轮遍历完成后，我们可以将最长的递增子列表找到，将其返回即可。

示例代码如下：

```
def findLengthOfLCIS(nums):
    # 列表为空，直接返回0
    if len(nums) == 0:
        return 0
    # 记录最长的递增子列表的长度
    res = 1
    # 记录上一个元素，用来判断是否递增
    pre = nums[0]
    # 记录当前遍历到的递增子列表的长度
    m = 1
    # 临时列表，记录当前遍历到的递增元素
    tmp = [pre]
    # 最终结果子列表
    resArray = [pre]
    for i in range(1, len(nums)):
        item = nums[i]
        # 符合递增场景
        if item > pre:
            m += 1
            tmp.append(item)
        # 重置计算
        else:
            m = 1
            tmp = [item]
        pre = item
        if m > res:
            res = m
            resArray = tmp
    return resArray
```

上面的示例代码中有详细的注释，相对上一小节，本小节的题目解决起来更加简单。

 8.1.7 代码改进——寻找重复次数最多的元素

输入一个拥有 n 个元素的列表，列表中存在某个元素，其出现的次数大于 n/2，尝试编程将这个元素找到。例如输入[1, 2, 1]，需要返回 1 作为答案，输入[1, 3, 2, 3, 3, 2, 3]，需要返回 3 作为答案。

本题需要我们找到列表中出现次数最多的元素，并且题目有说明，列表中一定存在某个元素出现的次数大于列表中所有元素个数的一半。因此，最简单的解决方案是对列表中的元素进行一遍遍历,并统计每个元素出现的次数,当有一个元素出现的次数满足题目要求的条件时,即可终止遍历,直接将答案返回。

示例代码如下:

```python
def majorityElement(nums):
    dic = {}
    for i in nums:
        if i in dic.keys():
            dic[i] += 1
        else:
            dic[i] = 1
        if dic[i] > len(nums)/2:
            return i
```

 8.1.8 代码改进——寻找列表的凸点

我们定义,当整数列表中的某个元素既大于其左侧的值又大于其右侧的值时,就称这个元素所在的位置为列表的凸点。一个列表中可能存在多个凸点,只需要找到其中任意一个即可。需要注意,输入的列表规模可能会非常大(其中元素个数非常多),并且可以确定,列表中不存在两个连续且相等的元素,且列表的首元素和末尾元素相对列表中其他的元素是最小的,尝试编程找到列表中的一个凸点。例如,输入列表[1,2,3,2,0],则需要返回凸点为 2,即元素 3 所在的位置。由于列表中元素的个数庞大,因此需要尽量提升算法的效率。

题目要求我们找到列表中的一个凸点,由于列表的首个元素相对于列表的中间元素是最小的,因此理论上,我们通过一轮遍历即可找到本题的答案,只需要找到第一个大于左侧元素的元素,即可找到列表中的一个凸点。

示例代码如下:

```python
def findPeakElement(self):
    if len(nums) < 3:
        return 0
    pre = nums[0]
    for i in range(1, len(nums)):
        if nums[i] < pre:
            return i - 1
        pre = nums[i]
```

上面的示例代码可以解决本题。对于本题,实际上有更加高效的算法可用。题目中有一个很重要的预定义我们需要利用:列表中不存在两个连续且相等的元素,列表的首元素和末尾元素相对于列表中其他的元素是最小的。因此,我们可以使用二分法来找列表中的凸点,每次折半进行查找,如果发现中间的元素不大于左边界元素,则表明凸点一定出现在左半部分,再对左半部分进行二分查找,如果中间元素大于左边界元素,则表明凸点一定出现在右半部分,再对右半部分进行二分查找。

示例代码如下：

```
def findPeakElement(nums):
    if len(nums) < 3:
        return 0
    l = 0
    r = len(nums) - 1
    while l < r:
        m = int((r + l) / 2)
        if nums[m] <= nums[l]:
            r = m
        else:
            l = m
        if l >= r:
            return l
```

优化后的代码每次都会折半对列表凸点进行查找，将算法从原先的时间复杂度 N 优化成了 $\log_2 N$。在查找相关的问题中，二分法是一种常用的查找算法。

8.2 列表操作

列表是开发中用来存放数据最常用的数据结构。很多时候，我们除了使用列表进行数据存储外，还会对列表进行很多操作，例如对列表进行排序、将多个列表进行组合、将元素插入列表的指定位置等。本节将介绍更多关于列表操作的编程题。通过这些题目的锻炼，能使你操作列表的能力更上一层楼。

8.2.1 编程实现——将列表中的 0 进行后置

输入一个整数列表，列表中穿插存入了许多元素 0，尝试编写程序，将列表中所有的 0 进行后置，同时保持其他元素的顺序不变。例如输入列表为[1, 3, 0, 2, 5, 0, 7]，需要返回[1, 3, 2, 5, 7, 0, 0]，即将所有的 0 都移动到列表的末尾。

本题属于列表重排类的题目，对于列表重排类题目的解题思路一般有两种：一种是创建一个新的列表，通过遍历旧的列表，将旧列表中的元素按照新的规则放入新列表完成重排，这种重排方式被称为非原地重排；另一种思路不会创建新的列表，通过对旧列表的元素交换和移动实现重排，这种重排方式被称为原地重排。原地重排可以节省不必要的内存空间，但是需要进行额外的元素移动操作，因此其空间效率高，但是时间效率低。非原地重排大多数情况下都只需要一轮遍历即可实现重排，但是其需要额外的空间来存储重排的元素，其时间效率高，但是空间效率低。在实际应用中，要考虑实际情况选择适合的重排思路解决问题，如果要重排的列表规模非常大，会消耗非常多的额外空间，则更适合选择原地重排；如果对算法的时间要求很高，则需要用空间换时间，采用非原地重排。

对于本题，我们可以使用非原地重排的算法，也可以使用原地重排的算法。

非原地重排示例代码如下：

```python
def moveZeroes(nums):
    res = []
    zero = 0
    for i in nums:
        if i != 0:
            res.append(i)
        else:
            zero += 1
    res += [0] * zero
    return res
```

原地重排示例代码如下：

```python
def moveZeroes(nums):
    i = 0
    # 遍历列表的下标
    while i < len(nums) - 1:
        item = nums[i]
        # 如果当前元素是 0，则将其与之后的一个不为 0 的元素交换
        if item == 0:
            # 找到其后的一个不为 0 的元素
            for j in range(i+1, len(nums)):
                if nums[j] != 0:
                    # 进行元素交换
                    tmp = nums[j]
                    nums[j] = 0
                    nums[i] = tmp
                    break
        i += 1
    return nums
```

与原地排序相比，非原地排序往往思路更加简单，效率也更高，但是其缺点是要占用额外的存储空间。在编程中，是用时间换空间，还是用空间换时间要根据具体的应用场景来进行决策。

 8.2.2 代码改进——递增列表的合并

输入两个递增列表，列表中的元素都是整数，并且在每个独立的列表中，元素都是递增的，尝试编写程序将这两个列表合并成一个列表，并且合并后的列表也需要是递增的。例如输入的两个列表为[1, 3, 5, 10]和[2, 9, 11]，需要将其合并成列表[1, 2, 3, 5, 9, 10, 11]返回。

本题的核心是将两个列表组成一个新的列表，原输入的两个列表可以保证是有序的，且题目要求新的列表也要是有序的，因此在构造新的列表时，我们可以借助原列表有序这一有利条件，只通过一轮遍历即可将新的列表构造完成。核心思路如下：

（1）确定新列表的长度，通过循环来对列表进行元素填充。

（2）使用两个指针变量记录输入的两个列表当前的取值位置。

（3）每次循环都根据指针的位置从两个输入列表中取元素，并做比较逻辑，将合适的插入新列表。

（4）通过移动指针来将新列表填充完毕。

示例代码如下：

```python
def merge(nums1, nums2):
    res = []
    c = len(nums1) + len(nums2)
    m = 0
    n = 0
    for i in range(c):
        item1 = None
        item2 = None
        if m < len(nums1):
            item1 = nums1[m]
        if n < len(nums2):
            item2 = nums2[n]
        if item1 == None:
            res.append(item2)
            n += 1
        elif item2 == None:
            res.append(item1)
            m += 1
        else:
            if item2 > item1:
                res.append(item1)
                m += 1
            else:
                res.append(item2)
                n += 1
    return res
```

上面的代码为大家提供了一种合并有序列表的思路。其实，使用Python语言解决本题还有一种更加简单的方法，3行代码就可以搞定，代码如下：

```python
def merge2(self, nums1, nums2):
    l = (nums1) + (nums2)
    l.sort()
    return l
```

上面的示例代码直接将两个输入列表进行组合，之后调用Python内置的函数对新列表重新排序，即可得出最终的结果列表。

 8.2.3 代码改进——向列表中插入元素

输入一个递增的整数列表和一个整数，尝试编程将输入的整数插入列表中的某个位置，使原列表依然是递增列表。注意，需要使用原地插入的方式插入，即不创建新的列表，直接在输入的列表上操作。例如输入列表1为[1, 3, 4, 5, 8]，输入的整数为6，则程序运行结束后，原列表1将变成[1, 3, 4, 5, 6, 8]。

本题需要我们使用原地插入的方式将指定的元素插入有序列表中。首先，列表中若要插入一个元素，需要让其容量增加一个元素，可以使用向列表中追加一个临时元素的方式来对列表进行扩展。在解决本题时，我们可以通过遍历查找到目标元素要插入的位置，然后将此位置之后的元素都先向后移动一个位置，再将目标元素插入此位置即可。

示例代码如下：

```python
def searchInsert(nums, target):
    # 定义一个变量标记是否已经插入过元素
    haveInsert = False
    for i in range(len(nums)):
        item = nums[i]
        # 找到元素需要插入的位置
        if item >= target:
            haveInsert = True
            # 扩展列表容量
            nums.append(0)
            # 当前位置后的元素进行后移
            for j in range(0, len(nums)-i):
                nums[len(nums)-1-j] = nums[len(nums)-2-j]
            nums[i] = target
            break
    # 如果没有找到可插入的位置，则追加到列表末尾
    if not haveInsert:
        nums.append(target)
```

 8.2.4 代码改进——清除重复元素

列表支持追加元素，也支持删除元素。输入一个有序的列表，采用原地删除的方式清除列表中的重复元素，注意，不能改变列表的排序情况。例如输入一个列表1为[1, 1, 2, 4, 4, 6]，执行完程序后，列表1将变成[1, 2, 4, 6]。

删除列表中的重复元素本身比较简单，在 Python 中，我们可以直接将列表转成集合来进行元素去重。然而对于本题，有两个条件需要我们注意，一是要使用原地删除的方式来进行列

表去重，二是列表本身是有序的，我们不能改变列表中元素的相对顺序。删除列表中的元素在 Python 中可以使用 del 关键字来实现，因此清除列表中元素的思路与向列表中插入元素的思路类似，先找到要清除的元素的位置，之后通过移动其他元素来处理列表，最终将列表多出的空间删除。核心思路如下：

（1）由于列表是有序的，因此重复的元素一定会连续出现，定义一个变量记录上一个元素。

（2）定义一个变量记录去重后的列表长度，用来清除多余的空间。

（3）循环遍历列表，当遇到重复的元素时，将其删除，并依次将后续的元素向前移动。

（4）循环完成后，将多余的空间删除。

示例代码如下：

```python
def removeDuplicates(nums):
    # 记录去重后的列表的长度
    c = 0
    # 记录前一个元素
    pre = None
    # 循环变量
    i = 0
    while i < len(nums):
        item = nums[i]
        # 遇到 None 表明遍历可以结束
        if item == None:
            break
        # 遇到重复的元素，进行移动操作
        if item == pre:
            for j in range(i, len(nums)-1):
                nums[j] = nums[j+1]
            nums[-1] = None
            continue
        c += 1
        i += 1
        pre = item
    # 将多余的空间删除
    del nums[c:len(nums)]
```

现在，我们对题目做一些小小的改动，假设输入一个整数列表和一个整数，我们需要编程将列表中对应的整数都清除掉，需要怎么做？例如输入一个列表 1 为[1, 2, 3, 3, 6]和整数 3，执行完函数后，列表 1 将变成[1, 2, 6]。

改动后的题目要比本身的题目更加简单，我们已经知道，在Python中直接使用del关键字可以清除列表中的某个位置的元素，其实Python中的列表还有一个remove方法，这个方法可以删除列表中的某个元素。

示例代码如下：

```
def removeElement(nums, val):
    while val in nums:
        nums.remove(val)
    return nums
```

如以上代码所示，使用 while 循环对列表中是否存在指定元素进行验证，如果存在，则删除一个当前元素后再进行判定，直到列表中不再存在此元素，则算法运行结束。

 ### 8.2.5　代码改进——列表分隔问题

输入一个列表，尝试找到一个位置将列表分成左右两个子列表。分隔的子列表需要满足如下条件：

（1）左列表的所有元素都不大于右列表中的任意元素。

（2）左右列表都非空。

（3）如果有多个可能的分隔位置，选择较小的一个作为答案。

假设输入的列表一定存在某个位置可以满足上述条件，你能编程将其找到吗？例如输入列表为[5, 1, 2, 8, 6]，需要返回 2 作为答案，因为以下标为 2 的元素作为分隔点可以将原列表分隔成[5, 1, 2]和[8, 6]左右两个列表，且满足题目要求。

本题实际上是要求我们找到一个位置将列表分隔开后满足左边列表的最大值不大于右边列表的最小值。理论上，我们可以遍历所有可能的分隔点，对列表进行分隔后进行条件的检查，如果满足条件，则将位置返回即可。在实际编程中，我们可以使用内置的函数取列表的最大值与最小值，但这个函数依然有不小的性能消耗，因此可以简单优化一下，当最值发生变化时再进行计算。

示例代码如下：

```
def partitionDisjoint(A):
    leftMax = None
    rightMin = None
    for i in range(1, len(A)):
        l = A[:i]
        r = A[i:]
        if leftMax == None:
            leftMax = max(l)
        elif leftMax < A[i-1]:
            leftMax = A[i-1]
        if rightMin == None:
            rightMin = min(r)
        elif rightMin >= A[i-1]:
            rightMin = min(r)
```

```
if leftMax <= rightMin:
    return i-1
```

如以上代码所示，我们将左右列表的最值进行了保存，如果遍历到的元素影响到了最值，我们就对最值进行更新， 定程度上可以提高代码的执行效率。

 8.2.6 代码改进——对列表进行原地排序

排序问题在列表相关的问题中是最基本的。接下来不使用任何内置函数，将输入的列表进行升序排列。注意，排序过程需要是原地的。例如输入列表 1 为[1, 4, 2, 6, 3, 8, 7, 5]，则执行完函数后，列表 1 需要变成[1, 2, 3, 4, 5, 6, 7, 8]。

本题要求对输入的列表进行原地排序，相信对于学习过编程的读者来说，排序算法是必学的一项技能。排序算法中最基础的是冒泡排序，其刚好是一种原地排序算法。本题就可以使用冒泡排序来解决。

冒泡排序的核心是对两个相邻的元素进行比较，如果顺序错误，就将相邻的两个元素的位置进行交换。对于冒泡排序，从头到尾的一次遍历可以将最值元素移动到列表的末尾，重复同样的操作，最终可以完成整个列表的排序。

示例代码如下：

```
def sortArray(nums):
    for i in range(0, len(nums)-1):
        for j in range(0, len(nums)-i-1):
            item1 = nums[j]
            item2 = nums[j+1]
            if item2 < item1:
                nums[j] = item2
                nums[j+1] = item1
    return nums
```

 8.2.7 代码改进——判断列表是否有序

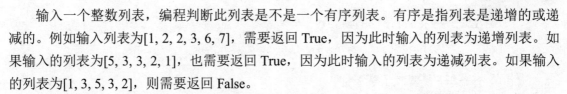

输入一个整数列表，编程判断此列表是不是一个有序列表。有序是指列表是递增的或递减的。例如输入列表为[1, 2, 2, 3, 6, 7]，需要返回 True，因为此时输入的列表为递增列表。如果输入的列表为[5, 3, 3, 2, 1]，也需要返回 True，因为此时输入的列表为递减列表。如果输入的列表为[1, 3, 5, 3, 2]，则需要返回 False。

如何判断一个列表是否有序是本题的核心，首先对于一个列表来说，其要么是递增的，要么是递减的，如果一个列表中所有的元素都是相同的，则此列表既可以被定义成递增列表，又可以被定义成递减列表。因此，在编程解决本题时，我们需要用一个变量记录当前被判定的列表是递增的还是递减的。把握住这个思路，解决本题就会非常简单。核心思路如下：

（1）定义一个变量记录当前列表是递增、递减或尚未判定。

（2）依次遍历列表中的元素与上一个元素做对比，判定是否符合预期的递增或递减规则。

（3）如果遍历完整个列表后，没有不符合预期的元素出现，则表明列表是有序的。

（4）在遍历过程中，如果有一个元素不符合预期，则表明列表是无序的。

示例代码如下：

```
def isMonotonic(A):
    if len(A) < 2:
        return True
    order = A[1] - A[0]
    pre = A[1]
    for i in range(2, len(A)):
        item = A[i]
        if order == 0:
            order = item - pre
            if order == 0:
                continue
        if item >= pre and order > 0:
            pre = item
            continue
        elif item <= pre and order < 0:
            pre = item
            continue
        return False
    return True
```

 8.2.8　编程实现——构建斐波那契数列

还记得斐波那契数列吗？在斐波那契数列中，第 1 个元素为 0，第 2 个元素为 1，之后的每个元素都等于其前两个元素之和。例如[0, 1, 1, 2, 3, 5, 8, 13, 21, …]便是一个斐波那契数列。输入一个整数 N，其表示斐波那契列表中的下标为 N 的元素，能编程将这个元素推导出来吗？例如输入 N 为 6，需要返回 8 作为答案。

由于斐波那契数列的特性，解决本题最直接的方式是使用递归法，示例代码如下：

```
def fib(N):
    # 定义一个递归函数
    def func(index):
        # 对斐波那契数列的前两个数进行特殊处理
        if index == 0:
            return 0
        if index == 1:
            return 1
        else:
            # 进行递归推导
```

```
        return func(index-1) + func(index-2)
    return func(N)
```

对于本题，也可以不使用递归的方式来解决，首先并不需要推导出整个斐波那契数列，我们只需要想办法计算出数列下标为 N 的元素是什么。

示例代码如下：

```
def fib(N):
    a = 0
    b = 1
    if N == 0:
        return a
    if N == 1:
        return b
    # 推导计算第 N+1 个位置的元素
    for i in range(2, N+1):
        t = a
        a = b
        b = t + b
    return b
```

如以上代码所示，将递归优化成循环后，一定程度上可以提高算法的空间效率。

8.3 列表中元素的和

本节将尝试解决一组有关列表中元素的和的问题。其中很多题目需要我们找到列表中的某些元素组合，使其的和能够满足题目中的条件。

8.3.1 编程实现——找到列表中合适的两个元素

输入一个整数列表和一个目标整数，需要从列表中找出两个元素，使其的和等于目标元素，需要返回一个列表，包含所找到的两个元素。如果无法找到这样的两个元素，则返回空列表即可。例如输入的列表为 [1, 4, 6, 8]，输入的目标数为 12，则你需要返回 [4, 8]，因为元素 4 与元素 8 的和为 12，满足题目要求。

本题要从列表中选取两个元素，使其的和满足指定的条件。最简单的解题方式是使用暴力遍历，将列表中所有元素两两组合进行验证，判断是否有满足条件的组合存在。

示例代码如下：

```
def twoSum(numbers, target):
    for i in range(len(numbers)):
```

```
        item1 = numbers[i]
        for j in range(i+1, len(numbers)):
            item2 = numbers[j]
            if item1 + item2 == target:
                return [item1, item2]
    return []
```

如以上代码所示，使用暴力遍历的方式解题需要借助两层循环实现，这样的解题算法其实并不高明，对于本题，实际上还有一种更加巧妙的解题算法：双指针法。

关于双指针法，前面的章节就使用过。在本题中，要使用双指针法，我们首先需要对输入的列表进行排序，使列表中的元素按照递增的方式排列。之后创建两个指针变量，分别指向列表的首尾下标。之后取出两个下标对应的元素进行求和运算，验证是否满足条件。如果求和运算的结果比输入的目标元素大，则将右指针减小。如果求和运算的结果比目标元素小，则将左指针增大，直到找到符合条件的组合或者两指针重叠位置。

示例代码如下：

```
def twoSum(numbers, target):
    numbers = numbers.sort()
    l = 0
    r = len(numbers)-1
    while True:
        if l >= r:
            return []
        res = numbers[l] + numbers[r]
        if res > target:
            r -= 1
        elif res < target:
            l += 1
        else:
            return [numbers[l], numbers[r]]
```

如以上代码所示，使用双指针法重构后的程序将两层循环结构优化成了一层循环结构，会使程序的运行效率得到显著的提高，虽然重构后的程序需要对列表先进行排序，但只要我们选择合适的排序算法，这部分的效率影响几乎可以忽略不计。实际上，Python列表内置的 sort 排序方法就非常高效。

 8.3.2　代码改进——找出列表中所有满足条件的三元素组

上一小节中，我们使用双指针法高效解决了找出列表中符合条件的元素组的问题。本节将本题扩展一下，输入一个整数列表和一个目标整数，找到列表中的三个元素 a、b 和 c，使得 a、b、c 三个元素的和等于输入的目标整数，并需要将所有可能的组合返回（不能包含重复的三元组）。例如输入列表为[1, 1, 2, 4, 3, 7, 9]，输入的目标整数为 6，则需要返回[[1, 1, 4], [1, 2, 3]]作为答案。

相对于上一小节的题目，本题虽然只做了很小的改动：将寻找指定的两数之和修改为寻找指定的三数之和，难度却增加了不少。首先，如果采用全遍历的方式进行暴力解题，则不仅性能很差，而且可能会解出非常多的重复三元组合，还需要进行额外的去重操作，关于不能包含重复的三元组这个条件，其实可以通过一个巧妙的方式解决。我们可以将组合的三个数字以从小到大的顺序排列填充到 a、b、c 中，当 a 被确定后，后面再遍历到相关的元素需要填入 a 时，我们就跳过，同样，对于 b 和 c 要填充的元素，也可以按照相同的逻辑处理，这样不仅在组合三元组时就已经做到了去重的逻辑，也去掉了冗余的遍历次数，从而提升效率。

编写解决本题的算法时，我们可以在双指针法的基础上进行改造。双指针法很容易解决二元素组的问题，我们只要确定了三元素组中的第一个元素，就可以使用双指针法来确定剩下的两个元素。

示例代码如下：

```python
def threeSum(nums, target):
    # 排序输入的列表
    nums.sort()
    # 结果列表
    newL = []
    # 外层遍历，确定第一个元素
    for i in range(0, len(nums)-2):
        l = (i + 1)
        r = len(nums) - 1
        # 遇到重复的元素进行跳过过滤
        if i > 0 and nums[i-1] == nums[i]:
            continue
        res = target - nums[i]
        # 双指针法确定剩下的两个元素
        while l < r:
            # 进行过滤
            if l > i+1 and nums[l-1] == nums[l]:
                l += 1
                continue
            if r < len(nums)-1 and nums[r+1] == nums[r]:
                r -= 1
                continue
            # 双指针法的核心逻辑
            if nums[l] + nums[r] > res:
                r -= 1
            elif nums[l] + nums[r] < res:
                l += 1
            else:
                newL.append([nums[i], nums[l], nums[r]])
                l += 1
    return newL
```

在上面代码的基础上，假设我们对题目再进行一次升级，输入一个整数列表和一个目标整数，需要找到一组三元组，使其的和离目标整数最近（任意返回一组满足条件的三元组即可）。怎样修改代码才能满足新的题目要求？思考一下。

修改后的题目的解决程序，示例代码如下：

```python
def threeSumClosest(nums, target):
    nums.sort()
    # 变量用来记录当前的最小差异
    diff = None
    # 最终需要返回的结果列表
    fin = []
    for i in range(0, len(nums)-2):
        l = (i + 1)
        r = len(nums) - 1
        if i > 0 and nums[i-1] == nums[i]:
            continue
        res = target - nums[i]
        while l < r:
            if l > i+1 and nums[l-1] == nums[l]:
                l += 1
                continue
            if r < len(nums)-1 and nums[r+1] == nums[r]:
                r -= 1
                continue
            # 更新差异，只保留最小差异时的三元组
            if diff == None:
                diff = abs(nums[i] + nums[l] + nums[r] - target)
                fin = [nums[i], nums[l], nums[r]]
            elif abs(nums[i] + nums[l] + nums[r] - target) < diff:
                diff = abs(nums[i] + nums[l] + nums[r] - target)
                fin = [nums[i], nums[l], nums[r]]
            if nums[l] + nums[r] > res:
                r -= 1
            elif nums[l] + nums[r] < res:
                l += 1
            else:
                return [nums[i], nums[l], nums[r]]
    return fin
```

8.4　简单链表操作

我们知道，链表与列表的最大区别是链表是使用非连续的内存单元构成的数据结构，而列表是使用连续的内存单元构成的数据结构。对于列表，我们可以通过下标快速地找到某个位置的元素，而在链表中，每个节点除了存储数据外，还存储了一个指向下一个节点位置的指针，从节点逻辑上看，知道链表的某个节点后，只能够推导出其后的所有节点，并且无法快速地通过某个位置访问链表上的元素。与列表相比，链表的优势很明显，其扩容、拼接、截断都非常容易，并且可以利用零碎的内存空间来存放大量的数据。本节将通过几个简单的链表处理编程题目，帮助大家更深入地理解链表这种数据结构。

8.4.1 编程实现——遍历链表

输入一个链表，链表每个节点使用 ListNode 对象描述，编程将链表中存放的所有值组成列表进行返回。

ListNode 类的定义如下：

```
class ListNode:
    def __init__(self, x):
        self.val = x
        self.next = None
```

在 ListNode 对象中，value 属性存放当前节点存储的值，next 属性存放下一个 ListNode 节点。

遍历链表，需要借助链表节点中的next指针来实现，从当前节点可以获取到next指针指向的下一个节点，如果next指针的值为None，则表示已经遍历到了链表的结尾。

示例代码如下：

```
def reversePrint(head):
    res = []
    while head != None:
        res.append(head.val)
        head = head.next
    return res
```

链表的遍历非常简单，能够尝试将输入的列表进行翻转吗？例如输入的链表每个节点的值依次是：

1->2->3->4->5->None

需要将其翻转成：

5->4->3->2->1->None

并将链表的头节点返回。

本题中定义的列表为单向链表，由于单向的特殊性质，在遍历时，我们只能够对链表进行顺序遍历，无法逆序遍历。因此，要将链表进行逆序，每次遍历出一个元素后，都需要将其作为头节点，将之前的头节点拼接到新的头节点之后。

示例代码如下：

```python
def reverseList(self, head: ListNode) -> ListNode:
    # 记录上一个头节点
    preNode = None
    # 对列表进行遍历
    while head != None:
        # 暂无头节点，将当前节点作为头节点
        if preNode == None:
            preNode = ListNode(head.val)
        # 新建一个节点作为头节点，将之前的头节点拼接到新建的节点上
        else:
            newNode = ListNode(head.val)
            newNode.next = preNode
            preNode = newNode
        head = head.next
    return preNode
```

可以发现，对链表的操作都要基于节点中的 next 指针进行。后面做更多有关链表的编程题目时，都要牢记链表的这一操作特点。

 8.4.2 代码改进——删除链表中的节点

使用 val 和 next 属性定义链表节点，输入一个链表的头节点和一个 index 下标（从 0 开始），编程删除链表中位置为 index 的节点。注意，对于链表节点的删除，需要将所删除节点后的节点拼接回上一节点。例如，输入的链表为：

1->2->3->4->5->None

假设要删除的是 index 为 3 的节点，则执行完程序后，原链表将变为：

1->2->3->5->None

解决本题的关键是找到删除链表中某个节点的方法。对于一个链表来说，如果要删除的节点不是尾节点，则实际上是将后一个节点复制到当前节点，如果要删除的节点是尾节点，则将上一个节点的 next 指针设置为 None 即可，如果链表中只有一个节点，要删除当前节点，则直接返回 None 即可。

示例代码如下：

```python
def deleteNode(head, index):
    # 记录前一个节点
    pre = None
    # 定义循环变量
    i = 0
    while head != None:
```

```
    # 找到当前要删除的节点
    if i == index:
        # 不是尾节点，则将下一个节点复制过来
        if head.next != None:
            head.val = head.next.val
            head.next = head.next.next
        # 如果是尾节点，则将前一个节点的 next 指针赋值为 None
        elif pre != None:
            pre.next = None
        # 是尾节点且没有前一个节点，直接返回 None
        else:
            return None
    pre = head
    head = head.next
    i += 1
```

删除链表中的某个位置的节点并不太困难，如果要求删除链表中所有的值重复的节点，需要怎么做呢？例如输入的链表为：

1->2->3->4->4->4->5->None

运行完程序后，原链表需要变成：

1->2->3->4->5->None

尝试对上面的程序进行修改，使其满足修改后的题目要求。

要移除链表中的重复元素，首先需要使用一个容器来记录链表中已经出现的元素，之后对链表进行遍历，遍历过程中如果发现了已经存在的元素，则将其移除，移除的方法和前面所使用的方法一致，需要根据所移除的元素是不是尾元素做不同的逻辑。

示例代码如下：

```
def removeDuplicateNodes(head):
    if head == None:
        return None
    l = []
    pre = None
    while head != None:
        if head.val in l:
            if head.next != None:
                head.val = head.next.val
                head.next = head.next.next
                continue
            else:
                pre.next = None
                break
```

```
    pre = head
    l.append(head.val)
    head = head.next
```

 ### 8.4.3 代码改进——链表合并

前面我们做过将两个有序列表合并成一个有序列表的题目，对于链表，是否可以进行类似的操作呢？使用 val 和 next 属性来描述链表的节点，输入两个有序链表的头节点，编程将其拼接成一个完整的有序链表返回。例如输入的链表分别为：

1->3->5->6->None

2->3->6->8->None

则最终需要返回的链表为（只返回头节点）：

1->3->3->5->6->6->8->None

合并两个链表的核心是对两个链表进行遍历，由于题目规定输入的链表是有序的，如果两个链表都不为空，则只需要将两个链表中最前面的节点取出进行比较，将较小的一个追加到新的链表上即可。在编程解决本题时，有一点需要注意，最终需要返回一个新的链表的头节点，因此新链表在追加节点的过程中，要保持头节点不变。

示例代码如下：

```
def mergeTwoLists(l1, l2):
    # 新链表的头节点
    head = None
    # 新列表的当前尾节点
    current = None
    # 若两个链表都不为空，则需要挑选小的节点追加
    while l1 != None and l2 != None:
        item = None
        if l1.val < l2.val:
            item = l1
            l1 = l1.next
        else:
            item = l2
            l2 = l2.next
        if head == None:
            head = ListNode(item.val)
            current = head
        else:
            current.next = ListNode(item.val)
            current = current.next
    # 只有某个链表不再为空时，将其剩下的元素全部追加到新链表上
    while l1 != None:
```

```
            if head == None:
                head = ListNode(l1.val)
                current = head
            else:
                current.next = ListNode(l1.val)
                current = current.next
            l1 = l1.next
        while l2 != None:
            if head == None:
                head = ListNode(l2.val)
                current = head
            else:
                current.next = ListNode(l2.val)
                current = current.next
            l2 = l2.next
        # 将头节点返回
    return head
```

上面的代码虽然有些长，但是逻辑本身比较简单。上面的代码的思路是链表合并的基本操作。

8.4.4　代码改进——链表转整数

输入一个每个节点只存储了 0 或 1 两种数值的链表，链表存储的实际上是一个二进制的数值，尝试编程将其解析成十进制整数。例如输入的链表为：

1->0->1->1->None

其表示二进制数 1011，将其转换成十进制数 11，需要返回 11 作为答案。

在着手编写解决本题的程序之前，我们首先来回顾一下二进制运算的性质。二进制数每向左移动一位，实际上就是将其对应的十进制数乘以 2。因此，我们可以对链表进行遍历，每次遍历都将之前积累的数值做乘以 2 的操作，并加上当前遍历出的链表节点存储的值，遍历完成后即可获取到完整的十进制数值。

示例代码如下：

```
def getDecimalValue(head):
    # 十进制的数值结果
    res = 0
    # 对链表进行遍历
    while head != None:
        # 每遍历出一个节点，即相当于将原数乘以 2 再加上当前节点的值
        res = res * 2 + head.val
        head = head.next
    return res
```

8.5　特殊性质的链表

　　链表和列表、字符串这些容器类数据类型一样，也有许多特殊的场景。比如，链表也可以划分出回文链表、奇偶链表、环形列表等。这些链表除了拥有链表本身的特性外，还有许多额外的性质，本节将介绍这类特殊的链表相关的编程题。

 8.5.1　编程实现——判断回文链表

　　使用 val 和 next 属性描述链表节点，输入一个链表，尝试编程判断其是不是回文链表。回文链表是指正向排列和逆向排列结果都一样的链表。例如下面的链表就是回文链表：

1->2->3->3->2->1->None

3->4->6->2->6->4->3->None

　　前面我们做过与回文相关的字符串编程题和列表编程题。要判断一个字符串或一个列表是不是回文其实非常简单，我们只需要将字符串/列表逆序后与原字符串/列表进行比较即可，如果与原数据一致，则表明是回文。然而，要直接判定链表是不是回文并不容易，我们知道，单向链表只能单向遍历，不能通过正序与倒序同时遍历来判定是不是回文，最简单的方法是将链表遍历一次，将其内的元素组装成列表，判断列表是不是回文即可。

　　示例代码如下：

```python
def isPalindrome(head):
    l = []
    while head != None:
        l.append(head.val)
        head = head.next
    return l == l[::-1]
```

 8.5.2　代码改进——判断环形链表

　　环形链表是一种特殊的数据结构，一般情况下，链表都是单向且不闭合的，即链表中任何一个节点都是只有一个前节点，也就是说不存在两个 next 指针指向同一个节点的情况。但是在实际应用中，同一个链表中可能有多个节点的 next 指针指向同一个节点，这时就会产生环形链表，如图 8-2 所示。

　　需要注意，环形链表并不是指链表中存在值相同的节点，而是指存在多个节点指向同一个节点，并且节点间组成圆环关系。只有两个节点的链表也可以构成环形链表，例如：

```python
head = ListNode(1)
l2 = ListNode(2)
```

```
head.next = 12
12.next = head
```

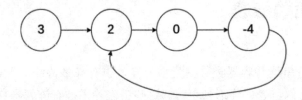

图 8-2　环形链表示例

以上代码实现的链表便是环形链表，并且没有头节点，也没有尾节点，是一个完美的环形链表。现在输入一个链表，能否编程判断其是不是环形链表？

解决本题非常简单，我们只需要在遍历链表的时候，将每次遍历出的节点存放到一个存储容器中即可。在遍历链表时，如果发现新遍历到的节点之前出现过，则表明当前列表是环形链表。

示例代码如下：

```
def hasCycle(head):
    res = []
    while head != None:
        if head in res:
            return True
        res.append(head)
        head = head.next
    return False
```

上面的代码可以很好地解决问题，我们再思考一下，是否有其他更优的解决方案。首先，上面的示例代码最大的问题在于创建了一个额外的列表容器，并且在遍历过程中，每遍历出一个节点都将其加入列表中，这无疑会增加内存消耗。那么有没有什么方式可以更少地使用额外内存来解决本题呢？当然是有的，对链表的遍历过程其实十分像一个小球在跑道上移动，想象一下，环形链表实际上就是一个环形跑道，如果我们让两个速度不同的小球从起点开始进入跑道，这个跑道是环形的，则在未来的某个时刻，两个小球一定会相遇，如果跑道不是环形的，则速度快的小球一定会最先跑完整个跑道。我们可以使用两个变量来模拟上面提到的两个小球，让其以不同的步长遍历链表，不需要额外的存储空间，即可判定链表是不是环形链表。示例代码如下：

```
def hasCycle(head):
    l1 = head
    l2 = head
    while l1 != None and l2 != None and l1.next != None and l2.next != None and
l2.next.next != None:
        l1 = l1.next
        l2 = l2.next.next
```

```
        if l1 == l2:
            return True
    return False
```

我们找到了判定环形链表的方法，能否编写程序将环形链表中圆环的起点找到并返回呢？在图 8-1 中，第 2 个节点就是环形链表中圆环的起点。你需要返回一个链表节点对象结构。如果输入的链表不是环形链表，则返回 None 即可。其实在本节的第一个示例程序中，我们就已经找到了环形链表的圆环起点，将其直接返回即可，示例代码如下：

```
def hasCycle(head):
    res = []
    while head != None:
        if head in res:
            return head
        res.append(head)
        head = head.next
    return None
```

同样，如果不创建额外的存储空间，使用双指针法来找到环形链表的圆环起点，需要怎么做？尝试思考一下，对上面的程序做一些优化。

8.5.3　链表重构——奇偶排列的链表

输入一个链表，编程尝试对其进行重构，将奇数位置的节点排列在前，偶数位置的节点排列在后。需要注意，这里的奇偶并不是指链表中存储的值的奇偶，而是指列表节点的位置，例如输入如下链表：

0(1)->1(2)->1(3)->2(4)->3(5)->None

重新排列后需要返回新的链表：

0(1)->1(3)->3(5)->1(2)->2(4)->None

注：括号中标明了节点在原链表中的位置（从 1 开始）。

本题需要按照先奇后偶的顺序重排链表，解题思路其实非常简单，先对链表所有的奇数位进行遍历，再对链表所有的偶数位进行遍历，每遍历出一个节点，都新建一个相同的节点拼接到新的链表后面。

示例代码如下：

```
def oddEvenList(head):
    if head == None:
        return None
    # 最终需要返回新的链表头
    newHead = ListNode(head.val)
    # 新链表的当前节点
    current = newHead
```

```
# 奇偶遍历的起点
head1 = head
head2 = head.next
# 遍历奇数位节点
while head1 != None and head1.next != None and head1.next.next != None:
    current.next = ListNode(head1.next.next.val)
    current = current.next
    head1 = head1.next.next
# 遍历偶数位节点
if head2 != None:
    current.next = ListNode(head2.val)
    current = current.next
else:
    return newHead
while head2.next != None and head2.next.next != None:
    current.next = ListNode(head2.next.next.val)
    current = current.next
    head2 = head2.next.next
return newHead
```

上面的代码有着比较详细的注释，需要注意，在遍历的过程中要做严谨的为空判定逻辑。

8.6　高级链表操作

和列表类似，链表也可以进行排序、分割、旋转、求和等。相较于列表，链表的这些操作会更加复杂一些。本节将循序渐进地介绍一些链表中的高级操作。

8.6.1　编程实现——链表大数求和

我们知道，对于数值类型，其所能表示的数据大小是有限制的。如果需要进行非常巨大的数字的存储，我们常常使用字符串、列表或链表这些数据结构。现在，使用两个链表存储两个数值，链表中的每个节点从前往后依次对应数值从低位到高位的一位。例如下面的链表：

2->8->3->None

其表示整数 382，如果输入两个链表，能否计算它们的和，并将结果以相同格式的链表返回？需要注意，在编写程序时，不能将链表表示的数值真的转换成整数，因为这个数值可能非常大。

本题在实际编程中也有着非常广泛的应用。程序能够进行大数运算在实际场景中是非常重要的，解决本题的核心是使用最原始的加法运算的思路进行两个大数的求和运算，即从低位到高位依次遍历出每一位上的数值后进行求和运算，之后记录进位情况，继续对下一位进行运算，将每一位运算后的结果构建成链表节点接入链表中。

示例代码如下：

```python
def addTwoNumbers(l1, l2):
    # 新链表的头节点
    newHead = None
    # 新链表的尾节点
    current = None
    # 记录进位情况
    tip = 0
    # 进行核心的求和运算逻辑
    while l1 != None and l2 != None:
        c = l1.val + l2.val + tip
        if newHead == None:
            newHead = ListNode(c % 10)
            current = newHead
        else:
            current.next = ListNode(c % 10)
            current = current.next
        if c > 9:
            tip = int(c / 10)
        else:
            tip = 0
        l1 = l1.next
        l2 = l2.next
    while l1 != None:
        c = l1.val + tip
        if newHead == None:
            newHead = ListNode(c % 10)
            current = newHead
        else:
            current.next = ListNode(c % 10)
            current = current.next
        if c > 9:
            tip = int(c / 10)
        else:
            tip = 0
        l1 = l1.next
    while l2 != None:
        c = l2.val + tip
        if newHead == None:
            newHead = ListNode(c % 10)
            current = newHead
        else:
            current.next = ListNode(c % 10)
```

```
        current = current.next
        if c > 9:
            tip = int(c / 10)
        else:
            tip = 0
        l2 = l2.next
    # 检查最终是否还有进位
    if tip != 0:
        current.next = ListNode(tip)
    return newHead
```

上面的示例代码中有一些逻辑是重复的，这造成了程序的冗长，尝试对上面的示例代码进行一些优化。如果对题目做一些修改，链表中的每个节点从前往后依次对应数值从高位到低位的每一位，本题需要怎么做？例如下面的链表表示的数值是 135：

1->3->5->None

  如果链表不好操作，可以尝试将链表先转换成列表，做完大数求和运算后，再转换成链表返回。

8.6.2　代码改进——链表重排

输入一个链表，链表的每个节点都存储一个整数值，再输入一个目标整数值，能否以输入的目标值为标准对原列表进行重排，使不大于目标值的节点排在前，大于目标值的节点排在后，但不改变链表中元素的相对位置？例如输入的链表为：

3->2->2->3->4->7->1-None

输入的目标值为 3，最终需要返回一个新的链表为：

3->2->2->3->1->4->7->None

根据题意，我们需要将链表中的元素重排成一个新的链表。重排需要满足不大于输入目标值的节点在前，大于输入目标值的节点在后。比较简单的做法是对原链表进行两轮遍历，第一次遍历将不大于目标值的节点先取出来构成新链表,第二次遍历再将大于目标值的节点取出拼接到结果链表后。

示例代码如下：

```
def partition(head, x):
    newHead = None
    current = None
    ori = head
    while head != None:
        if head.val <= x:
            if newHead == None:
```

```
                newHead = ListNode(head.val)
                current = newHead
            else:
                current.next = ListNode(head.val)
                current = current.next
        head = head.next
    head = ori
    while head != None:
        if head.val > x:
            if newHead == None:
                newHead = ListNode(head.val)
                current = newHead
            else:
                current.next = ListNode(head.val)
                current = current.next
        head = head.next
    return newHead
```

8.6.3　代码改进——对链表进行原地排序

对列表进行原地排序，我们常常使用元素的移动和交换实现。和列表一样，链表也可以排序。使用 val 和 next 属性描述链表节点，输入一个链表的头节点，尝试编程对其进行原地排序。例如输入下面的链表：

3->6->2->1->None

程序执行完成后，原链表将变成：

1->2->3->6->None

如果我们使用列表排序的方式对链表进行排序，需要涉及对链表节点的交换移动操作。这对链表来说是非常复杂的，要对链表的节点进行交换，首先需要将要交换的节点与其后的节点断开，交换完成后再进行链表的拼接。对于本题来说，要完成题目的要求，我们可以采用一种更加简单巧妙的方法。

对链表进行原地排序实际上要求我们不创建新的链表，在原链表上修改，从而实现排序。我们可以采用一种更巧妙的解题思路，首先将链表中存储的所有值取出来，之后对这些值进行排序，排序完成后，再重写入原链表即可。

示例代码如下：

```
def sortList(head):
    l = []
    ori = head
    while head != None:
        l.append(head.val)
        head = head.next
```

```
l.sort()
head = ori
for i in l:
    head.val = i
    head = head.next
return ori
```

其实本题的解法是采用了将新问题转换成旧问题的思路，对我们来说，列表的排序是非常容易的，因此要对链表进行排序，可以思考如何借助之前列表的经验。

8.6.4　代码改进——旋转链表

链表的旋转是指将最后一个节点转变成头节点，除此之外，每个节点统一向后移动一位，这样的一次操作被称为链表旋转一次。例如下面的链表：

1->2->3->4->None

旋转一次后将变成：

4->1->2->3->None

现在，输入一个链表和一个整数 k，返回将输入链表旋转 k 次后的链表。

解决本题的关键是找到将链表右移一次的方法，只要我们能够完成一次链表的旋转，那么完成多次旋转只需要一个循环结构就可以实现。对链表进行旋转的核心思路如下：

（1）找到当前链表的尾节点与倒数第二个节点。

（2）将尾节点的 next 指针指向链表的头节点。

（3）将倒数第二个节点的 next 指针置为 None。

根据上述对链表进行渲染的思路，编写代码如下：

```
def rotateRight(head, k) :
    # 空链表或单节点的链表直接返回
    if head == None or head.next == None:
        return head
    ori = head
    # 获取链表长度
    i = 0
    while head != None:
        i += 1
        head = head.next
    # 优化旋转次数
    k = k % i
    head = ori
    # 内部函数，用来进行一次旋转操作
    def rotate(head) -> ListNode:
```

```
    ori = head
    if head == None:
        return None
    last = None
    pre = None
    while head.next != None:
        pre = head
        head = head.next
    last = head
    if pre != None:
        pre.next = None
    last.next = ori
    return last
# 根据输入进行旋转
for i in range(k):
    head = rotate(head)
return head
```

如以上代码所示，除了能够完成题目的要求外，我们还对算法进行了一些小的优化，对于旋转的次数，你会发现其与链表长度有一定的规律，例如对于长度为 3 的链表，对其旋转 3 次与旋转 6 次的效果是一样的。

8.6.5　代码改进——交换链表相邻的节点

输入一个链表，尝试编程对其相邻的节点进行交换。例如输入链表：

1->2->3->4->->5->None

需要返回如下链表作为结果：

2->1->4->3->5->None

本题要求将链表的相邻节点进行交换。只要找到链表在遍历过程中值的交换规律，解决本题就非常容易。核心思路如下：

（1）定义一个标识变量 t，用来标识当前节点是否需要与前一个节点进行交换。

（2）在遍历的过程中，不断对标识变量 t 进行取反操作。

（3）遇到标识变量 t 为 True 时，就将当前节点的值与之前一个节点的值进行交换。

示例代码如下：

```
def swapPairs(head):
    ori = head
    t = False
    pre = None
    while head != None:
```

```
    if t:
        tmp = pre.val
        pre.val = head.val
        head.val = tmp
    t = not t
    pre = head
    head = head.next
return ori
```

 8.6.6 编程实现——设计链表结构

到本小节为止，我们已经介绍了不少有关链表的编程题目。本节将尝试自己设计一个链表存储结构，设计的存储结构需要拥有如下功能：

（1）获取链表中第 i 个节点存储的值（i 从 0 开始），如果索引无效，则返回 None。

（2）在链表的第 i 个节点前插入一个新的节点。

（3）向链表的末尾追加元素。

（4）向链表头追加元素。

（5）获取链表中节点的个数。

（6）删除链表中第 i 个节点，并将删除的节点的值返回。

（7）支持使用列表来创建当前链表对象。

!!! 注意 你需要做的是自定义一个链表结构类，使其能够提供方法满足上面所列出的功能，在设计时，应该尽量使得方法的运行效率高一些。

题目要求我们设计一个链表结构，可以定义一个名为 MyLinkedList 的类用来实现此结构，只需要在类中实现对应的方法满足题目要求的功能即可。

示例代码如下：

```python
# 定义链表节点类
class LinkedItem:
    def __init__(self, val):
        self.val = val
        self.next = None
# 链表容器类
class MyLinkedList:
    # 定义构造方法，可以通过列表来进行初始化
    def __init__(self,l):
        # 链表长度
        self.length = 0
        # 当前链表头节点
        self.head = None
        # 当前链表尾节点
```

```
        self.tail = None
        current = None
        for i in l:
            if current = None:
                current = LinkedItem(i)
                self.head = current
            else:
                current.next = LinkedItem(i)
                current = current.next
        self.tail = current
        self.length = len(l)
    # 定义获取链表节点个数的方法
    def count(self):
        return self.length


    # 定义获取链表某个节点值的方法
    def get(self, index: int):
        head = self.head
        i = 0
        while head != None:
            if i == index:
                return head.val
            head = head.next
            i += 1
        return None
    # 向链表头部插入节点
    def addAtHead(self, val: int) -> None:
        self.length += 1
        if self.head == None:
            self.head = LinkedItem(val)
            self.tail = self.head
        else:
            item = LinkedItem(val)
            item.next = self.head
            self.head = item
    # 向链表尾部追加节点
    def addAtTail(self, val: int) -> None:
        self.length += 1
        if self.head == None:
            self.head = LinkedItem(val)
            self.tail = self.head
        else:
            self.tail.next = LinkedItem(val)
            self.tail = self.tail.next
    # 在链表中的某个位置插入节点
    def addAtIndex(self, index: int, val: int) -> None:
```

```python
        if index == self.length:
            self.addAtTail(val)
            return
        elif index <= 0:
            self.addAtHead(val)
            return
        elif index > self.length:
            return
        head = self.head
        i = 0
        while head != None:
            if i == index-1:
                item = LinkedItem(val)
                item.next = head.next
                head.next = item
                self.length += 1
                break
            head = head.next
            i += 1
    # 删除链表中某个位置的节点
    def deleteAtIndex(self, index: int) -> None:
        head = self.head
        i = 0
        pre = None
        while head != None:
            if i == index:
                # 如果改变了头尾节点，要进行修正
                if pre != None:
                    pre.next = head.next
                    if head.next == None:
                        self.tail = pre
                else:
                    if self.head.next == None:
                        self.tail = None
                    self.head = self.head.next
                self.length -= 1
                return head.val
            pre = head
            head = head.next
            i += 1
```

　　上面的代码虽然有些长，但每个方法都有注释，需要注意，对于删除链表中的节点，如果删除后的结果会影响头节点或尾节点，则要注意及时对头节点属性和尾节点属性进行修正。上面的代码也是面向对象编程的一种实践，可以发现，面向过程的代码往往是简单而具体的，面向对象的代码往往是复杂而抽象的，但是从语义上理解，面向对象的程序非常好理解，也和实际问题更加贴近。

❀ 本 章 结 语 ❀

　　本章是介绍数据结构相关问题的第一章，列表和链表也是基础的两种数据结构，数据结构的本质是进行数据的组织和存储，在解决实际问题时，数据结构的差异可能会使整个程序的设计都产生不同。

第 9 章
玩转数据结构——栈、堆与队列

知人者智，自知者明。胜人者有力，自胜者强。

——老子

在上一章中，我们介绍了两种非常常用的容器类数据结构：列表与链表。本章将以上一章中的内容为基础，继续给大家介绍有关栈结构、堆结构和队列结构的相关编程题。这些都属于容器类数据结构，数据不同的组织方式导致了它们有各自的特点与优势。了解了这些数据结构的组织方式，能够更好地帮助我们在解决实际问题时选择合适的数据存储工具。

栈本身也是一种线性的数据结构，与列表、链表类似。同时，它也是一种受限的线性结构，限定只能在表的末尾插入元素与删除元素。通常，栈结构的表的尾部被称为栈顶，头部被称为栈底。在操作时，只能从栈顶插入元素或删除元素。

堆是数据结构中的一种特殊数据结构的称法。堆结构本质上是一棵完全二叉树，并且堆中某个节点的值总是不大于或不小于其父节点的值。本章会专门讨论堆这种结构在编程题中的应用，后续章节会更加系统地介绍与树相关的问题。

队列与栈有些类似，它也是一种受限的线性表结构。队列只允许在尾部进行插入操作，在头部进行取值操作。

无论是列表、链表、栈、堆还是队列，数据结构本身没有优劣之分，只是不同的数据结构适用于不同的场景，只有为对应的场景选择合适的数据结构才能发挥算法的最大效能。

9.1 简单栈数据结构

前面提到过，栈这种数据存储结构有一个很有趣的特点，其在存储数据时，只能向尾部追加，同样，在获取元素时，也只能从尾部依次获取。拥有这种特点的数据结构适用于递归的场景，在实际应用中，局部变量也都是通过栈来进行管理的。对于栈的这种特性，我们可以很简洁地将其总结为 8 个字：先进后出，后进先出。图 9-1 描述了栈这种数据结构的出栈与入栈。

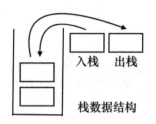

图 9-1 栈结构示意图

 9.1.1 编程实现——设计栈结构

之前，我们尝试设计过链表数据结构的存储容器，能否设计出一个栈结构的存储容器，使其支持如下操作：

（1）将元素压入栈中。

（2）取出栈顶的元素。

（3）检索出栈中的最小元素。

使用 Python 提供的列表类型可以非常方便地模拟出栈结构，对于本题，需要注意如何检索出栈中的最小值。我们可以维护一个最小值的属性，当栈中存储的数据发生变化时，对应地处理这个存储最小值的属性即可。

示例代码如下：

```python
class MinStack:
    # 构造方法
    def __init__(self):
        self.content = []
        self.min = None
    # 向栈中压入元素
    def push(self, x: int) -> None:
        self.content.append(x)
        self.min = min(self.content)
    # 弹出栈顶的元素
    def pop(self) -> None:
        self.content.pop()
        if len(self.content) == 0:
            self.min = None
        else:
            self.min = min(self.content)
    # 获取栈顶的元素
    def top(self) -> int:
        return self.content[-1]
    # 获取栈中的最小值
```

```
    def getMin(self) -> int:
        return self.min
```

上面的代码逻辑上是正确的，但是还有一些可优化的地方，其实我们不需要在每次改变时都重新计算整个栈的最小值，只需要与当前的最小值比较后进行更新即可，优化如下：

```
class MinStack:
    def __init__(self):
        self.content = []
        self.min = None
    def push(self, x: int) -> None:
        self.content.append(x)
        # 分情况处理最小值的更新
        if self.min == None:
            self.min = x
        elif self.min > x:
            self.min = x
    def pop(self) -> None:
        t = self.content.pop()
        # 分情况处理最小值的更新
        if len(self.content) == 0:
            self.min = None
        else:
            if t == self.min:
                self.min = min(self.content)
    def top(self) -> int:
        return self.content[-1]
    def getMin(self) -> int:
        return self.min
```

9.1.2　代码改进——利用栈清理无效的括号

输入一个字符串，字符串由 26 个字母与括号字符 "(" 和 ")" 构成。一个有效的字符串中，括号必须成对出现，但是输入的字符串并不一定是有效的。尝试利用栈这种数据结构，删除最少的括号字符，使其变成有效的字符串输出。例如输入 ")ac(tf)(ff(gg)ff)s"，需要返回 "ac(tf)(ff(gg)ff)s" 作为答案。

本题是一道字符串整理类型的题目，涉及的场景非常适合使用栈的思维来解决。由于括号成对出现才是有效的，因此我们每遇到一个左括号，可以让其入栈，每遇到一个右括号，可以检查栈顶是不是左括号，如果是，则说明可以成对匹配，让其出栈，否则将右括号入栈，当遍历完字符串后，栈中所有余下的元素都是需要被移除的。核心思路如下：

（1）定义一个栈容器用来存储数据。

（2）对输入的字符串进行遍历，如果遇到左括号 "("，直接入栈，入栈的元素需要记录字符和位置。

（3）如果遇到右括号 "）"，检查栈顶的元素是不是左括号，如果是，则直接出栈，如果不是，则将当前右括号元素入栈。

（4）当整个字符串遍历结束后，检查栈中是否有元素，依次将原字符串栈中元素对应位置的字符删除。

示例代码如下：

```python
def minRemoveToMakeValid(s):
    # 定义内部类，用来描述入栈的元素
    class Item:
        def __init__(self, index, char):
            # 记录当前字符在字符串中的位置
            self.index = index
            self.char = char
    # 栈容器
    stack = []
    # 核心的遍历逻辑
    for i in range(len(s)):
        c = s[i]
        # 遇到左括号入栈
        if c == "(":
            item = Item(i, c)
            stack.append(item)
        # 遇到右括号判断是否需要出栈
        elif c == ")":
            if len(stack) > 0 and stack[-1].char == "(":
                stack.pop()
            else:
                item = Item(i, c)
                stack.append(item)
    # 将无效的括号字符删除
    while len(stack) > 0:
        item = stack.pop()
        s = s[:item.index] + s[item.index+1:]
    return s
```

 ### 9.1.3 代码改进——处理平衡括号

一对平衡括号为左右对称的一对小括号 "（）"，一对纯粹的平衡括号定义其分值为 1，嵌套的平衡括号分值会被翻倍。例如 "（（））" 的分值为 2，"（（（）））" 的分值为 4。现在输入一个有效的平衡括号字符串，尝试编程统计其分值。

解决本题的核心是如何计算出最内层括号的分值和如何明确括号嵌套的层级。按照常规的思路解决本题是有些难度的，如果能够巧用栈，则解决本题会非常简单。首先，根据题意，对输入的字符串最内层的括号，我们可以将其替换成分数 1，之后每增加一层小括号嵌套，则将其内部的分值进行乘以 2 的操作，将所有括号处理完成后，剩下的分值进行求和，就是最终的答案。核心解题思路如下：

（1）创建一个栈容器用来进行括号逻辑处理。

（2）对输入的字符串进行遍历。

（3）如果遇到字符"（"，则直接进行入栈。

（4）如果遇到字符"）"，则需要找到栈中之前的"（"元素与其匹配，将匹配到的"（"字符与其后的所有元素都进行出栈操作，并将匹配到的小括号中的分值进行乘以 2 操作（如果为空，则默认分值为 1），将数值进行入栈。

（5）将栈中余下的所有分值进行累加，即可得到最终的答案。

示例代码如下：

```python
def scoreOfParentheses(S):
    # 定义栈结构
    stact = []
    # 核心的遍历逻辑
    for i in range(len(S)):
        item = S[i]
        # 遇到左括号，直接入栈
        if item == "(":
            stact.append(item)
        # 执行分值计算逻辑
        if item == ")":
            t = 0
            while stact[-1] != "(":
                t += stact[-1]
                stact.pop()
            stact.pop()
            # 如果计算的分值为 0，则表明是最内层括号，将分值修订为 1
            stact.append(1 if 2 * t == 0 else 2 * t)
    res = 0
    # 进行分数累加
    for i in stact:
        res += i
    return res
```

9.1.4 代码改进——进行括号内容逆序

输入一个字符串，字符串中只包含英文字母与小括号字符："（""）"。小括号的作用是对其内部的字符串进行逆序，小括号可以嵌套，如果有嵌套产生，则处理规则为先处理内部的括号，再处理外部的括号。

例如输入的字符串为"(a(abc(de)(nm)))"，则首先需要对内层的小括号进行处理，将字符串处理成:"(a(abcedmn))",第二轮处理后变成:"(anmdecba)",最终需要返回"abcedmna"作为结果。

本小节题目的解题思路与上一小节类似,都是对字符串进行遍历,将字符入栈,当遇到右括号字符时,使用出栈操作找到与之匹配的左括号之间的内容,进行逆序后重新入栈。核心思路如下:

(1)创建一个栈容器。

(2)对输入的字符串进行遍历,并将遍历出的字符入栈。

(3)当遇到右括号字符时,将栈顶到最近的一个左括号之间的元素出栈,逆序后,重新入栈。

(4)一轮遍历完成后,将栈中的字符拼接成字符串返回即可。

根据以上思路,编写示例代码如下:

```python
def reverseParentheses(s):
    stack = []
    # 对输入的字符串进行遍历
    for i in s:
        # 遇到右括号需要进行逻辑处理
        if i == ")":
            newS = ""
            # 将与之匹配的左括号之后的内容出栈,逆序拼接
            while stack[-1] != "(":
                newS += stack.pop()
            # 将对应的左括号出栈
            stack.pop()
            # 将逆序后的字符串重新入栈
            for j in newS:
                stack.append(j)
        # 非右括号的字符直接入栈
        else:
            stack.append(i)
    return "".join(stack)
```

 ### 9.1.5 代码改进——删除最外层括号

输入一个只包含小括号的字符串,字符串中的括号都是成对出现的,但是括号可能存在嵌套。尝试编写程序,将最外层的括号删除。最外层可能存在多个并列的括号对,需要将其都删除掉。例如输入"(()()",需要返回"()()"作为答案。

本题要求将最外层的括号删除,核心是如何判定当前的括号是内层括号还是外层括号。我们可以采用一个标记变量记录当前是否在最外层的括号内,之后使用栈来做内部括号的消耗操作,在遍历字符串时,每当遇到一个"("字符,则进行入栈,每当遇到一个")"字符,则

将栈中的字符出栈，当栈为空且在此遇到")"字符时，则表明外层括号闭合，对标记变量进行修改即可。核心的解题思路如下：

（1）定义栈容器、标记变量和结果字符串变量。

（2）对输入的字符串进行遍历。

（3）在遍历过程中，如果遇到左括号，则进行逻辑判定，如果当前在外层括号内，则进行入栈，并将字符追加到结果字符串中。如果当前不在外层括号内，则将标记变量设置为True。

（4）在遍历过程中，如果遇到右括号，则进行逻辑判定，如果当前在外层括号内，则检查栈中是否有元素，是则将栈顶元素出栈，并追加当前字符到结果字符串中，否则将标记变量设置为False。

（5）遍历完成后，将结果字符串返回即可。

示例代码如下：

```python
def removeOuterParentheses(S):
    stack = []
    newStr = ""
    tip = False
    for c in S:
        if c == "(":
            if tip:
                stack.append(c)
                newStr += c
            else:
                tip = True
        else:
            if tip:
                if len(stack) == 0:
                    tip = False
                else:
                    stack.pop()
                    newStr += c
    return newStr
```

上面的示例代码逻辑比较清晰，需要注意，在本题中，栈只是作为一个临时容器用来做括号的消除逻辑。

9.1.6 代码改进——补充缺失的括号

输入一个只包含小括号的字符串，此字符串中的小括号并非是成对出现的。尝试添加最少的括号来使得输入的字符串变成有效的字符串（括号成对出现）。例如输入的字符串为"())("，最终需要补充成"(())()"或"()()()"返回。

本题要求我们尽可能少地添加括号字符来使得输入的字符串变成"括号对称"的字符串。分析题目，解决本题的算法其实非常简单。我们在对输入的字符串进行遍历时，只会遇到两种情况，一种是遍历出左括号字符 "("，另一种是遍历出右括号字符 ")"。当遍历出左括号字符时，我们不需要额外处理，可以直接将其入栈；当遍历出右括号字符时，我们需要判断当前栈中是否还有未匹配的左括号，如果有，则将其出栈，如果没有，则表明此处缺少对应的左括号字符，需要插入。

示例代码如下：

```python
def minAddToMakeValid(S):
    # 定义栈容器
    stack = []
    res = ""
    # 对输入的字符串进行遍历
    for c in S:
        # 左括号直接入栈
        if c == "(":
            stack.append(c)
        # 否则判断是否需要插入括号字符
        else:
            if len(stack) > 0:
                stack.pop()
            else:
                res += "("
        res += c
    # 补全缺少的括号字符
    while len(stack) > 0:
        res += ")"
        stack.pop()
    return res
```

 ### 9.1.7 代码改进——递归删除重复的相邻字符

本题依然是一道经典的使用栈处理字符串类型的题目。输入一个字符串，我们需要将其中相邻并且相同的元素删除，如果删除后构成新的字符串中依然存在相邻且相同的元素，则需要递归执行删除操作，直到字符串中不再有相邻的相同元素为止。例如，输入字符串为"afddfc"，首先需要将其中相邻的相同元素删除，字符串变为"affc"，此时"ff"又构成了相邻的相同元素，因此需要继续删除，最终需要返回"ac"作为答案。

使用传统的递归可以解决本题，然而使用递归的方式解题，算法性能相对较差，代码结构也略微复杂。借助栈来解决本题则非常简单，只需要对字符串进行一轮遍历，在每个字符入栈前，先检查与当前栈顶的字符是否相同，如果相同，则跳过此次入栈，并将当前栈顶字符出栈，遍历完成后，栈中留下的字符就是最终的结果。

示例代码如下：

```python
def removeDuplicates(S):
    stack = []
    for c in S:
        if len(stack) > 0 and stack[-1] == c:
            stack.pop()
        else:
            stack.append(c)
    return "".join(stack)
```

可以发现，对于某些递归逻辑，借助栈往往可以让思路简化。

如果对题目进行一些升级，将连续字符的定义修改为连续出现 n 次的某个字符，应该怎么解题呢？例如输入的字符串为"caaabbbbbaad"，输入的 n 为 5，则第一次处理会将原字符串处理为"caaaaad"，再次处理可以得到最终的结果"cd"。尝试改写下面的程序。

升级后的题目相较原题会增加一些难度。其实核心还是采用栈的数据处理逻辑。在对输入字符串进行遍历时，我们可以不将原始的字符入栈，而是将其保证成一个对象入栈，每当遍历出一个字符时，可以判断一下当前栈顶的元素存储的字符是否和当前相同，如果相同，则将栈顶元素存储的字符次数加 1，如果不同，则重新创建一个元素对象入栈。每次遍历都对栈顶元素进行逻辑判定，如果发现其存储的字符出现的次数已经等于输入的参数 n，则将其出栈即可。全部遍历完成后，再将栈中的元素处理成字符串即可。

示例代码如下：

```python
# 自定义类，用来描述入栈的元素
class Item:
    # 在对象中存储当前字符和出现的次数
    def __init__(self, char, count):
        self.char = char
        self.count = count
# 核心的功能方法
def removeDuplicates(s, k: int) -> str:
    stack = []
    for c in s:
        # 检查栈顶元素，若其中的字符与当前字符相同，则次数增加
        if len(stack) > 0 and stack[-1].char == c:
            stack[-1].count += 1
        else:
            stack.append(Item(c, 1))
        if stack[-1].count == k:
            stack.pop()
    res = ""
    # 重新拼接字符串
    for i in stack:
```

```
        res += (i.char * i.count)
    return res
```

 9.1.8 代码改进——实现条件运算符

在 Python 中，往往使用如下方式描述条件运算：

A = 1 if condition else 0

上面表达式的意思是：如果 condition 表达式的值为 True，则变量 A 将赋值为 1，否则变量 A 将赋值为 0。其实，在更多编程语言中，还有一种更加流行的条件表达式描述方式，如下：

A = condition ? 1 : 0

其表达的意义是：如果 condition 表达式的值为 True，则将变量 A 赋值为 1，否则将变量 A 赋值为 0。需要注意，条件表达式也可以嵌套，且运算时是右结合性的。例如表达式：c1 ? 0 : c2 ? 1 : 2 实际运算时等同于 c1 ? 0 : (c2 ? 1 : 2)。尝试在 Python 中实现问号、冒号形式的条件运算符。

 输入的表达式为字符串形式的表达式，其中条件只会存在 F（False）和 T（True）两种。并且，输入的表达式中不包含空格，且所有数值都是 1 位数。例如输入的表达式样式为："F?1: 0"，返回数值 0 作为答案即可。

本题略微复杂一些，由于要实现的条件运算符的解析器是支持嵌套的，因此使用栈可以极大地简化思路。核心解题思路如下：

（1）定义栈容器和一个标记变量 tip，tip 变量的作用是标记下一次遍历出的字符是不是条件判定字符。

（2）由于条件运算符的运算规则是右结合性的，因此需要逆向对输入的字符串进行遍历。

（3）在遍历过程中，遇到字符 ":" 直接跳过。

（4）在遍历过程中，遇到字符 "?" 则对 tip 变量进行标记，表明下一个字符为条件判定字符。

（5）在遍历过程中，非上述两种情况，则进行逻辑判定，如果 tip 变量没有被标记，则直接入栈，如果 tip 变量有被标记，则判断当前字符是 "T" 还是 "F"，如果是 "T"，则保留栈顶元素，删除栈顶后的第一个元素，如果是 "F"，则删除栈顶元素。

（6）遍历完成后，栈顶的元素即为最终答案。

示例代码如下：

```
def parseTernary(expression):
    # 标记变量
    tip = 0
    stack = []
```

```
# 进行逆向遍历
for i in expression[::-1]:
    if i == ':':
        continue
    # 标记下次遍历出的字符为条件判定字符
    elif i == '?':
        tip = 1
    else:
        if tip:
            # 栈顶元素为当前子条件表达式的值
            if i == 'T':
                res = stack.pop()
                stack.pop()
                stack.append(res)
            # 栈顶之后的第一个元素为当前子条件表达式的值
            else:
                stack.pop()
            tip = 0
        else:
            stack.append(i)
return stack.pop()
```

如本题所示，使用栈处理语法解析类的问题非常高效。之后遇到有关语法解析、语义分析类的题目，大家都可以尝试借助栈来简化思路。

9.1.9 代码改进——简化文件路径

相信大家在使用计算机时免不了要频繁地进行文件操作。在计算中，文件所在的位置常常使用路径的方式来描述，例如路径：/Users/python/Demo.py。

上面描述了根目录下的 Users 文件夹下的 python 文件夹下的 Demo.py 文件的路径。其中最前面的"/"表示根目录，这是计算机中的最上层目录；"."表示当前目录；".."表示上层目录。例如下面 3 个路径完全一致：

/Users/python/../Demo.py

/Users/./Demo.py

/Users/Demo.py

现在，输入一个路径字符串，尝试编程将其简化，输入的路径中可能包含"."".."和冗余的"/"（冗余的"/"是指连续出现的"/"或在非根目录的结尾出现"/"）。例如输入：

/Users//python/../Demo.py/./

需要返回如下字符串作为答案：

/Users/Demo.py

进行文件路径的简化，实际上是要求我们做这样几件事情：

（1）对连续的斜杠符"/"进行清理。

（2）对容器的当前目录符号"."进行清理。

（3）对上层目录符号".."进行简化，如果其指定的上层目录不是根目录，对其进行清理。

要完成上面列举的 3 项工作，我们可以分两步做，首先对斜杠符进行处理，将路径的目录解析出来。之后对解析出的目录进行遍历处理，遇到特殊的符号".."，通过栈来清理上层目录。

核心代码如下：

```python
def simplifyPath(path):
    # 原始栈，存放解析出的原始目录
    stack = []
    # 临时变量，记录当前解析的元素
    com = ""
    # 将目录解析出来放入原始栈中
    for c in path:
        if c == "/":
            stack.append(com)
            com = ""
        else:
            com += c
    stack.append(com)
    # 定义一个结果栈
    res = []
    # 原始栈进行逆序，从前向后遍历
    stack = stack[::-1]
    while len(stack) > 0:
        item = stack.pop()
        # 空元素，说明之前处理了重复的斜杠字符，直接跳过
        if item == "":
            continue
        # 当前目录，直接跳过
        if item == ".":
            continue
        # 上层目录，如果结果栈中有元素，则栈顶元素出栈
        if item == "..":
            if len(res) > 0:
                res.pop()
            continue
        res.append(item)
    # 将最终结果拼接成字符串返回
```

```
newStr = "/" + "/".join(res)
return newStr
```

需要注意，在最终拼接结果字符串时，不要忘记将头部的根目录符号"/"添加上去。

9.2　堆的简单应用

和栈类似，堆也是一种常见的数据组织模式。只是相对栈，堆要更加复杂一些。首先，我们可以先来了解一下堆的完整定义。

（1）堆是一棵完全二叉树。
（2）堆中的每个节点的值都不大于/不小于其父节点的值。

也就是说，堆是一棵有序的完全二叉树。

9.2.1　什么是堆

二叉树是树形结构中的每个分支。在二叉树中，每个父节点的子节点都不超过两个。对于每一个父节点来说，如果其有两个子节点，则左边的子节点也被称为左子树，右边的子节点也被称为右子树。如图 9-2 所示是一棵简单的二叉树示例。

我们再来看完全二叉树，完全二叉树是指除了二叉树的最后一层外，其余各层都是满的，并且最后一层的节点是按照从左向右的顺序进行排列的。如图 9-2 所示的二叉树其实就是一棵树完全二叉树，如果我们将节点 1 移动到节点 6 的下面，则此二叉树就不再是完全二叉树了。

在完全二叉树的基础上，如果其又满足每个节点的值都不大于/不小于其父节点的值，则此完全二叉树就是一个堆结构了。如图 9-3 所示就是一个大根堆。

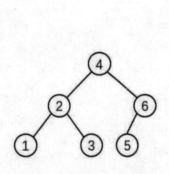

图 9-2　简单的二叉树示例

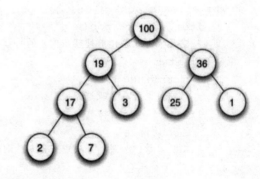

图 9-3　大根堆示意图

每个子节点的值都比其父节点的值小的堆被称为大根堆。同样，每个子节点都比其父节点大的堆被称为小根堆。

实际上，由于堆的这种特性，如果我们要对一组数据进行排序，之后在需要的时候依次

取排序后的数据进行使用，则可以提前将数据构建成堆这种结构，这种数据
处理效率会相对较高。

9.2.2 编程实现——查找高频单词

输入一组单词，使用堆排序的方式将列表按照单词出现的频率从大到小排序放入新的列
表中，并且每个元素只出现一次。例如输入的列表为["a","b","c","a","c","a"]，则最终需要返回
的结果为["a","c","b"]，如果有出现频率相同的单词，则无所谓先后顺序。

根据题意，我们需要统计单词出现的频率，之后将单词根据其出现的频率排序后返回排
序后的结果。题目要求我们使用堆这种数据结构来解决问题。

对于堆排序来说，最重要的是如何对堆进行构建。在 Python 中，默认并没有提供堆这种
数据存储结构，当然，我们也可以完全自定义一种堆数据类型，在第 10 章会专门介绍如何构
建树结构，对于本题，更方便的做法是使用 Python 中提供的 heapq 模块，这个模块提供了方
法可以将列表以堆的方式进行操作。本题核心解题思路如下：

（1）定义一个自定义单词结构用来存储单词与其出现的频次。

（2）对定义的自定义结构实现小于运算符的比较方法，方便对其进行堆构建。

（3）对输入的单词列表进行遍历，统计每个单词出现的频次。

（4）将统计完成的单词结构依次加入堆中。

（5）再从堆中依次将单词元素取出，放入列表即完成排序。

示例代码如下：

```python
import heapq
class Word:
    # 定义构造方法
    def __init__(self, word, count):
        self.word = word
        self.count = count
    # 重载小于运算符
    def __lt__(self, newItem):
        return self.count < newItem.count
# 主方法入库
def topFrequent(words):
    # 定义字典容器，统计词频
    dic = dict()
    for w in words:
        if w in dic.keys():
            dic[w].count += 1
        else:
            word = Word(w, 1)
            dic[w] = word
    # 结果列表
```

```
    res = []
    # 堆容器
    heap = []
    # 将字典中的元素压入堆中
    for item in dic.values():
        heapq.heappush(heap, item)
    # 从堆中依次取出元素
    for _ in range(len(heap)):
        res.append(heapq.heappop(heap).word)
    # 逆序输出
    return res[::-1]
```

如以上代码所示，使用 heapq 模块提供的方法可以十分方便地实现堆操作。需要注意，headq 模块内构建的堆默认是小根堆，即我们每次向堆中取元素时，获取到的都是最小的元素，因此最终将列表进行逆序输出。还有一点需要注意，__lt__ 方法是 Python 中用来对小于运算符"<"进行重载的方法，使用这个方法可以帮助 heapq 模块正确地构建小根堆。

9.2.3　编程实现——寻找最接近原点的 n 个点

平面上有一组点，我们使用二维列表来描述这一组点。编程找出其中距离原点(0 ,0)最近的 n 个点。例如，输入一组点为[[1, 1], [0, 1], [1, 0], [2, 2]]，输入的 n 为 2，则需要返回[[1, 0], [0, 1]]作为答案，返回的点的顺序不做限制。

有了上一小节的基础，解决本题其实非常简单。本题的解题思路与 9.2.2 小节的解题思路完全一致，有一点需要注意，关于点到原点的距离，我们需要使用勾股定理来计算得到。

示例代码如下：

```
# 导入 heapq 堆操作模块
import heapq
# 导入数学计算模块
import math
# 定义 Point 模型结构存储点与其到原点的距离
class Point:
    # 定义构造方法
    def __init__(self, p, distance):
        self.p = p
        self.distance = distance
    # 重载小于运算符方法
    def __lt__(self, other):
        return self.distance < other.distance
# 核心功能函数
def kClosest(points, n):
    # 定义容器存放数据
    heap = []
    # 对列表进行遍历
```

```
for i in points:
    # 创建模型对象, 计算到原点的距离
    p = Point(i, math.sqrt(i[0] * i[0] + i[1] * i[1]))
    # 将对象压入堆中
    heapq.heappush(heap, p)
res = []
# 默认构造的为小根堆, 依次从堆中取出元素即可
for _ in range(n):
    res.append(heapq.heappop(heap).p)
return res
```

9.3　队列的简单应用

在学习数据结构时，有栈出现的地方，往往也会见到队列的身影。由于栈和队列都是线性存储结构，且特点类似，因此在学习时，我们常常通过比较对其进行记忆。

你应该还记得，栈有一个非常明显的特点，即数据的存取是受限的，在存入数据时，只允许在栈顶进行追加，在取出数据时，也只允许从栈顶依次取出。队列与其不同，在向队列中存入数据时，只允许在队列的尾部进行插入，在取出元素时，只允许在队列的头部依次取出。如果说栈这种数据类型在存取数据时可以形象地描述为：先进后出，后进先出，则队列这种数据结构可以描述为：先进先出，后进后出。图 9-4 描述了队列的元素存取过程。

图 9-4　队列元素存取示意图

队列可以采用链表来实现，基于链表的队列只需要维护首尾两个指针，就可以很容易地实现队列结构。虽然对于元素的访问，队列的效率可能并不高，但是其可以十分容易地进行动态扩展。

 9.3.1　编程实现——设计队列

设计一个队列结构类，使其支持如下几种操作：

（1）将元素压入队列的队尾（push）。

（2）获取队列首部元素（item）。

（3）移除并返回队列首部的元素（pop）。

（4）获取队列中元素的个数（count）。

（5）获取队列是否为空（empty）。

本题实际上需要我们定义一个队列容器类，在其内部实现上面列出的 5 个方法。实现队列的一种简单方式是使用链表，关于链表前面的章节详细介绍过了。在 Python 中创建链表并不是困难的事情，让链表支持队列的操作，只需要维护首尾两个指针即可。

示例代码如下：

```python
# 定义链表节点类
class Node:
    def __init__(self, value):
        self.value = value
        self.next = None
# 定义队列容器类
class MyQueue:
    # 实现构造方法，定义链表首尾指针和链表长度变量
    def __init__(self):
        self.head = None
        self.tail = None
        self.count = 0
    # 实现队列 push 方法，将数据加入队尾
    def push(self, x: int) -> None:
        if self.tail == None:
            self.head = Node(x)
            self.tail = self.head
        else:
            self.tail.next = Node(x)
            self.tail = self.tail.next
        self.count += 1
    # 实现队列 pop 方法，将队首元素删除
    def pop(self) -> int:
        if self.head != None:
            v = self.head.value
            if self.tail == self.head:
                self.tail = None
            self.head = self.head.next
            self.count -= 1
            return v
        else:
            return 0
    # 获取队首元素的值
    def peek(self) -> int:
        if self.head != None:
```

```
            return self.head.value
        return 0
    # 判断队列是否为空
    def empty(self) -> bool:
        return self.count == 0
    # 获取队列长度
    def count(self) -> int:
        return self.count
```

 9.3.2　代码改进——设计循环队列

设计普通的队列对我们来说并没有什么挑战性。现在，尝试设计一个循环队列。对于循环队列，你可以将其想象成一个首尾相接的空间，对于循环队列本身来说，队列中没有某个节点是首部，也没有某个节点是尾部，实际应用中通过首尾指针来标记队列的首尾。当循环队列的所有空间都被填满了数据后，此时的循环队列为满状态，无法将新的元素插入。设计一个循环队列类，实现如下方法：

（1）构造方法，通过设置空间最大容量来初始化循环队列。

（2）获取队列首元素的方法（first）。

（3）获取队列尾元素的方法（last）。

（4）向队列中添加元素（push）。

（5）删除队列中的元素，并将其返回（pop）。

（6）检查队列是否为空（empty）。

（7）检查队列是否已满（full）。

 可以尝试使用链表来实现这个循环队列。

在第 8 章，我们见到的大部分链表都是单向的，即每一个链表节点中只包含下一个节点的指针，不包含上一个节点的指针。对于本题来说，使用双向链表可以十分方便地构建循环队列。

首先，题目要求我们构建的循环队列是有容量的，因此在初始化对象时就可以将双向循环链表构建完成。可以这样理解：链表中的每个节点都是一个盒子，在初始化时，盒子就已经创建完成，只是其中没有存放元素，每当向队列中添加或删除元素时，实际上都是在盒子中放入元素或将元素从盒子中删除。之后我们只需要维护首尾两个指针，即可实现题目中所描述的所有方法。

示例代码如下：

```
# 定义链表节点类
class Node:
    def __init__(self):
```

```python
        self.value = None
        # 下一个节点
        self.next = None
        # 上一个节点
        self.previous = None
# 定义循环队列类
class MyCircularQueue:
    def __init__(self, k: int):
        # 构建双向循环链表
        tempNode = None
        for _ in range(k):
            node = Node()
            if self.list == None:
                self.list = node
            else:
                tempNode.next = node
                node.previous = tempNode
            tempNode = node
        tempNode.next = self.list
        self.list.previous = tempNode
        # 维护队列的首尾指针
        self.head = self.list
        self.tail = self.list
    # 向队列中添加元素
    def enQueue(self, value: int) -> bool:
        if self.tail.next == self.head:
            return False
        if self.head.value == None:
            self.head.value = value
        else:
            self.head.previous.value = value
            self.head = self.head.previous
        return True
    # 删除队列中的元素
    def deQueue(self) -> bool:
        if self.tail.value == None:
            return False
        self.tail.value = None
        if self.head != self.tail:
            self.tail = self.tail.previous
        return True
    # 获取队列的首元素
    def Front(self) -> int:
        return self.head.value
```

```python
# 获取队列的尾元素
def Rear(self) -> int:
    return self.tail.value
# 获取队列是否为空
def isEmpty(self) -> bool:
    return self.head.value == None
# 获取队列是否已满
def isFull(self) -> bool:
    return self.tail.next == self.head
```

❀ 本 章 结 语 ❀

　　本章介绍了栈、堆和队列相关的题目。通过本章的练习，相信你在之后的编程实践中，在需要使用到数据容器时，可以更加熟练地选择合适的数据结构进行应用。栈、堆和队列都是容器类数据结构中非常基础的类型，后面我们会介绍更加复杂的树和图，提供更多的编程习题供大家练习。

第10章

玩转数据结构——树与图

合抱之木，生于毫末；九层之台，起于累土；千里之行，始于足下。

——老子

树的本质是由有限个节点组成的有层次关系的集合结构。从直观表现来看，在构图时通常父节点在上，子节点在下（根朝上，叶朝下），这种画图方式使得这种集合结构看上去十分像一棵倒立的树，因此将这种集合结构称为树。

树结构有以下特点：

（1）每个节点有 0 个或多个子节点。

（2）没有父节点的节点被称为根节点。

（3）每个子节点都有且只有一个父节点。

（4）每个子节点都可以独立地拆分成多个互不相交的子树。

由于树的这些特点，在某些场景下，使用树结构来组织数据会非常高效。

从结构上划分，树可以分为如下几种：

（1）无序树

无序树中任意节点间都没有顺序关系，这种树也被称为自由树。

（2）有序树

树中任意节点的子节点之间有顺序关系，这种树称为有序树。

（3）二叉树

每个节点最多包含两棵子树的树被称为二叉树。

（4）满二叉树

除叶子节点之外的所有节点都有两棵子树的树被称为满二叉树。

（5）完全二叉树

二叉树的每一层都是满的，且最后一层的叶子节点都连续集中在左边的二叉树被称为完全二叉树。

图 10-1 所示为满二叉树，图 10-2 所示为完全二叉树。

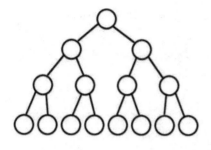

图 10-1　满二叉树

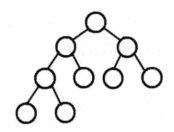

图 10-2　完全二叉树

对于树结构来说，每个节点都是一棵单独的子树，其本身就可以作为此子树的根。一个没有任何节点的树被称为空树。一个节点含有的子节点的个数为该节点的度，不包含任何子节点，即度为 0 的节点被称为叶子节点。具有相同父节点的节点互为兄弟节点。一个树的深度即树的层数，根为第 1 层，每增加一层子节点，树的层数对应也增加。如图 10-1 所示的二叉树的深度为 4。

图是比树更加复杂的一种数据结构。树结构本身也属于图的一种。图是一种非线性的数据结构。在树结构中，节点之间具有层次结构，每一个节点至多只能关联一个父节点。而在图结构中，任意两个节点间都可能存在关联关系，节点之间的关联关系是任意的。图这种存储结构在计算机科学、人工智能、电子工程等领域都有着广泛的应用，是学习编程不得不了解的一种数据结构。如图 10-3 所示为简单的图结构示例。

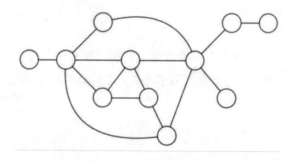

图 10-3　图结构示例

本章将介绍许多与树和图相关的编程问题，相信通过本章的练习，你能够对这两种数据结构有更深入的理解。

10.1　二叉树的判定

关于二叉树，前面简单提到其概念。二叉树是树结构中一个非常重要的类型。二叉树的存储结构以及相关算法都相对简单，但是有着广泛的应用。

在二叉树中，每个节点最多可以有两个子节点，这两个子节点分别为父节点的左子树与右子树。二叉树可以通过递归的方式定义。在逻辑上，二叉树只有 5 种形态：

（1）没有任何节点的二叉树为空二叉树。

（2）只有一个根节点的二叉树。

（3）只有左子树。

（4）只有右子树。

（5）左右子树都有。

由于二叉树的这种构造特点，其拥有许多非常有趣的性质。例如，二叉树的第 n 层上最多有 2n–1 个节点（n 不小于 1）。深度为 n 的二叉树最多含有 2n–1 个节点。

10.1.1 编程实现——解析二叉树的深度

输入一个二叉树，尝试编程解析其最大深度。二叉树的最大深度是指根节点到最远子节点的最长路径上的节点数。如果将二叉树画出来，二叉树的深度可以形象地理解为二叉树的层数。

输入的二叉树节点对象定义如下：

```python
class TreeNode:
    def __init__(self, x):
        self.val = x
        self.left = None
        self.right = None
```

本题的核心是如何对树进行遍历。题目要求解析二叉树的深度，实际上就是计算出二叉树的最大层数。对于二叉树中的每一个父节点来说，要计算其深度，首先需要分别计算其左右子树的深度，之后选择其中较大的再加上 1（父节点本身）。因此，使用递归函数来解决本题，代码将非常简单且思路非常清晰。

示例代码如下：

```python
def maxDepth(root):
    # 定义递归函数，计算树的深度
    def deep(tree):
        # 如果当前节点为空树，则直接返回深度0
        if tree == None:
            return 0
        # 选取当前节点左右子树中深度较深的加1，作为当前节点的深度
        return max(deep(tree.left), deep(tree.right)) + 1
    return deep(root)
```

能够解析出二叉树的最大深度，那么你能否解析出二叉树的最小深度呢？二叉树的最小深度是指从根节点到最近的叶子节点所经过的节点数。

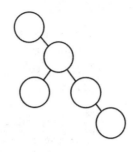

乍看上去，解析最小深度与解析最大深度好像并没有多大的差异，但是这里隐藏了一个不小的陷阱。首先最小深度的定义是从根节点到叶子节点，叶子节点的定义是没有任何子节点的节点。例如图 10-4 所示的二叉树，其最小深度是 3，而不是 1。

图 10-4 此二叉树的最小深度为 3

因此，要解析最小的深度，对于每一个节点，我们都需要对其是否有左右子树分情况进行计算。示例代码如下：

```python
def minDepth(root):
    # 定义递归函数，计算树的深度
    def deep(tree):
        # 如果当前节点为空树，则直接返回深度 0
        if tree == None:
            return 0
        # 当前节点的左右子树都没有，则最小深度为 1
        if tree.left == None and tree.right == None:
            return 1
        # 只有右子树存在，则计算右子树的最小深度
        if tree.left == None:
            return deep(tree.right) + 1
        # 只有左子树存在，则计算左子树的最小深度
        if tree.right == None:
            return deep(tree.left) + 1
        # 如果左右子树都存在，则分别计算深度，选择出较小的子树的深度
        return min(deep(tree.left), deep(tree.right)) + 1
    return deep(root)
```

我们再对题目进行一些升级，假设题目中输入的树结构是 N 叉树，即一个父节点下面可能有多个子树，则如何解析出 N 叉树的最大深度？我们定义 N 叉树的节点结构如下：

```python
class Node:
    def __init__(self, val=None, children=None):
        self.val = val
        self.children = children
```

其中 children 属性为一个列表，其中存放当前节点的所有子节点。

从解题思路上看，升级后的题目并没有更多新意，对于二叉树来说，计算最大深度需要分别计算左右子树的深度。对于 N 叉树来说，我们需要将当前节点的所有子树都进行深度计算，从而找出其中最大的深度。

示例代码如下：

```
def maxDepth(root):
    # 定义递归函数计算深度
    def deep(tree):
        if tree == None:
            return 0
        if tree.children == None:
            return 1
        # 定义列表存储所有子树的深度
        l = []
        # 遍历所有子树，对其深度进行计算
        for t in tree.children:
            l.append(deep(t)+1)
        if len(l) == 0:
            return 1
        # 将最大深度返回
        return max(l)
    return deep(root)
```

由于树本身的结构是递归的，因此在解决与树相关的问题时，大部分场景中我们都需要使用到递归函数。本节所介绍的解析树深度的示例算法，其本质都是对树进行遍历，掌握树的遍历方法是解决与树相关题目的基本技能。

10.1.2　代码改进——平衡二叉树的判定

输入一个二叉树的根节点，尝试编程判断此二叉树是不是平衡二叉树。对于一个二叉树来说，如果其中任意节点的左右子树的最大深度相差不超过 1，则这棵二叉树就是平衡二叉树。例如图 10-5 所示为平衡二叉树，图 10-6 所示为非平衡二叉树。

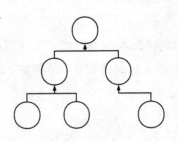

图 10-5　平衡二叉树

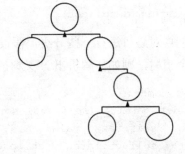

图 10-6　非平衡二叉树

判定一棵二叉树是不是平衡的，即需要判定此二叉树中任意节点的子树是不是平衡的。这实际上涉及二叉树的遍历问题。首先，在上一小节中，我们解决了二叉树最大深度的问题，因此关于深度的计算，我们可以直接借助上一小节的学习成果。那么要解决此问题，核心便在于二叉树的遍历。

前面我们提到过，树本身是一种递归结构，解决与树相关的问题时，我们将更多地采用递归函数。树的遍历就使用到了递归。解决本题的核心思路如下：

（1）定义一个递归函数，专门用来计算一棵树的最大深度。

（2）定义一个解析二叉树是否平衡的递归函数，判定二叉树是否平衡。

示例代码如下：

```
# 计算树最大深度的函数
def deep(tree):
    if tree == None:
        return 0
    return max(deep(tree.left), deep(tree.right)) + 1
# 入口函数
def isBalanced(root):
    # 定义内部递归函数，用来解析当前节点是否平衡
    def bal(node):
        if node == None:
            return True
        if abs(deep(node.left)-deep(node.right)) > 1:
            return False
        else:
            return bal(node.left) and bal(node.right)
    return bal(root)
```

10.1.3　代码改进——对称二叉树的判定

对称二叉树是一种非常特殊的二叉树，对称的二叉树是镜像的，即将二叉树中每个节点的左右子树交换位置后，得到的新二叉树与原始的二叉树完全一样。如图 10-7 所示为对称二叉树。

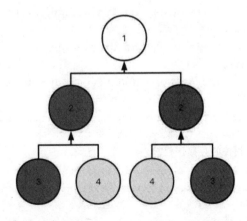

图 10-7　对称二叉树示例

输入一棵二叉树的根节点，尝试编程判定此二叉树是否为对称二叉树。

前面我们只关注了树的结构，并不关注树中存储的数据，本题不仅需要判定树的结构是否对称，还要判定树节点中存储的值是不是对称的。

解决本题的关键是对树中的每一个节点进行遍历，对节点的左右子树进行对称性验证，验证的过程是递归的，即一个节点的左子树的左子树与其右子树的右子树要保持对称，左子树的右子树与右子树的左子树保持对称。如图 10-7 所示，在对某个节点进行对称性判断时，首先需要判断其结构是否一致，即左子树和右子树是否对称存在，左子树的左子树与右子树的右子树是否对称存在，左子树的右子树与右子树的左子树是否对称存在。之后要对其值是否对称进行判定。当前节点左右子树是否对称判断完成后，需要重塑两个新的节点进行判定。如图 10-7 所示，将值为 3 的两个节点组成新的树进行对称性判定，将值为 4 的两个节点组成新的树进行对称性判定。

示例代码如下：

```python
def isSymmetric(root):
    # 定义递归函数进行对称性判断
    def isSym(tree):
        # 空树认为是对称的
        if tree == None:
            return True
        # 只有父节点的树认为是对称的
        if tree.left == None and tree.right == None:
            return True
        # 进行树结构是否对称判断
        if tree.left == None or tree.right == None:
            return False
        # 进行子树值是否对称判断
        if tree.left.val != tree.right.val:
            return False
        # 进行子树结构是否对称判断
        if tree.left.left == None and tree.right.right != None:
            return False
        if tree.left.left != None and tree.right.right == None:
            return False
        if tree.left.right == None and tree.right.left != None:
            return False
        if tree.left.right != None and tree.right.left == None:
            return False
        # 进行子树的子树值的对称性判断
        if tree.left.left != None and tree.right.right != None:
            if tree.left.left.val != tree.right.right.val:
                return False
        if tree.left.right != None and tree.right.left != None:
            if tree.left.right.val != tree.right.left.val:
                return False
```

```
    # 构造新的树，递归进行对称性判断
    tmp = tree.left.right
    tree.left.right = tree.right.right
    tree.right.right = tmp
    return isSym(tree.left) and isSym(tree.right)
return isSym(root)
```

在上面的示例代码中，条件的判断虽然有些繁杂，但解题逻辑还是比较简单的。其实本题还可以衍生出另一种题目，输入一棵二叉树，尝试对其进行镜像后返回。

对二叉树进行镜像操作比判断二叉树是否对称更加容易，其核心还是对二叉树进行遍历，将遍历到的每一个节点的左右子树进行交换即可，示例代码如下：

```
def mirrorTree(root):
    # 定义递归函数进行镜像操作
    def flip(tree):
        if tree == None:
            return
        # 对当前节点的左右子树进行交换
        tmp = tree.left
        tree.left = tree.right
        tree.right = tmp
        # 递归对左右子树进行镜像操作
        flip(tree.left)
        flip(tree.right)
    flip(root)
    return root
```

10.1.4　代码改进——判断两棵二叉树是否相同

当两棵二叉树在结构上完全相同，并且其每个对应节点存储的值也相同时，可以认为这两棵二叉树是相同的。尝试编写函数，输入两棵二叉树的根节点，判断这两棵二叉树是否相同。

题目中已经描述得相对清楚，要判断两棵二叉树是否相同，我们要从其结构和值两方面进行思考。示例代码如下：

```
def isSameTree(p, q):
    # 定义递归函数，判断节点是否相同
    def same(n1, n2):
        # 两个节点都是空树，是相同的
        if n1 == None and n2 == None:
            return True
        # 若两树的结构不同，则可判定两树不相同
        if n1 == None and n2 != None:
            return False
        if n1 != None and n2 == None:
            return False
```

```
    # 若两个节点的值不同，则可判定两树不相同
    if n1.val != n2.val:
        return False
    # 递归进行子树验证
    return same(n1.left, n2.left) and same(n1.right, n2.right)
return same(p, q)
```

10.1.5 代码改进——二叉树相加

我们定义，两棵二叉树的相加规则如下：

（1）对于同一个位置上的节点，如果一棵树为空，另一棵树不为空，则相加的结果取不为空的树的当前节点。

（2）如果同一个位置上的节点两棵树都不为空，则将其存储的值相加后作为结果存取此位置节点。

例如，图 10-8 与图 10-9 所示的两棵二叉树相加后结果如图 10-10 所示。

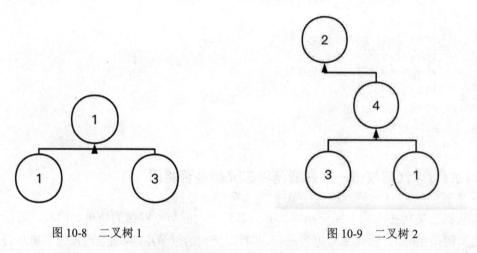

图 10-8　二叉树 1　　　　　　　　　　　　　　　　图 10-9　二叉树 2

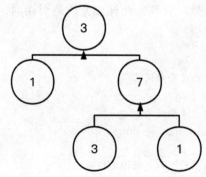

图 10-10　二叉树 1 和二叉树 2 相加的结果

现在，输入两棵二叉树的根节点，尝试编程将其相加后返回。

　　解决本题的核心之处在于当树的结构不一致时，如何通过节点的合并来实现树的相加操作。首先，解决本题的核心思路依然是对树进行遍历，如果遍历到的对应节点都存在，则对其值直接进行相加即可，如果遍历到的节点一棵树存在，另一棵树不存在，将需要将存在的节点移动到结果树上。核心的解题思路如下：

（1）定义一个递归函数，处理节点的相加操作。

（2）定义根节点变量，取输入的两个节点中任意一个不为空的节点作为根节点。

（3）执行根节点的值的计算逻辑，将输入的两个节点的值相加。

（4）调用递归函数，将输入的两个节点的左子节点相加重新赋值到根节点。

（5）调用递归函数，将输入的两个节点的右子节点相加重新赋值到根节点。

根据上面的思路，示例代码如下：

```python
# 入口函数
def mergeTrees(t1, t2):
    # 定义递归函数，进行节点相加操作
    def add(n1, n2):
        # 定义父节点
        tr = None
        # 输入的两个节点的值
        tv1 = 0
        tv2 = 0
        # 父节点的选择逻辑
        if n1 != None:
            tr = n1
            tv1 = n1.val
        if n2 != None:
            tr = n2
            tv2 = n2.val
        # 计算父节点的值
        if tr != None:
            tr.val = tv1 + tv2
        # 若父节点为空，则递归结束
        else:
            return tr
        # 整理需要做向左操作的左子树组和右子树组
        left1 = None
        right1 = None
        left2 = None
        right2 = None
        if n1 != None:
            left1 = n1.left
            right1 = n1.right
        if n2 != None:
            left2 = n2.left
```

```
            right2 = n2.right
        # 递归调用函数，重新赋值父节点的左右子树
        tr.left = add(left1, left2)
        tr.right = add(right1, right2)
        # 返回结果
        return tr
    return add(t1, t2)
```

上面的代码有着详尽的注释，逻辑也比较简单。到目前为止，我们所解决的与树结构相关的问题全部都使用了递归函数，可以看到，递归的思路在树这种结构中有着怎样的重要性。当然，本章也将是你学习和练习递归的最好机会，相信当你能够将本章提供的编程题全部独立解决并理解其解题思路后，你对递归编程逻辑的应用能力也将有极大的提升。

10.1.6　代码改进——单值二叉树的判定

我们定义，如果一棵二叉树中所有的节点存储的值都相同，则称此二叉树为单值二叉树。编写一个函数，通过输入一棵二叉树的根节点来判定此树是不是单值二叉树。

本题的解法非常简单，只要对二叉树进行遍历，将其中所有节点的值取出，之后再判定是否有不同的值出现即可确认当前二叉树是否为单值二叉树。

示例代码如下：

```
def isUnivalTree(root):
    # 定义递归函数
    def treeValus(tree):
        # 空树直接返回空列表
        if tree == None:
            return []
        # 递归对子树进行遍历
        return [tree.val] + treeValus(tree.left) + treeValus (tree.right)
    res = treeValus(root)
    # 判断单值条件是否满足，并返回结果
    return len(set(res)) == 1
```

10.2　二叉树的遍历

遍历二叉树是二叉树操作中最基础的一种操作。归根到底，二叉树是一种数据存储结构，通过遍历可以获取到其存储的数据。

根据二叉树进行遍历的方式不同，遍历方法可以分为 3 种：前序遍历、中序遍历和后序遍历。

前序遍历首先访问父节点，之后遍历左子树，最后遍历右子树。为了便于记忆，我们可以将其遍历顺序记为"根左右"。

中序遍历先遍历其左子树，再访问其父节点，最后遍历其右子树，我们可以将其遍历顺序记为"左根右"。

后序遍历先遍历其左子树，再遍历其右子树，最后访问其父节点，我们可以将其遍历顺序记为"左右根"。

10.2.1　编程实现——二叉树的前序遍历

输入一个二叉树的根节点，尝试使用前序遍历的方式将二叉树存储的数据转换成列表输出。例如图 10-11 所示的二叉树，遍历后的结果为[3, 1, 7, 3, 1]。

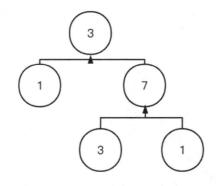

图 10-11　二叉树遍历

对二叉树进行遍历十分简单，只需要定义一个递归函数实现对节点的遍历即可。本题要求我们将遍历的结果组成列表，遍历的方式是前序遍历。因此，我们在对节点进行遍历时，首先将其值取出存入列表，再递归将其左子树的遍历结果插入列表中，最后递归将其右子树遍历的结果插入列表中即可。

示例代码如下：

```
def preorderTraversal(root):
    # 定义递归函数，将遍历的节点转换成列表
    def treeToList(tree):
        # 空树直接返回空列表
        if tree == None:
            return []
        l = []
        l.append(tree.val)
        # 对左右子树进行递归遍历
        l += treeToList(tree.left)
        l += treeToList(tree.right)
        return l
    return treeToList(root)
```

10.2.2　代码改进——二叉树的中序遍历和后序遍历

输入一个二叉树的根节点，尝试使用中序/后序遍历的方式将二叉树存储的数据转换成列表输出。例如图 10-11 所示的二叉树，中序遍历后的结果为[1, 3, 3, 7, 1]，后序遍历后的结果为[1, 3, 1, 7, 3]。

如果你能够解决二叉树的前序遍历问题，那么中序/后序遍历和其区别只在于存值的顺序。对于中序遍历，我们需要先使用递归函数对其左子树进行遍历，再取当前节点的值存入列表，最后遍历右子树。

示例代码如下：

```
def inorderTraversal(root):
    def treeToList(tree):
        if tree == None:
            return []
        l = []
        l += treeToList(tree.left)
        l.append(tree.val)
        l += treeToList(tree.right)
        return l
    return treeToList(root)
```

对于后序遍历，示例代码如下：

```
def postorderTraversal(root):
    def treeToList(tree):
        if tree == None:
            return []
        l = []
        l += treeToList(tree.left)
        l += treeToList(tree.right)
        l.append(tree.val)
        return l
    return treeToList(root)
```

 10.2.3　代码改进——根据层序遍历二叉树

前面所介绍的二叉树的遍历方法，无论是前序遍历、中序遍历还是后序遍历，都是符合二叉树结构的遍历方法，即都是以节点为单位进行遍历，对于这种思路的遍历问题，我们很容易使用递归函数来解决。然而在实际应用中，并非所有对二叉树的遍历都是符合二叉树结构的，例如我们可以按照层的顺序，从上到下、从左到右地对二叉树进行遍历，尝试使用这种方式将二叉数存储的数据遍历出来存入列表。例如图 10-12 所示的二叉树，遍历结果为[3, 1, 7, 3, 1, 3, 1]。

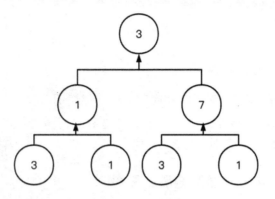

图 10-12　二叉树示例

分析题意，可以发现本题的核心是按照二叉树层的顺序对节点的值进行遍历。我们可以采用如下思路进行解题：

（1）定义递归函数对一层节点进行遍历取值。

（2）在执行操作 1 时，将每个节点的子节点进行存储，递归进行下一层的遍历。

示例代码如下：

```
def levelOrder(root):
    # 定义递归函数遍历节点组
    def enumNodeList(nodeList):
        # 若节点组为空，则递归结束
        if len(nodeList) == 0:
            return None
        # 存储下次需要遍历的节点
        nextNodeList = []
        # 结果列表
        res = []
        # 当前层遍历出的结果
        l = []
        # 将当前层中节点的值遍历出来
        for node in nodeList:
            l.append(node.val)
            if node.left != None:
                nextNodeList.append(node.left)
            if node.right != None:
                nextNodeList.append(node.right)
        # 将当前层遍历的结果追加到结果列表中
        res += l
        # 递归遍历
        next = enumNodeList(nextNodeList)
        if next != None:
            res += next
```

```
        return res
    if root == None:
        return []
    return enumNodeList([root])
```

如果题目要求我们在遍历二叉树时从底向上地逐层遍历，我们无须对遍历算法做过多的复杂逻辑处理，只需要将结果逆序即可。在解决编程题目时，首先要思考是否有过类似的问题，之前的算法是否可以复用。

10.2.4 代码改进——垂直遍历二叉树

垂直遍历二叉树是一种非常奇特的二叉树遍历方法，我们将二叉树根节点的坐标定义为(0, 0)，则其左子树节点的坐标为(-1, 1)，右子树节点的坐标为(1, 1)，每一个左子节点相对其父节点而言，横坐标小 1，纵坐标大 1，同理，每一个右子节点相对其父节点而言，横坐标大 1，纵坐标大 1。根据这个性质，编写程序遍历二叉树，按照横坐标从小到大的顺序，依次将每条纵轴上的节点以纵坐标从小到大的顺序进行遍历组成列表，如果某个坐标点上有多个二叉树节点，则按照节点的值的大小顺序进行排列。最终需要返回一个二维列表。例如图 10-12 所示的二叉树，按照这种规则遍历后的结果为：[[3], [1], [3, 1, 3], [7], [1]]。

乍看起来，本题好像无从下手，仔细分析一下，题目虽然抽象，但是逻辑并不复杂，我们只要将每个节点的坐标计算出来，然后按照题目的要求根据坐标对节点进行分组和排序即可。核心思路如下：

（1）将二叉树中所有的节点坐标计算出来，由于子节点的坐标与父节点有直接关联，因此可以采用递归的方式计算。

（2）将横坐标相同的节点归为一组，并且按照横坐标从大到小的规则进行组的排序。

（3）在每一组节点中按照纵坐标从小到大的规则进行排序，纵坐标相同的，按照节点值的大小排序。

示例代码如下：

```python
def verticalTraversal(root):
    # 定义抽象的节点类，封装节点的坐标值
    class Position:
        def __init__(self, x, y, val):
            self.x = x
            self.y = y
            self.val = val
    # 进行节点坐标的计算
    def enumNode(tree, pNode, isLeft):
        res = []
        p = None
        if pNode == None:
            p = Position(0, 0, tree.val)
```

```
            res.append(p)
        else:
            if tree == None:
                return res
            else:
                p = Position(pNode.x-1 if isLeft else pNode.x +
                             1, pNode.y+1, tree.val)
                res.append(p)
        return res + enumNode(tree.left, p, True) + enumNode(tree.right, p,
False)
    l = enumNode(root, None, False)
    # 将得到的抽象节点对象进行排序
    l.sort(key=lambda node: node.x)
    # 根据 x 坐标值对节点进行分组
    res = []
    currentX = l[0].x - 1
    for node in l:
        if node.x == currentX:
            res[-1].append(node)
        else:
            res.append([node])
            currentX = node.x
    # 对分组的节点进行内部排序
    for li in res:
        li.sort(key=lambda node: (node.y, node.val))
    # 整理成二维列表返回
    fin = []
    for li in res:
        f = []
        for node in li:
            f.append(node.val)
        fin.append(f)
    return fin
```

上面的示例代码中，我们使用列表的 sort 方法对小组内的节点进行排序时，采用了一种新的用法：

```
li.sort(key=lambda node: (node.y, node.val))
```

其中，lambda 表达式返回了一个元组，其意义是先使用元组的第一个元素描述的属性进行排序，如果第一个元素属性值相同，则使用第二个元素描述的属性进行排序，对于我们的需求场景非常适用。

10.2.5　代码改进——将二叉树的遍历方式推广到 N 叉树

前面我们学习了几种对二叉树进行遍历的方法，这些遍历方法实际上也适用于 N 叉树的变量。我们输入一棵 N 叉树的根节点，尝试使用前序遍历的方式将 N 叉树中所有节点的值遍历出来。

N 叉树节点对象定义如下：

```
class Node:
    def __init__(self, val=None, children=None):
        self.val = val
        self.children = children
```

对于 N 叉树来说，前序遍历将按照先取根节点的值，再从左向右地遍历子树的方式进行遍历。例如图 10-13 所示的 N 叉树，遍历结果为[1, 2, 3, 4, 5, 6]。

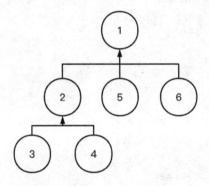

图 10-13　N 叉树示例

参考二叉树前序遍历的思路，将其推广到 N 叉树其实非常容易，示例代码如下：

```
def preorder(root):
    def treeToList(tree):
        if tree == None:
            return []
        res = []
        res.append(tree.val)
        for n in tree.children:
            res += treeToList(n)
        return res
    return treeToList(root)
```

同样，如果要对 N 叉树进行后序遍历，只需要简单地修改其根节点的取值时机即可，示例代码如下：

```
def postorder(root):
    def treeToList(tree):
        if tree == None:
            return []
        res = []
        for n in tree.children:
```

```
        res += treeToList(n)
    res.append(tree.val)
    return res
return treeToList(root)
```

思考一下，如果需要对 N 叉树按照层序进行遍历，并且遍历的结果以分层的方式返回，需要怎么做呢？例如图 10-13 所示的 N 叉树，其层序遍历后的结果为[[1], [2, 5, 6], [3, 4]]，编程试试吧。

示例代码如下：

```
def levelOrder(root):
    def levelTree(treeList, oriList):
        if len(treeList) == 0:
            return oriList
        res = []
        nextTreeList = []
        for node in treeList:
            if node == None:
                continue
            res.append(node.val)
            if len(node.children) > 0:
                nextTreeList += node.children
        if len(res) > 0:
            oriList.append(res)
        return levelTree(nextTreeList, oriList)
    return levelTree([root], [])
```

可以发现，一旦我们理解了二叉树的遍历方法，将其推广到 N 叉树非常容易，因此深入学习二叉树是学习树的一条捷径。

10.3　构造二叉树

通过对二叉树的遍历，我们可以将二叉树结构很容易地转换成其他类型的存储结构。同样，如果我们知道了一组数据和其遍历的过程，也可以逆向地构造出完整的二叉树。

10.3.1　编程实现——从遍历结果构造二叉树

现在我们有了一棵前序遍历与后序遍历的结果列表，能否使用这些数据推导出满足条件的二叉树（我们约定二叉树中的所有节点的值都是唯一的）？尝试编程解决。在本题中，你需要编写函数，函数会输入两个列表参数，分别为二叉树前序遍历和后序遍历的结果，需要返回构造好的二叉树的根节点。二叉树节点对象定义如下：

```
class TreeNode:
    def __init__(self, x):
        self.val = x
        self.left = None
        self.right = None
```

例如，如果输入的两个列表分别为：[3, 1, 4, 5, 7, 2, 6]和[4, 5, 1, 2, 6, 7, 3]，则可以构造如图 10-14 所示的二叉树。

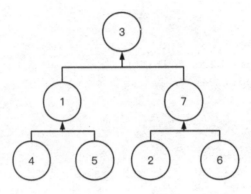

图 10-14　二叉树示意图

当一棵二叉树中所有节点的值都唯一时，由其前序遍历和后序遍历的结果很容易推导出对应的二叉树。关于前序遍历和后序遍历的过程，相信大家已经了解得非常清楚。前序遍历结果列表中的第 1 个值一定是二叉树的根节点的值，第 2 个值一定是二叉树当前节点左子树根节点的值，假设其为 n，对于后序遍历来说，是从左子树先开始遍历，因此我们可以在后序遍历结果中找到值 n，以此 n 值所在的位置为分界线，我们可以将前序遍历和后序遍历的结果列表分别拆分成左子树的遍历结果和右子树的遍历结果，后面只要递归进行左右子树的处理即可。

通过代码更加容易理解本题的解题思路，示例代码如下：

```
# 树节点结构定义
class TreeNode:
    def __init__(self, x):
        self.val = x
        self.left = None
        self.right = None
# 定义递归函数，pr:前序遍历的列表，po:后序遍历的列表
def createTree(pr, po):
    # 递归结束判定：列表为空递归结束
    if len(pr) == 0:
        return None
    # 创建根节点
    root = TreeNode(pr[0])
    # 没有其他子节点，直接返回根节点
    if len(pr) == 1:
        return root
```

```
# 当前树的总节点个数
c = len(pr)
# 当前根节点的左子树的节点个数
leftC = 0
# 当前根节点的左子树根节点的值
lr = pr[1]
# 从后序遍历列表中寻找左子树节点的位置
for n in range(len(po)):
    if po[n] == lr:
        leftC = n
# pr[1:leftC+2]为截取到的左子树的前序遍历结果
# po[0:leftC+1]为截取到的左子树的后序遍历结果
root.left = createTree(pr[1:leftC+2], po[0:leftC+1])
# pr[leftC+2:c]为截取到的右子树的前序遍历结果
# po[leftC+1:c-1]]为截取到的右子树的后序遍历结果
root.right = createTree(pr[leftC+2:c], po[leftC+1:c-1])
# 将根节点返回
return root
```

　　上面的代码有着比较详细的注释，其算法的核心是通过前序遍历和后序遍历的结果来将左右子树的节点拆分开来，理解了拆分的逻辑，解决这类题目便十分容易。假设我们得到了一棵二叉树的前序遍历和中序遍历结果，能否构造出符合条件的二叉树呢？

　　通过前序遍历和中序遍历构造二叉树的思路与上面的示例代码思路类似，由于前序遍历是先取根节点的值，中序遍历是先遍历左子树，之后再取根节点的值，因此根节点十分适合作为分隔节点。

　　核心代码如下：

```
def createTree(pre, ino):
    if len(pre) == 0 or len(inorder) == 0:
        return None
    # 构建根节点
    root = TreeNode(pre[0])
    if len(pre) == 1:
        return root
    lc = 0
    r = pre[0]
    # 找到后序遍历的结果列表中根节点的位置，从而得到左子树的节点个数
    for n in range(len(ino)):
        if r == ino[n]:
            break
        lc += 1
    # 将结果列表拆分左右子树进行递归运算
    root.left = createTree(pre[1:lc+1], ino[0:lc])
```

```
    root.right = createTree(pre[lc+1:], ino[lc+1:])
    return root
```

通过遍历结果构造二叉树还差一种场景我们没有解决，即已知中序遍历和后序遍历的结果列表，构造出符合条件的二叉树。这种场景与已知前序遍历和中序遍历构建二叉树的场景处理思路一样，都是以根节点作为分隔点来拆分子树。示例代码如下：

```
def createTree(ino, pos):
    if len(ino) == 0 or len(pos) == 0:
        return None
    root = TreeNode(pos[-1])
    if len(pos) == 1:
        return root
    lc = 0
    r = pos[-1]
    # 由根节点找到左子树的节点个数
    for n in range(len(ino)):
        if ino[n] == r:
            break
        lc += 1
    # 递归对拆分的子树进行运算
    root.left = createTree(ino[:lc], pos[:lc])
    root.right = createTree(ino[lc+1:], pos[lc:-1])
    return root
```

10.3.2 代码改进——通过有序列表构造二叉搜索树

首先，一棵二叉搜索树有如下的性质：

（1）它可以是一棵空树。

（2）如果它不是空树，则其左子树上的所有节点的值都小于根节点的值，右子树上的所有节点的值都大于根节点的值。

如图 10-15 所示为二叉搜索树。

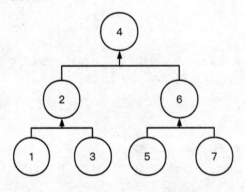

图 10-15　二叉搜索树示例

现在，我们输入一个有序列表，尝试编程构造一棵二叉搜索树，且要求每一个节点的左右子树高度差不超过 1。

解决本题需要考虑两个核心要点，首先如何通过有序数组来构造二叉搜索树，其次如何保证所构造的二叉搜索树满足任意一个节点的左右子树高度差不超过 1。

第一个核心要点很好解决，我们分析一下中序遍历的性质可以发现，如果对二叉搜索树进行中序遍历，可以发现其遍历的结果就是一个有序列表。因此，如果我们要从一个有序列表构造出二叉搜索树，只需要任选列表中的一个值作为根节点，在列表中，此值左侧的元素用来构建根节点的左子树，此值右侧的元素用来构建根节点的右子树即可。

要满足任意节点的左右子树高度差不超过 1 这个条件，我们对根节点位置的选择就要有一些技巧，在构造二叉树时，若要左右子树的高度差尽量小，最简单的方式是保证左右两树的节点个数差尽量小。对于本题来说，如果可以保证左右两子树的节点个数差不超过 1，则其构建出的子树高度差就不会超过 1。因此，在选择根节点时，我们只需要保证选取中间元素作为根节点即可（如果元素个数是偶数，则中间元素的选择可以向下取整）。

示例代码如下：

```
def createTree(l):
    # 如果列表为空，则递归结束，直接返回 None 值
    if len(l) == 0:
        return None
    # 获取到列表中间元素的位置
    mid = int(len(l)/2)
    # 创建根节点
    root = TreeNode(l[mid])
    # 递归进行左右子树的构建
    root.left = createTree(l[:mid])
    root.right = createTree(l[mid+1:])
    return root
```

二叉搜索树在实际工程中有着非常广泛的应用，一棵平衡的二叉搜索树在查找数据时有着天然的性能优势，其查找过程类似于二分法查找，一棵二叉搜索树的平衡性越好，其查找的效率就越高。

10.3.3 代码改进——在二叉搜索树中插入元素

输入一棵二叉搜索树的根节点，再输入一个目标值，将目标值插入二叉搜索树中合适的位置，使得结果二叉树依然是二叉搜索树。需要注意，本题的结果可能并不唯一，只需要保证满足条件即可。

本题除了要求插入元素后的二叉树依然为二叉搜索树外，对二叉树的平衡性并没有要求，因此解决本题相对简单，根据二叉搜索树的特性，要向二叉搜索树中插入一个元素，我们可以

将此元素作为叶子节点元素，因此只要使用二分查找的方式不断深入遍历原二叉树，最终能找到一个合适的叶子节点位置。

示例代码如下：

```python
def insertIntoBST(root, val):
    current = root
    # 若输入为空树，则直接将要插入的值构建成根节点返回
    if current == None:
        return TreeNode(val)
    # 对树进行遍历，找到合适的插入位置
    while current != None:
        if val >= current.val:
            if current.right != None:
                current = current.right
            else:
                current.right = TreeNode(val)
                current = None
        else:
            if current.left != None:
                current = current.left
            else:
                current.left = TreeNode(val)
                current = None
    return root
```

上面的示例代码逻辑简单，但是有一点需要注意，当元素被插入后，要及时地跳出循环。

10.4　删除二叉树中的节点

我们经常需要对一棵已经存在的二叉树进行修改操作。例如，对于一棵二叉搜索树，当向树中添加新的元素时，就需要在不改变搜索树的性质的前提下，想办法将新值插入树中合适的位置。当前，我们需要能够随时将二叉树中的元素删除。

10.4.1　编程实现——在二叉搜索树中删除节点

输入一棵二叉搜索树的根节点和一个值，尝试编程将二叉搜索树中此值对应的节点删除，并且将新的二叉树的根节点返回，需要注意，删除节点后的二叉树依然要保证是一棵二叉搜索树。

对于一棵二叉搜索树来说，我们要删除其中一个节点并使其性质保持不变，要分 4 种情况讨论。

情况 1：需要删除的节点没有左子树，也没有右子树。

这是一种最简单的场景，没有左子树，也没有右子树的节点为叶子节点，要删除叶子节点，我们直接将其置空即可，如图 10-16 所示。

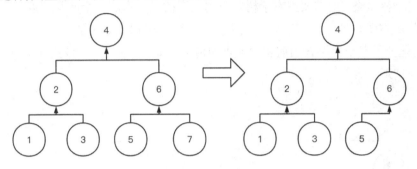

图 10-16 删除二叉搜索树中的节点 7

情况 2：需要删除的节点有左子树，没有右子树。

如果要删除的节点只有左子树，则直接将当前节点删除，使用当前节点的左子树代替当前节点的位置即可，如图 10-17 所示。

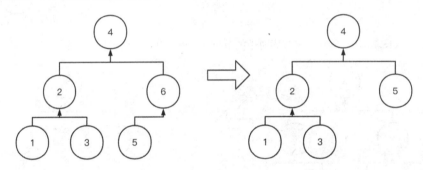

图 10-17 删除二叉搜索树中的节点 6

情况 3：需要删除的节点有右子树，没有左子树。

情况 3 的处理方案与情况 2 类似，只需要将当前节点删除，使用当前节点的右子树代替当前节点的位置即可，如图 10-18 所示。

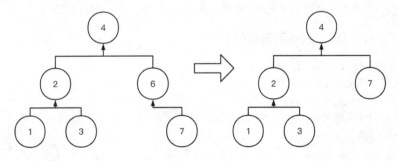

图 10-18 删除二叉搜索树中的节点 6

每个人的 Python：数学、算法和游戏编程训练营

情况 4：需要删除的节点既有左子树，也有右子树。

需要删除的节点左右子树都有的情况是最难处理的一种情况。根据二叉搜索树的性质，当删除当前节点后，我们需要选择其左子树的根节点或右子树的根节点填充到当前位置，如果选择了使用左子树填充，则需要将右子树补充到左子树最靠右的一个叶子节点上。同理，如果我们选择了使用右子树填充，则需要将左子树补充到右子树最靠左的一个叶子节点上。如图 10-19 所示为选择了左子树填充当前删除节点的情形，如图 10-20 所示为选择了右子树填充当前删除节点的情形。

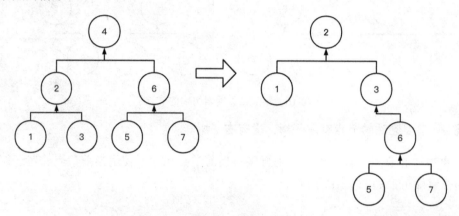

图 10-19　删除二叉搜索树中的节点 4，并使用左子树根填充当前节点

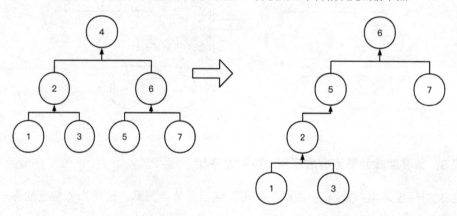

图 10-20　删除二叉搜索树中的节点 4，并使用右子树根填充当前节点

根据上面的分析思路，编写示例代码如下：

```python
def deleteNode(root, key):
    # 定义递归函数删除树中的节点
    def delete(tree, val):
        # 空树直接返回 None
        if tree == None:
            return None
        # 如果当前节点不是要删除的节点，递归运算尝试对左右子树进行处理
```

```
        if val != tree.val:
            tree.left = delete(tree.left, val)
            tree.right = delete(tree.right, val)
            return tree
        root = None
        # 当前节点是要删除的节点, 并且选择左子树进行填充
        if tree.left != None:
            root = tree.left
            tmp = tree.left
            while tmp.right != None:
                tmp = tmp.right
            tmp.right = tree.right
        # 当前节点是要删除的节点, 并且选择右子树进行填充
        elif tree.right != None:
            root = tree.right
            tmp = tree.right
            while tmp.left != None:
                tmp = tmp.left
            tmp.left = tree.left
        return root
    return delete(root, key)
```

现在, 我们能够删除二叉搜索树中的任意一个元素并且不改变其性质, 但是在实际工程中, 上面的示例算法并不是一个很好的解法, 因为删除某个节点后, 新的二叉树的平衡性被打破了, 这会使二叉搜索树的平衡性越来越差, 并且最终退化成链表, 丧失其算法的效率。你可以思考一下, 对于一个平衡的二叉搜索树来说, 当删除了其中一个元素后, 如何使其继续保持平衡呢?

10.4.2　代码改进——清除二叉树中的指定叶子节点

输入一棵二叉树的根节点和一个数值 n。尝试编程将此二叉树中所有数值为 n 的叶子节点删除掉。注意, 需要进行递归操作, 最终返回的结果中将不存在数值为 n 的叶子节点。

本题的解决需要使用递归加循环的思路。递归用来处理树中元素的删除, 循环用来将删除某个叶子节点后新产生的符合条件的叶子节点删除。

在编写递归函数时, 我们要遵循这样的思路: 首先需要找到当前树中所有满足条件的叶子节点进行删除, 其次要将是否进行了删除操作返回, 如果进行了删除操作, 则表明可能产生新的符合条件的节点, 需要再次循环调用递归函数进行处理。

示例代码如下:

```
def removeLeafNodes(root, target):
    # 定义递归函数删除指定节点
    def removeLeaf(tree, val):
        # 函数返回一个列表, 其第 1 个元素为处理后的树
```

```
                # 第2个元素表示是否进行了删除操作
                if tree == None:
                    return [None, False]
                lItem = [None, False]
                rItem = [None, False]
                # 如果不是叶子节点，递归进行处理
                if tree.left != None or tree.right != None:
                    if tree.left != None:
                        lItem = removeLeaf(tree.left, val)
                    if tree.right != None:
                        rItem = removeLeaf(tree.right, val)
                    tree.left = lItem[0]
                    tree.right = rItem[0]
                    return [tree, lItem[1] or rItem[1]]
                # 是叶子节点，判断是不是需要删除的节点
                if val == tree.val:
                    return [None, True]
                else:
                    return [tree, False]
        # 循环进行叶子节点的删除操作
        item = [root, True]
        while item[1]:
            item = removeLeaf(item[0], target)
        return item[0]
```

10.5　获取二叉树中存储的信息

归根到底，树是一种数据存储结构。其是一种集合，用来提供数据的读写操作。本节将通过一系列取值相关的编程题帮助大家在实际开发中更加熟练地应用树结构。

 ### 10.5.1　编程实现——判断是否为堂兄弟节点

输入一棵二叉树的根节点，可以保证树中所有元素的值都是唯一的。同时，输入两个节点的值，尝试编程判断这两个值对应的节点是否为堂兄弟节点。堂兄弟节点的定义为：两个节点在同一层，但是其父节点不同。

要解决本题，首先需要明确在找到符合条件的节点时，我们需要记录节点的哪些信息，要进行是否为堂兄弟节点的判断，除了找到节点外，还需要获取节点的深度和节点的父节点。深度相同的两个节点，如果其父节点不同，则它们互为堂兄弟节点。

示例代码如下：

```python
def isCousins(root, x, y):
    # 存储查找到的 x 值、y 值对应的节点信息
    xNode = None
    yNode = None
    # 定义递归函数
    # 其中 tree 为当前节点，h 为当前深度，n 为要查找的值，father 为父节点
    def findNode(tree, h, n, father):
        # 返回列表，列表中第 1 个元素为找到的节点，第 2 个为深度，第 3 个父节点
        if tree == None:
            return [None, h, father]
        if tree.val == n:
            return [tree, h, father]
        if findNode(tree.left, h+1, n, tree)[0] != None:
            return findNode(tree.left, h+1, n, tree)
        else:
            return findNode(tree.right, h+1, n, tree)
    xNode = findNode(root, 0, x, None)
    yNode = findNode(root, 0, y, None)
    # 判断是不是堂兄弟节点
    if xNode != None and yNode != None and xNode[1] == yNode[1] and xNode[2] != yNode[2]:
        return True
    return False
```

10.5.2 代码改进——获取二叉树中指定节点值的和

输入一棵二叉树的根节点，编写函数将树中所有左叶子节点的值相加的结果返回。

本题需要我们将一棵二叉树中所有的左叶子节点的值进行相加。解题思路相对简单，只需要递归对二叉树的节点进行遍历，发现符合条件的节点即进行值的累加。

核心代码如下：

```python
# 入口函数
def sumOfLeftLeaves(root):
    # 定义递归函数，做叶子节点值的求和运算
    def sumLeft(node, isLeft):
        # 节点为空，直接返回 0 即可
        if node == None:
            return 0
        # 如果当前不是叶子节点，继续递归
        if node.left != None or node.right != None:
            return sumLeft(node.left, True) + sumLeft(node.right, False)
        # 当前是叶子节点，并且是左叶子节点，则将当前节点的值返回
        if isLeft:
            return node.val
        return 0
    return sumLeft(root, False)
```

现在，我们对题目做一些改动，尝试编写函数，输入一棵二叉树的根节点，将其所有祖父节点值为偶数的节点的值的和返回。对于本题，有两个核心要点：首先找到祖父节点为偶数的节点（祖父节点是指父节点的父节点），其次将其值进行求和运算。

乍看起来，修改后的题目烦琐了许多，在决定一个节点的值是否计入求和运算时，需要知道其父节点的父节点的信息。其实就解题思路而言，改动后的题目与改动前并没有本质的区别，在定义递归函数时，我们需要将当前节点的父节点与祖父节点都作为参数传入。

示例代码如下：

```python
def sumEvenGrandparent(root):
    # 定义递归函数，参数需要传入当前节点、父节点和祖父节点
    def sumNode(tree, father, grandparent):
        # 如果当前节点为空，直接返回 0
        if tree == None:
            return 0
        # 若祖父节点存在并且为偶数，则进行求和运算
        if grandparent != None and grandparent.val % 2 == 0:
            # 对子树进行递归
            return tree.val + sumNode(tree.left, tree, father) + sumNode(tree.right, tree, father)
        # 如果祖父节点不满足条件，直接对子树进行递归
        else:
            return sumNode(tree.left, tree, father) + sumNode(tree.right, tree, father)
    return sumNode(root, None, None)
```

 ### 10.5.3　代码改进——计算二叉树路径的和

树路径的和是指从树的根节点开始一直到某个叶子节点为止所经过的所有节点值的和。现在，我们输入一棵二叉树的根节点和一个目标数值，检查输入的二叉树中是否有某个路径的和等于输入的目标数值。如果存在这样的路径，需要返回 True 作为结果，否则返回 False 作为结果。

对于本题，如果可以将二叉树每条路径的和都计算出来，则之后判断是否有路径的和等于目标值即可。要计算二叉树中所有路径的和，我们需要定义一个递归函数，函数会返回一个所有路径和的列表。核心思路如下：

（1）定义递归函数，其参数为树节点，返回值为其中所有路径和组成的列表。

（2）如果递归函数输入的树节点为空节点，则返回空列表。

（3）如果递归函数输入的树节点为叶子节点，则将当前节点的值放入列表返回。

（4）如果递归函数输入的树节点不是叶子节点，则递归对左子树和右子树进行运算。

（5）将左子树与右子树运算得到的结果进行遍历，加上当前节点的值构成新结果列表返回。

（6）判断最终的结果列表中是否包含输入的目标数。

根据上面的思路，编写核心代码如下：

```
def hasPathSum(root, sum):
    # 定义递归函数
    def treeValue(tree):
        # 空树直接返回空列表
        if tree == None:
            return []
        # 递归对左子树和右子树进行运算
        leftList = treeValue(tree.left)
        rightList = treeValue(tree.right)
        res = []
        # 结果列表构建
        if len(leftList) == 0 and len(rightList) == 0:
            res.append(tree.val)
        else:
            for n in leftList:
                res.append(n+tree.val)
            for n in rightList:
                res.append(n+tree.val)
        return res
    resList = treeValue(root)
    # 根据题意，判断目标值是否在列表中
    if sum in resList:
        return True
    return False
```

现在对题目略微做一些改动，依然输入一棵二叉树的根节点和一个目标数值，尝试将所有路径和等于目标数值的路径进行返回，需要返回一个二维列表，列表中的元素是描述路径的列表，对于符合条件的路径，列表中将依次存放此路径上的节点的值。如图 10-21 所示，如果输入的目标数值是 7，需要返回[[4, 2, 1]]作为答案。

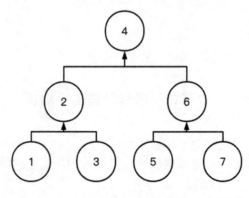

图 10-21　二叉树示例

对于修改后的题目，解题的核心框架与原题并没有太大的差异。我们只需要在对树进行遍历时，将所有路径进行保存，最终筛选出符合条件的路径即可。

示例代码如下：

```python
def pathSum(root, sum):
    def treePath(tree):
        # 空树直接返回空列表
        if tree == None:
            return []
        # 递归对左子树和右子树进行运算
        leftList = treePath(tree.left)
        rightList = treePath(tree.right)
        res = []
        # 结果列表构建
        if len(leftList) == 0 and len(rightList) == 0:
            # 叶子节点，存储成列表返回
            res.append([tree.val])
            return res
        else:
            # 非叶子节点，遍历二维列表，插入当前节点值后放入结果列表
            for n in leftList:
                n.insert(0, tree.val)
                res.append(n)
            for n in rightList:
                n.insert(0, tree.val)
                res.append(n)
        return res
    resList = treePath(root)
    # 根据题意，找出符合题意的路径
    res = []
    for l in resList:
        t = 0
        for n in l:
            t += n
        if t == sum:
            res.append(l)
    return res
```

 10.5.4 代码改进——计算树及所有子树的平均值

我们定义，一棵树的平均值是指这棵树中所有节点值的和除以节点个数得到的数值。现在，输入一棵树的根节点，编程对这棵树的平均值及树中所有子树的平均值进行计算，并将结果组成列表返回。

要解决本题，首先我们需要克服两个难点，一是如何计算一棵树的平均值，二是如何将一棵树的所有子树的平均值都计算出来。

首先，计算一棵树的平均值思路比较直接，我们只需要将所有节点的值进行相加，并且知道节点的个数就可以计算出平均值。这个过程需要采用递归的方式来实现。要计算一棵树所有子树的平均值，本身也需要使用递归函数来处理，将树的所有节点遍历出来。因此，解决本题实际上需要使用两个递归函数来完成。

示例代码如下：

```
def maximumAverageSubtree(root):
    def treeSum(tree):
        if tree == None:
            return 0
        i = 1
        sumL = 0
        sumR = 0
        if tree.left != None:
            o = treeSum(tree.left)
            sumL = o[0]
            i += o[1]
        if tree.right != None:
            o = treeSum(tree.right)
            sumR = o[0]
            i += o[1]
        return [sumL+sumR+tree.val, i]
    def allSubTreeAverage(tree):
        res = []
        if tree == None:
            return res
        res.append(treeSum(tree)[0]/treeSum(tree)[1])
        res += allSubTreeAverage(tree.left)
        res += allSubTreeAverage(tree.right)
        return res
    return max(allSubTreeAverage(root))
```

在解决编程问题时，我们要保持开放的思维，对于困难的问题，我们要做的往往不是一步解决问题，而是冷静地分析问题，将困难的问题拆解成多个简单的问题，逐层解决，各个击破，这也是编程中函数的设计思想。

10.5.5　代码改进——完全二叉树的节点个数

输入一棵完全二叉树的根节点，尝试编程求出当前二叉树的节点个数。一棵完全二叉树有这样的性质：除了最底层的节点可以不填满外，其与每层的节点数都需要达到最大值，并且最底层的节点是按顺序从左往右进行填充的。

首先，我们可以按照常规的思路解决本题，即使用全遍历的方法，通过递归函数将二叉树所有的节点遍历一遍，从而得到二叉树节点的个数。这种解法思路简单，并且很通用，适用于任意二叉树，甚至 N 叉树的计算节点个数的问题。示例代码如下：

```python
def countNodes(root):
    def count(tree):
        if tree == None:
            return 0
        return 1 + count(tree.left) + count(tree.right)
    return count(root)
```

上面的示例代码非常简单，但是对于本题来说，这样的解法并非是最优的，题目中有明确的说明，输入的二叉树为完全二叉树，因此我们可以利用完全二叉树的性质来写出更加高效的解题算法。

我们分析一下完全二叉树的性质就会发现，除了最后一层外，其每一层的节点个数与层数是有关系的，如果当前为 h 层，则此层的节点个数为 2（h–1）。因此，对于完整的完全二叉树，我们可以使用公式直接计算得到其节点个数。

对于输入的完全二叉树来说，如果左子树的层数和右子树的层数相同，则其左子树一定是满的，我们可以用公式直接计算左子树的节点个数，再递归计算右子树的节点个数相加即可，如果左子树和右子树的层数不同，则右子树一定是满的，可以直接用公式计算右子树的节点个数，再加上左子树的节点个数即可。

示例代码如下：

```python
def countNodes(root):
    # 此函数的作用是计算完全二叉树的层数
    def deep(tree):
        f = 0
        if tree == None:
            return f
        f += 1 + deep(tree.left)
        return f
    # 计算二叉树的节点个数
    def count(tree):
        if tree == None:
            return 0
        return 1 + count(tree.left) + count(tree.right)
    if root == None:
        return 0
    # 分别计算左右子树的高度
    deepL = deep(root.left)
    deepR = deep(root.right)
    # 高度相同，左子树是满的
    if deepL == deepR:
```

```
            c = 1
        while deepL > 0:
            c += 2 ** (deepL - 1)
            deepL -= 1
        return c + count(root.right)
    # 高度不同，右子树就满的
    else:
        c = 1
        while deepR > 0:
            c += 2 ** (deepR - 1)
            deepR -= 1
        return c + count(root.left)
```

10.6 图结构的应用

相对树结构，图结构要更加复杂。图也是一种集合结构，树结构中的节点有层次关系，图结构则没有这样的限制，在图中，任意的节点都可能有关联关系。在实际应用中，图结构并不比树结构冷门，例如社交网络、地图路线等都是一种图结构。本节将通过一些与图结构相关的编程题帮助大家更深入地理解图的应用。

 10.6.1 编程实现——网格中的最近距离

有一个 N*N 的网格，网格中的每个格子都将存放一个数值 0 或者 1。在网格中，任意两个格子的距离可以表示为|x0 - x1| + |y0 - y1|，请你找到一个存放着数值 0 的格子，使得这个格子距离最近的存放 1 的格子的距离是最大的，编程返回此最大距离。网格以二维列表的方式进行输入，其中每个子列表表示一行数据，网格的左上角坐标为(0, 0)，向右 x 轴增大，向下 y 轴增大。例如输入[[1, 0, 0], [0, 0, 0], [0, 1, 0]]，构建出的网格如下：

0	0	0
1	0	0
0	1	0

其中，坐标点(2, 0)的格子满足要求，其距离最近的存放 1 的格子的距离最大，为 3。

前面，我们已经习惯了解决树结构相关的问题，初试本题，可能会有不小的难度。简单来说，本题要求我们找到一个存放 0 的格子，使其满足距离最近的 1 个格子的距离最大，这有些难以理解，但是换一个方向思考，就简单很多。实际上，我们可以让每一个存放 0 的格子都增加一个"距离"属性，此距离表示当前格子与距离其最近的存放 1 的格子的距离。因此，采用扩散法，解决本题会相对容易。核心思路如下：

（1）首先定义一个抽象的模型，为每一个格子对象添加"距离"属性，此距离是指其离最近的存放数据 1 的格子的距离。

（2）找到所有存放 1 的格子对象，向其上下左右进行扩散，每一轮扩散，距离自增，直到所有需要计算距离的格子都计算完成为止。

对于如何扩散距离，我们以上面的列表为例，初始时，每个格子的"距离"属性如下（小括号中的值）：

0(None)	0(None)	0(None)
1(None)	0(None)	0(None)
0(None)	1(None)	0(None)

找到其中所有存放 1 的格子后，第 1 轮扩散运算后的情形如下：

0(1)	0(None)	0(None)
1(None)	0(1)	0(None)
0(1)	1(None)	0(1)

可以看到，第一轮运算结束后，依然存在没有计算距离的存放 0 的格子存在，我们需要进行第 2 轮运算，结果如下：

0(1)	0(2)	0(None)
1(None)	0(1)	0(2)
0(1)	1(None)	0(1)

第 2 轮运算后，还剩下一个存放 0 的格子没有计算距离，再进行第 3 轮运算，如下：

0(1)	0(2)	0(3)
1(None)	0(1)	0(2)
0(1)	1(None)	0(1)

最终，所有需要计算距离的格子都计算完成，其中最大距离为 3。

示例代码如下：

```python
# 定义抽象格子模型
class Point:
    def __init__(self, val, p):
        # 格子存放的值
        self.val = val
        # 格子对应的坐标
        self.p = p
        # 距离
        self.step = None
```

```
# 功能入口函数，输入一个 N*N 的列表
def maxDistance(grid) -> int:
    # 将列表元素全部转成 Point 对象存储
    allPoints = []
    # 将所有存放 0 的格子对象找出
    all0 = []
    # N*N 列表的下标最大值
    maxIndex = len(grid)-1
    # 进行循环构建格子对象
    for x in range(len(grid)):
        row = grid[x]
        rowL = []
        for y in range(len(row)):
            item = row[y]
            rowL.append(Point(item, [x, y]))
            if item == 1:
                all0.append(Point(item, [x, y]))
        allPoints.append(rowL)
#定义一个函数，判断当前格子对象四周是否还有未计算距离的格子
    def shouldCula(point):
        x = point.p[0]
        y = point.p[1]
        if x > 0:
            item = allPoints[x-1][y]
            if item.step == None:
                return True
        if y > 0:
            item = allPoints[x][y-1]
            if item.step == None:
                return True
        if x < maxIndex:
            item = allPoints[x+1][y]
            if item.step == None:
                return True
        if y < maxIndex:
            item = allPoints[x][y+1]
            if item.step == None:
                return True
        return False
    # 计算距离的核心递归方法
    def cula(li, dis):
        # 下一轮递归要进行距离计算的格子
        nextLi = []
        for item in li:
            p = item.p
            x = p[0]
```

```
        y = p[1]
        if x > 0:
            ori = allPoints[x-1][y]
            if ori.step == None:
                ori.step = dis + 1
            if shouldCula(ori):
                nextLi.append(ori)
        if y > 0:
            ori = allPoints[x][y-1]
            if ori.step == None:
                ori.step = dis + 1
            if shouldCula(ori):
                nextLi.append(ori)
        if x < maxIndex:
            ori = allPoints[x+1][y]
            if ori.step == None:
                ori.step = dis + 1
            if shouldCula(ori):
                nextLi.append(ori)
        if y < maxIndex:
            ori = allPoints[x][y+1]
            if ori.step == None:
                ori.step = dis + 1
            if shouldCula(ori):
                nextLi.append(ori)
    # 如果还存在未计算距离的格子，则进行递归计算
    if len(nextLi) > 0:
        cula(nextLi, dis+1)
# 为所有需要计算距离的格子进行距离计算
cula(all0, 0)
res = []
# 将所有符合要求的格子的距离属性遍历出来
for x in range(len(allPoints)):
    row = allPoints[x]
    for y in range(len(row)):
        p = row[y]
        if p.val == 0 and p.step != None:
            res.append(p.step)
if len(res) == 0:
    return -1
# 将最大的距离返回
return max(res)
```

 10.6.2　代码改进——找到无环图中所有的路径

输入一个二维列表 g，列表中的 g[i]子列表表示图中第 i 节点可以触达到的子节点，定义

默认的起始节点为 0，若输入列表 g 为[[1, 2], [3], [4], [4]]，则此图结构如图 10-22 所示。

因此，此图的所有路径为[[0, 1, 3, 4], [0, 2, 4]]。

本题需要我们将图中的所有路径找到，组成列表返回。由于某个节点对应的子节点就是输入列表中的对应位置的元素所描述的，因此解决这类问题十分适合使用回溯法。每当一条路径的当前节点确定后，即可从列表中找到对应的子节点组，进行递归和回溯即可。

示例代码如下：

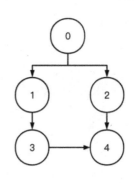

图 10-22　图结构示意图

```python
def allPathsSourceTarget(graph):
    # 结果列表
    res = []
    # 定义递归函数，构建路径
    def func(path, nextNodesIndex):
        # 如果不再有子节点，则当前路径构建结束
        if nextNodesIndex >= len(graph) or len(graph[nextNodesIndex]) == 0:
            res.append(list(path))
            return
        # 将当前节点的子节点取出
        nodes = graph[nextNodesIndex]
        # 遍历子节点列表，分别构建路径
        for n in nodes:
            # 采用回溯法，构建路径时，不能改变当前节点
            tmp = list(path)
            tmp.append(n)
            func(tmp, n)
    func([0], 0)
    return res
```

关于回溯法，我们在前面章节介绍过，你还记得当时是如何使用的吗？通常，回溯和递归是结合使用的，由于图相关的结构并不像树结构那样有层次，因此对图结构的路径遍历常使用回溯法解决。

❀ 本 章 结 语 ❀

学习完了本章，现在回过头来看一看之前所遇到的编程题目，是不是编程思路扩展了不少？从下一章开始，我们将重点介绍一些与编程相关的应用题，这些题目将更多地与实际生活相结合，考验你编程能力的时刻要到了。

第11章
烧脑游戏编程——热身篇

游戏是儿童期最纯净、最具心灵性的活动，同时更是人类整体向外的表达方式。

——福禄贝尔

编程是我们解决实际问题的一种方式，同时编程本身也应该是一件充满乐趣的事情。我们可以将编程的思路用于生活中的方方面面，甚至用编程的方式来解决一些游戏问题。本章将介绍更多编程应用题，相信在你使用编程的方式解决这些应用场景的问题的时候，能够更加真切地体验到编程带给你的乐趣。

11.1 上楼梯

王小丫是活泼的小学生，他每次上楼梯时，有时一次上一阶台阶，有时一次上两阶台阶。有一次，数学老师看到王小丫这种上楼梯的方式，给他出了一道巧妙的题目：如果有一个 n 阶台阶的楼梯，王小丫每次可以选择上一阶台阶，也可以选择上两阶台阶，如果需要最终刚好登完所有的台阶，则王小丫一共有多少种上楼梯的方式可选？例如，假设楼梯只有 3 阶，则王小丫可以选择每次上 1 阶，也可以选择先上两阶，再上 1 阶，或者先上 1 阶，再上两阶，即王小丫共有 3 种方式可选。这道题使得王小丫百思不得其解，能否编程帮助他解决这个烦恼？

对于应用题的解决，首先需要将题目描述的场景进行抽象化。题目实际上要求输入一个数值 n，只能使用数值 1 和数值 2，让我们计算有多少累加方式可以得到数值 n。这其实是一种非常简单的回溯递归问题，如题目中所描述的场景，每当王小丫需要迈步上楼时，他都有两种策略可以选择，选择上一级台阶或两级台阶，当最终剩下的台阶不超过两级时，可选择的策略就十分固定了。

示例代码如下：

```
from functools import lru_cache
# 功能入口函数
def numWays(n) :
    return ways(n)
```

```
# 为递归函数增加缓存策略，提高性能
@lru_cache()
def ways(n):
    # 只剩下一阶台阶，只有一种上楼策略
    if n <= 1:
        return 1
    # 剩下两阶台阶，有两种上楼策略
    if n == 2:
        return 2
    # 递归计算当前选择上一阶台阶后的后续策略个数
    w1 = ways(n-1)
    # 递归计算当前选择上两阶台阶后的后续策略个数
    w2 = ways(n-2)
    # 将最终结果返回
    return w1 + w2
```

如果你在其他地方看到过此类问题的解法，经常会见到将最终结果对 1000000007 进行取模运算后返回，其实本题最终的答案并没有问题，但是对于这类题目，如果输入的值非常大，其结果也可能会非常大，造成 int 值的溢出，因此很多时候如果只是为了验证结果的正确性，而不具体关心结果的值，通常会对结果进行缩放处理，即对 1000000007 进行取模。1000000007 是一个非常特殊的数字，其是 10 位数中最小的质数，其来进行大数的越界保护非常合适。

11.2　猜数字游戏

小时候，我们经常会玩一种猜数字的游戏，即裁判员先写下一个 0～n 的数字，由玩家来猜，如果猜的值偏大，则裁判员会告诉玩家猜大了，如果猜的值偏小，则裁判员会告诉玩家猜小了，直到玩家猜中为止。对于猜数字游戏来说，能够用最少的次数猜出正确的数字是玩家们的最终目标。现在，假设我们定义好了一个 guess 函数，其输入一个数值 x，返回一个数值告诉你猜的数字是否猜中，如果猜大了，则其会返回 1，如果猜小了，则其会返回-1，如果猜中了，则会返回 0。编写一个函数，输入一个数值 n，表示需要猜的数字在 0～n，通过调用 guess 函数来用相对少的次数猜出最终的答案。

对于猜数字游戏，只要我们按顺序依次尝试，一定可以找到最终答案。但是我们可以通过一些技巧来相对快地找到正确答案。最常用的方法是采用二分法，通过每次折半排除可以极大地提高猜中效率。

示例代码如下：

```
def guessNumber(n):
    l = 0
    h = n
    while guess((l + h)//2) != 0 and l <= h:
```

```
        if guess((l + h)//2) == 1:
            h = (l + h)//2 - 1
        else:
            l = (l + h)//2 + 1
    return (l + h)//2
```

需要注意，Python中的"//"运算符用米进行整除运算，由于本题中涉及的数值都是整数，使用整除运算非常合适。

上面的游戏规则中没有约定惩罚措施，这会使游戏缺少很多乐趣。现在假设游戏开始时玩家有一定的积分，每获得一次猜数字的机会要消耗一定的积分，消耗的积分刚好等于玩家当次所猜的数字，按照上面算法的思路，计算完成一场游戏所需要消耗的积分是多少。

示例代码如下：

```
def getMoneyAmount(n):
    l = 0
    h = n
    s = (l + h)//2
    d = s
    while guess(s) != 0 and l <= h:
        if guess(s) == -1:
            h = (l + h)//2 - 1
        else:
            l = (l + h)//2 + 1
        s = (l + h)//2
        d += s
    return d
```

11.3 套餐组合问题

一家豪华餐厅提供主食和饮品两类餐品。每个套餐可以任意组合一款主食和一款饮品。通常服务员会提供两份价格单给顾客进行选择，一份是所有主食的菜单，另一份是所有饮品的菜单，如果输入两个列表，其中第1个列表中存储的是所有主食的价格，第2个列表中存储的是所有饮品的价格，再输入一个数值n，表示顾客可接受的最大套餐价格，那么你能否编程计算顾客有多少种套餐组合方案？

本题是一道简单的组合问题，组合逻辑在很多实际场景中都有应用。对于小规模的组合问题，我们可以直接使用暴力遍历法解决，示例代码如下：

```
def breakfastNumber2(staple, drinks, n):
    c = 0
    for i in staple:
        for j in drinks:
```

```
        if i + j <= n:
            c += 1
    return c
```

上面的代码本身没有什么问题，其最大的软肋在于效率，其实如果顾客可接受的套餐价格比较低，那么很多高价的套餐组合都是无效的遍历，对于这种全组合类型的题目的解决，我们有一种相对高效且简单的算法：双指针法。

对于题目中描述的场景，首先可以先将主食菜单与饮品菜单根据价格进行排序，之后使用两个指针，一个指针指向最便宜的主食，另一个指针指向最贵的饮品，首先固定主食为顾客选中的餐品之一，将两个指针指向的餐品组成套餐后判断是否满足用户的价格要求，如果不满足，则移动饮品指针直到满足顾客要求，这时候所有剩下的饮品都可以和所选择的主食组成顾客满意的套餐，按照这个思路一次遍历所有主食，即可得到所有可选择的套餐方案个数。

优化后的示例代码如下：

```
def breakfastNumber(staple, drinks, n):
    c = 0
    # 先对两个列表进行排序
    staple.sort()
    drinks.sort()
    j = len(drinks)
    # 对主食菜单进行遍历
    for i in staple:
        # 判断是否满足条件，若不满足，则移动 j 到较小价格的饮品
        while j>=0 and staple[i] + drinks[j] > n:
            j -= 1
        # 所有可以满足套餐要求的饮品个数
        c += j + 1
    return c
```

11.4　种树问题

为了增加城市绿化，小军被安排在一条长路上进行树木的种植。这条路上本身有一些地方已经种了一些树，有一些地方没有种，在种树时，通常要求间隔足够的距离，否则树木间会因为争夺养分而影响成长。目前这条路上已经种植的树木都拥有足够的间距，假设现在要求再种下 n 棵树，要保证树之间的间距满足要求，这 n 棵树是否都能种下？我们可以将问题抽象成一个列表，列表中存放了 0 和 1 两种数值，1 表示这个位置被种植了树，0 表示没有种，间距的要求可以理解为列表中不能存在两个相邻的数值 1。现在输入一个这样的列表和一个数值 n，编程计算能否将 n 棵树种植成功。例如输入的列表为[1,0,0,0,1]，n 为 1，则可以种植，最终的种植结果为[1,0,1,0,1]，编写的函数需要返回 True；如果输入的列表为[1,0,0,1]，n 为 1，则需要返回 False，因为没有任何方法可以在满足间距条件的情况下将树种下。

可以按照如下思路解决本题：首先对列表进行遍历，尝试查找符合条件的位置，每找到一个可以种树的位置，则在此处种树，并将剩余树的数量减少，当所有需要种的树全部找到可以种的位置后，即表明可以种下，否则不能。

在实际编程时，我们需要根据不同情况分别进行处理，对于第一个位置，只要发现其后的位置为空，则此处就可以种树，对于最后一个位置，只要发现其前的位置为空，则此处就可以种树，对于除了首尾之外中间的位置，只有判断其前后都为空，此处才可以种树。

示例代码如下：

```python
def canPlaceFlowers(flowerbed, n):
    # 获取所有种树位置
    length = len(flowerbed)
    for i in range(length):
        # 若剩余需要种的树个数为0，则直接返回
        if n == 0:
            break
        # 当前位置已经种树，跳过此位置
        if flowerbed[i] != 0:
            continue
        # 进行第一个位置是否可以种树的逻辑判断
        if i == 0 and i + 1 < length - 1 and flowerbed[i+1] == 0:
            n -= 1
            flowerbed[i] = 1
        # 进行最后一个位置是否可以种树的逻辑判断
        elif i == length - 1 and flowerbed[i-1] == 0:
            n -= 1
            flowerbed[i] = 1
        # 进行中间位置是否可种树的逻辑判断
        elif flowerbed[i-1] == 0 and flowerbed[i+1] == 0:
            n -= 1
            flowerbed[i] = 1
    # 最后，如果树苗剩余为0，则说明可以种下这么多树
    return n == 0
```

11.5 算术机器人

某科技公司发布了一款有趣的算术机器人玩具，玩家只需要对这个机器人说出两个数字，再说出一个计算指令，机器人即可将计算的结果返回。对于机器人来说，输入的数值可以是任意整数，设其为X和Y，计算指令是指一个由"A"和"B"组成的字符串，A指令表示进行如下运算：

X·2+Y

B 指令表示进行如下运算：

Y·2+X

如果玩家输入的指令为"AB"，则表示先进行 A 指令运算，再进行 B 指令运算，最终将运算结果的和返回。现在，能否编程实现这个算术机器人的程序？

本题比较简单，我们只需要根据指令进行相应的运算即可。

示例代码如下：

```python
def calculate(x, y, s):
    n = 0
    for c in s:
        if c == "A":
            n += 2 * x + y
        else:
            n += 2 * y + x
    return n
```

11.6 单行的键盘

计算机科学狂人章鱼博士打算开发一种单行的键盘，这个键盘只有一行按键，按键共 26 个，这 26 个按键用来对应字母 a～z，有趣的是，这款键盘是可编程的，即用户可以指定从任意键开始作为 a 键，之后按照顺序进行按键的排布，我们可以使用一个字符串来描述键盘的编程模式，例如"abcdefghijklmnopqrstuvwxyz"表示以第 1 个键作为 a 键开始排布，"lmnopqrstuvwxyzabcdefghijk"表示以第 1 个键作为 1 键开始排布。现在，输入一个键盘的编程模式字符串 key 和一个需要输入的单词 word，尝试计算出使用这个单行键盘打出输入的单词共需要移动多少距离（用户的手指默认在第 1 个键的位置，移动的距离是指从手指当前位置移动到下一个输入的键的位置之间经过多少个键）。

在解决本题时，需要注意，每次输入一个字符后，手指会停留在当前字符所在的按键上，因此需要保存手指停留的位置。

示例代码如下：

```python
def calculateTime(keyboard, word):
    # 将表示键盘编程模式的字符串转成列表
    l = list(keyboard)
    # 记录距离
    s = 0
    # 记录当前手指位置
    currentIndex = 0
    # 遍历要输入的单词，将输入每个字符所需要移动的距离进行累加
    for c in word:
```

```
        s += abs(l.index(c) - currentIndex)
        currentIndex = l.index(c)
    return s
```

11.7 统计运动员的名次

在某大型运动会上，一组运动员的比赛刚结束，每个运动员的分数都已经整理出炉，组织者们通过使用一款定制的程序可以直接根据运动员的分数将运动员的名次统计出来，例如这组运动员的分数为[3, 4, 2, 1, 5]，则最终他们的名次为[3, 2, 4, 5, 1]。能否尝试实现运动会组织者使用的这款程序？需要注意，一组内，所有运动员的分数都是唯一的。

本题实际上是将运动员的编号用列表的下标表示，列表存储的数值是指定编号运动员的得分。在 Python 中，我们直接对列表进行排序，即可根据分数确定运动员的名次，但是需要将名次与运动员的编号联系起来，就需要一个中间变量用来存储运动员的编号与分数。

示例代码如下：

```
def findRelativeRanks(nums):
    # 定义一个字典对象用来存储编号与分数的对应关系
    dic = dict()
    # 按照编号对运动员的分数进行遍历
    for i in range(len(nums)):
        # 字典中的键存储分数，值为对应的编号
        dic[nums[i]] = i
    # 将分数列表逆序排序
    nums.sort(reverse=True)
    # 创建一个同样大小的列表
    newList = list(nums)
    for i in range(len(nums)):
        # 找到当前分数对应的运动员的编号
        index = dic[nums[i]]
        # 将指定编号的运动员的名次写入
        newList[index] = i + 1
    return newList
```

11.8 分金币

一群探险者找到了一座宝库，这个宝库中有多堆金币，这些探险者约定他们分金币的方式如下：

（1）分完一堆金币后才能再分下一堆。

（2）每个人按照顺序依次取金币，每次只能选择取 1 枚金币或 2 枚金币，最后当前堆中的金币只剩下 1 枚，则此时取金币的成员就会少取一枚。

按照这群探险者约定的分金币的方式，他们至少需要取多少次，才能将这座宝库中的金币取完？编写程序解决，程序将输入一个列表，列表中的每个整数元素表示一堆金币，整数的值为当前堆金币的个数。例如输入[3, 4, 2]表示有 3 堆金币，第 1 堆有 3 个金币，第 2 堆有 4 个金币，第 3 堆有 2 个金币，对于这样的输入来说，这些探险者最少需要拿 5 次才能分完。

本题非常简单，最直接的思路是先对输入的列表进行遍历，拿到每堆金币的个数后，再通过循环来取金币，每次取金币时，如果金币个数大于 1，则取两枚，否则取一枚。其实，对于取金币的过程，还有一种更加简单的方式，我们可以直接对其进行对 2 整除的操作，最后加上其对 2 取余的余数即可。

示例代码如下：

```
def minCount(coins):
    # 记录取金币的次数
    s = 0
    # 进行遍历，拿到每堆金币的个数
    for n in coins:
        # 求分完这堆金币需要取金币的个数
        s += n // 2 + n % 2
    return s
```

11.9　传绣球游戏

传绣球是一个非常简单且有趣的游戏，这个游戏需要一群人围坐成一圈来进行。首先，参加游戏的每个玩家都会都一个编号，编号从 0 开始，按照座次依次递增。每轮游戏开始前都会随机出一个数字 m，之后从编号为 0 的玩家开始传绣球，当传递第 m–1 次时，绣球落在谁手上，谁就会被淘汰，之后从被淘汰的玩家的下一个玩家开始继续游戏过程，直到最终只剩下一个玩家，则此玩家获胜。

现在，尝试使用程序模拟这个游戏，输入数值 n 代表玩家人数，输入数值 m 代表本轮游戏随机的数字，将最终获胜的玩家的编号返回。

看到题目中提到玩家围成一圈这样的描述，我们很容易想到可以使用环形链表来模拟游戏场景，通过指针的移动来实现"传递绣球"的过程，这种思路解题比较简单，逻辑也很清晰，示例代码如下：

```
# 定义链表节点类
class Node:
    def __init__(self, val):
        self.val = val
```

```
            self.next = None
# 功能函数
def lastRemaining2(n, m):
    root = None
    current = None
    # 构建链表
    for i in range(n):
        node = Node(i)
        if root == None:
            root = node
            current = node
        else:
            current.next = node
            current = current.next
    # 组成环形链表
    current.next = root
    tip = 1
    tmp = current
    # 当链表长度大于1时，需要继续游戏
    while tmp.next != tmp:
        if tip == m:
            # 淘汰掉指定节点
            tmp.next = tmp.next.next
            tip = 1
            continue
        tip += 1
        tmp = tmp.next
    return tmp.val
```

使用环形链表的思路来解题，逻辑比较简单，但效率并不十分优秀，仔细分析题目，其实我们有更简单、更高效的算法来解决本题，每次绣球进行传递时，其实已经可以确定要传递的次数和传递的起点，使用取模运算可以更加快速地定位到被淘汰的玩家，优化代码如下：

```
def lastRemaining(n, m):
    # 绣球传递的起点
    start = 0
    # 将玩家编号组成列表
    l = []
    for i in range(n):
        l.append(i)
    # 若当前列表中的玩家个数大于1个，则继续游戏
    while len(l) != 1:
        # 找到要淘汰的玩家进行移除
        i = (start + m-1) % len(l)
        l.pop(i)
```

```
        # 重新定位起点
        start = i
    return l[0]
```

11.10　扑克游戏

　　乒乒和乓乓两个人在玩一种扑克游戏，游戏的规则是这样的，两人按照顺序进行取牌操作，每次都是从一副完整的扑克牌中依次取出 5 张，如果这 5 张扑克牌可以组成顺子，则当前取牌的玩家赢得游戏。顺子是指这 5 张牌是连续的，约定扑克牌中 2~10 为数字本身，A 为 1，J 为 11，Q 为 12，K 为 13。大王和小王为 0，0 可以被视为任意数字，且可以调整到任意位置，需要注意，13 为最大值，其后再取到 1 也不能组成顺子。

　　现在，编写程序判断输入的一组扑克是否为顺子，例如输入[0, 0, 5, 6, 7]，可以组成顺子，因为前两个 0 可以分别看作 3 和 4。

　　首先将本题抽象，其本质是输入一个列表，我们对其中的数据是否依次递增进行判定。需要额外注意的是对于数字 0 的处理，在本扑克游戏中，0 可以被解释成任意有效数字。因此，核心的解题思路如下：

　　（1）对列表中的元素依次进行遍历。

　　（2）在遍历的过程中记录上一次遍历到的数字，判断当前数字是否比之前遍历出的数字大 1。

　　（3）如果遍历到的元素为 0，则可以将其作为任意数字使用，需要注意，如果上一个数字为 13，则依然无法组成顺子。

　　示例代码如下：

```
def isStraight(nums):
    # 记录上一个数字，默认为-1，表示没有上一个数字
    tmp = -1
    # 记录 0 的个数
    a = 0
    # 对输入的列表进行遍历
    for n in nums:
        # 如果当前数字为 0，进行记录，做特殊处理
        if n == 0:
            a += 1
        else:
            # 没有上一个数字，赋值后直接跳过
            if tmp == -1:
                tmp = n
                continue
```

```
# 当前数字与上一个数字刚好相连, 赋值后直接跳过
if n == tmp + 1:
    tmp = tmp + 1
    continue
# 当前数字大于上一个数字且不相连, 尝试使用 0 进行补充
while a > 0 and n > tmp + 1:
    tmp += 1
    a -= 1
# 判断是否满足相连条件
if n == tmp + 1:
    tmp = tmp + 1
    continue
return False
return True
```

11.11　酒瓶子问题

你小时候有做奥数题的经历吗？如果有，相信到现在你应该还记得解题时抓耳挠腮、百思不得其解的焦急场景。其实，很多奥数题如果采用编程的思路去解决，有时候会非常简单，本题就是这样的一道题目。

奥数中有这样一道经典的酒瓶子问题：某个千杯不醉的男人去酒馆买酒喝，酒馆有这样的一个优惠活动，每 n 个空瓶子可以换一瓶新酒，如果这个男人一开始买了 m 瓶酒，则利用这个优惠活动，最终他可以喝多少瓶酒。

现在，尝试编写程序解决问题，将输入购买的酒数 m 和兑换活动中兑换一瓶酒所需的空瓶数 n，返回最多能够喝到的酒有多少瓶。例如，输入 m=5、n=5，则最终可以喝到 6 瓶酒。

本题很有意思，每当这个男人兑换到一瓶酒后，他都会多一个瓶子，多的瓶子加上之前剩余的瓶子又可能满足酒馆的优惠活动，使得男人可以再多兑换一瓶酒。因此，从逻辑上分析，本题可以使用递归的思路来方便解决，定义递归函数时，将当前的酒数与空瓶数作为参数传入，直到不再剩下未喝的酒并且空瓶子也不够兑换为止，递归结束。

示例代码如下：

```
def numWaterBottles(numBottles, numExchange):
    # 定义递归函数
    def change(bottles, emptys):
        # 当新酒数为 0 并且剩下的酒瓶不够兑换活动时, 递归结束
        if bottles == 0 and emptys < numExchange:
            return 0
        # 获取可以兑换的新酒数
        getB = (bottles + emptys) // numExchange
        # 获取剩下的空瓶数
```

```
        em = (bottles + emptys) % numExchange
        # 继续递归
        return bottles + change(getB, em)
    return change(numBottles, 0)
```

11.12　所有可能的木板长度

　　木工小王有两种类型的木板，一种长木板，一种短木板。制作一张桌面使用的木板个数是一定的，那么桌面的长度有多少种可能呢？现在尝试编程解决这个问题。程序输入 s 表示短木板的长度，输入 l 表示长木板的长度，输入 n 表示制作桌面可用的木板个数，返回桌面所有可能的长度。例如，输入 s = 2、l = 3、n = 2，则需要返回[4, 6, 5]。

　　看到本题，可能很多解题者最直接的想法是使用组合，通过全遍历的方式来组合所有的情况从而解题，这种思路是最直接的，但是效率比较差，对于本题其实我们有更加巧妙的解法。

　　首先，分析题目，如果传入的参数 n 为 0，则无法组成桌面，返回空列表即可。如果输入的参数 s 和 l 的值相同，则桌面的长度只能有一种情况。如果输入的参数 s 和 l 的值不同，则桌面的长度有 n+1 种情况，分别对应当没有短木板时的桌面长度、有一块短木板时的桌面长度、……、有 n 块短木板时的桌面长度。按照这个思路，解题的过程会容易很多，且去掉了嵌套遍历的结构，使得算法的执行效率提高。

　　示例代码如下：

```python
def divingBoard(self, s: int, l: int, n: int):
    if n == 0:
        return []
    if s == l:
        return [s*n]
    res = []
    for i in range(n+1):
        c = (i * s) + (n - i) * l
        res.append(c)
    return res
```

11.13　电脑高手

　　小明的班级转来了一位新同学，传说这位新同学是一位电脑高手，小明准备测试一下这位电脑高手的真实实力。小明打算通过做这样一个游戏来进行测试：小明写一组单词给电脑高手，其中某些单词可以使用键盘中同一行的按钮输入，某些单词不能，电脑高手需要将可以使用键盘中同一行的按钮输入的单词找出。键盘的键位排布如图 11-1 所示。

图 11-1　键盘键位排布示意图

例如单词"dad"就满足条件，单词"get"则不满足条件。现在需要编写程序，输入一个单词列表，将其中满足条件的单词找出返回。

本题的核心在于判断所组成单词的字母是否都来自于键盘上的同一行，如图 11-1 所示，键盘分为 3 行，因此我们可以将 3 行按钮分别放入 3 个列表中，遍历输入的单词列表，判断其是否满足题目要求。

示例代码如下：

```python
def findWords(words):
    # 将键盘中的 3 行按键分别放入 3 个列表中
    l1 = ["q", "w", "e", "r", "t", "y", "u", "i", "o", "p"]
    l2 = ["a", "s", "d", "f", "g", "h", "j", "k", "l"]
    l3 = ["z", "x", "c", "v", "b", "n", "m"]
    # 定义结果列表
    res = []
    # 对单词列表进行遍历
    for w in words:
        # 分别用来标记组成当前单词的字母是否都来自某个列表
        allIn1 = True
        allIn2 = True
        allIn3 = True
        # 遍历出单词中的字母
        for c in w:
            # 将字母转换成小写
            c = c.lower()
            # 对当前字母所在列表进行验证
            if c not in l1:
                allIn1 = False
            if c not in l2:
                allIn2 = False
            if c not in l3:
                allIn3 = False
        if allIn1 or allIn2 or allIn3:
            res.append(w)
    return res
```

11.14　灯泡问题

本节将给大家介绍几道与灯泡开关相关的编程题，在一些奥数或益智测试中经常会见到这类题目。

 ## 11.14.1　亮着的灯泡

一个房间中排列着 n 盏灯，将通过如下动作控制这些灯的开关：

（1）第 1 次动作将所有的灯都打开。

（2）第 2 次动作将偶数位置的灯关闭（灯的位置从 1 开始计数）。

（3）第 i 次动作将对所有 i 的倍数位置的灯的开关状态进行切换。

（4）第 n 次动作时，对最后一盏灯的开关状态进行切换。

因此，房间中有多少盏灯，就将进行多少次动作，现在尝试编程解决，输入房间的灯数 n，返回所有动作做完后还亮着的灯有多少盏。

本题看上去并不复杂，其实仔细思考，可以发现其中隐藏着许多数学技巧，可以帮助我们非常简洁高效地解题。

首先，最直接的思路，我们按照题目的要求动作对灯泡进行操作，最后将所有亮着的灯泡数量返回。对题目所描述的场景进行抽象，我们可以将灯泡的开关状态使用布尔值进行描述，一开始定义一个有 n 个元素的列表，每个元素使用 True 和 False 来记录开关状态。

示例代码如下：

```python
def bulbSwitch(n):
    if n == 0:
        return 0
    # 初始状态将所有的灯打开
    l = [True] * n
    i = 2
    # 每轮操作，对对应位置的灯进行切换
    while i <= n:
        if i == n:
            l[-1] = not l[-1]
            break
        for index in range(i-1, n, i):
            l[index] = not l[index]
        i += 1
    count = 0
```

```
    # 对所有亮着的灯的个数进行统计
    for item in l:
        if item:
            count += 1
    return count
```

上面是用最直接的解题思路编写的示例代码，其实这样的算法并不十分合适，当房间中的灯非常多时，上面的示例代码将进行非常多的无效运算。分析一下，我们会发现，一盏灯的开关状态与操作其的次数有关，例如第 4 盏灯，每当动作的轮数是其因数时，都会被操作一次，如第 1 轮动作、第 2 轮动作、第 4 轮动作，而一盏灯如果被操作了奇数次，那它最终的状态一定是开着的，如果被操作了偶数次，则它最终的状态一定是关闭的。

而一盏灯会被操作多少次，与其位置大有关系，如以上示例中，第 4 盏灯在第 1、2、4 轮动作时会被操作，因此一盏灯所在的位置 index 有多少个因数，实际上就会被操作多少次。

现在，我们的问题就可以转换成：要找到 1~n 中有多少个数的因数有奇数个。这就要提到另一个数学原理：如果一个数的因数有奇数个，则其一定是完全平方数。要理解这个原理其实非常简单，我们思考，一个数 x 假设有因数 m，则一定有 m * n = x，则其一定有因数 n，因数一定是成对出现的，如果要有奇数个因数，则一定存在 m 和 n 相等的情况，因此这个数一定是完全平方数。

最终，我们的问题就被转换成了：求 1~n 中有多少个完全平方数，这就非常简单了，优化后的代码如下：

```
def bulbSwitch(n):
    count = 0
    for i in range(int(math.sqrt(n))):
        if i * i <= n:
            count += 1
    return count
```

可以发现，使用数学原理优化后的代码不仅非常简洁，也减少了大量的冗余运算。

 ## 11.14.2 不同功能的按钮

一个房间中有 n 个电灯和 4 个按钮，这 4 个按钮的功能分别如下：

按钮 1：切换所有灯泡的开关状态。
按钮 2：切换编号为偶数的灯泡的开关状态（编号从 1 开始）。
按钮 3：切换编号为奇数的灯泡的开关状态（编号从 1 开始）。
按钮 4：切换编号为 3k+1 的灯泡的开关状态（k 取 0, 1, 2, ...）。

尝试计算，进行了 m 次操作后（操作动作随机），这 n 个灯泡的开关状态共有多少种可能。例如，当 n 为 1 且 m 为 1 时，最终的结果可能有两种，此时需要返回 2 作为答案。

　　本题最大的难点在于操作的次数和灯泡的个数都是变量，如果使用暴力遍历的解法，所需要遍历的次数将会非常多，其灯泡的状态个数为2n，操作的组合个数为4m，在这个范围内进行遍历搜索是非常恐怖的。

　　分析题目，其实可以发现一些规律，首先对于 4 种对灯泡的操作，无论哪一个操作，如果改变了编号 x 灯泡的状态，则一定会改变编号 6+x 灯泡的状态，因此，无论灯泡的个数有多少个，其状态都会关联前 6 个灯泡的状态，我们只需要统计前 6 个灯泡有多少种状态即可。其实还可以继续简化，发现对于前 6 个灯泡的状态来说，无论上述 4 种操作怎么组合，最终都会影响前 3 个灯泡的状态，因此我们只需要关注前 3 个灯泡的状态即可。

　　将题目简化后，要解决就容易很多，只需要穷举出操作的组合与前 3 个灯泡状态的对应关系即可。示例代码如下：

```python
def flipLights(n, m):
    n = min(n, 3)
    if m == 0:
        return 1
    if m == 1:
        if n == 0:
            return 1
        if n == 1:
            return 2
        if n == 2:
            return 3
        if n == 3:
            return 4
    if m == 2:
        if n == 0:
            return 1
        if n == 1:
            return 2
        if n == 2:
            return 4
        if n == 3:
            return 7
    else:
        if n == 0:
            return 1
        if n == 1:
            return 2
        if n == 2:
            return 4
        if n == 3:
            return 8
```

上面的代码逻辑上虽然正确，但是有些冗长，我们可以使用列表对其进行一些优化，代码如下：

```python
def flipLights(n, m):
    n = min(n, 3)
    if m -- 0:
        return 1
    if m == 1:
        return [1, 2, 3, 4][n]
    if m == 2:
        return [1, 2, 4, 7][n]
    else:
        return [1, 2, 4, 8][n]
```

11.14.3　蓝色灯光的灯泡

房间内有 n 盏电灯，编号为 1~n。初始状态时，所有的灯都是关闭状态。我们从编号 1 的电灯开始，每一分钟随机选择开启一盏电灯。这些电灯有这样的一种功能：当编号小于其的所有电灯都处于开启状态时，并且当前电灯也是开启的，则此电灯会发出蓝光，否则会发出黄光。当所有电灯都被开启后，过一分钟后会将所有的灯都关闭。现在输入一个列表，列表中存放的数据表示每分钟打开的电灯的编号，编程计算所有开着的电灯都发出蓝色的光的时长是多少分钟。例如输入列表为[2, 1, 3, 5, 4]，则第 2 分钟结束到 4 分钟之间所有电灯都发出蓝光，第 6 分钟所有电灯也会发出蓝光，最终需要返回 3 作为答案。

在着手解决本题之前，首先可以先思考一下用什么样的思路来解决本题。首先根据题意，我们可以在每次开灯操作后都检查一遍当前所有开着的灯是否都是蓝色的，如果是则进行时长的记录，但这样的操作实际上非常麻烦，开着的灯越多，进行检查所需要遍历的次数也会越多。因此，我们可以思考使用一些技巧来进行判断。

仔细分析，你会发现，当所有亮着的灯都发出蓝色灯光时，一定满足这样的条件：假设编号最大的灯的编号为 m，则从 1 到 m 编号的所有灯都是亮着的，因此所有亮着的灯的编号之和一定等于 1+2+3+...+m。按照这个思路，每次点亮一盏灯后，我们只需要判断当前所有亮着的灯的编号的和是否满足条件即可，这样只需要一轮遍历即可获取到答案。

示例代码如下：

```python
def numTimesAllBlue(light):
    # 如果当前所有开着的灯都发出蓝光，需要满足的编号的和
    sum = 0
    # 当前所有开着的灯的编号的和
    currentSum = 0
    # 当前所有开着的灯都发蓝光的时长
    dur = 0
    # 进行时长运算
```

```
for index in range(1, len(light)+1):
    sum = sum + index
    currentSum = currentSum + light[index-1]
    if sum == currentSum:
        dur += 1
return dur
```

 11.14.4 翻转灯泡的状态

房间内有 n 盏电灯，其编号为 1~n。现在用一个字符串标识房间中灯泡的开关状态，其中每个字符对应当前位置的灯泡开关情况，0 表示关闭，1 表示开启。例如"10001"表示房间有 5 盏电灯，第 1 盏和第 5 盏是开着的，其他都是关闭的。现在，有下面的动作可以执行：

动作：将某个编号以及编号大于其的所有灯泡状态进行翻转。

初始状态下所有的灯泡都是关着的，输入一个字符串 target，表示最终房间内要达成的灯泡开关状态，找到最少需要操作几次来得到预期的结果。

本题的核心在于对所执行的动作的理解，由于执行动作后会将当前编号的灯泡与其后所有灯泡都进行状态翻转，因此实际上我们并不需要真正构造出一个列表存放所有灯泡的状态，只需要编号从小到大地对灯泡进行检查，状态不符合时即进行一次翻转操作，记录下当前翻转的灯泡的状态即可，因为其后所有灯泡的状态都将与其保持一致。这样，解决本题就变得非常简单了，只需要一轮遍历即可。

示例代码如下：

```
def minFlips(target):
    # 记录当前灯泡的状态
    current = "0"
    # 记录灯泡需要翻转的次数
    count = 0
    # 遍历计算需要翻转的次数
    for c in target:
        if c != current:
            count += 1
        current = c
    return count
```

至此，我们介绍了许多与灯泡的开关状态相关的编程题，对于这类题目，除了使用常规的编程思路来寻找解题方向外，更多应该思考其规律性,通过规律入手来对解题思路进行简化。

11.15　宝石鉴定

　　商人甲收藏了很多奇异石头，这些石头中有些是价值连城的宝石，有些则只是石头而已。一日，商人甲找到了一个宝石鉴定机构，让其帮忙鉴定自己所收藏的这些石头中有多少是宝石。宝石鉴定机构的鉴定机器有设置好的鉴定程序，其首先会输入一个宝石样品列表，之后会对要鉴定的石头进行比较鉴定，如果发现有和样品列表中相似属性的石头，则会被鉴定为宝石。

　　现在，输入一个字符串 J 表示样品列表，其中每一个字符都表示一种类型的宝石，且没有重复字符存在（会区分大小写），再输入一个要鉴定的列表 S，将所有鉴定出的宝石的数量返回。例如输入 J 为 "ab"，S 为 "aaAccd"，则需要返回的宝石数量为 2。

　　本题只是将编程应用在了一个场景中，对题目本身来说非常简单。尤其是使用 Python 编程语言，我们可以十分容易地判断某个字符串是否包含某个字符，如题目要求，要统计宝石的数量，只需要一轮遍历即可。

　　示例代码如下：

```
def numJewelsInStones(J, S):
    # 定义变量记录宝石数量
    c = 0
    # 通过遍历筛选宝石
    for i in S:
        if i in J:
            c += 1
    return c
```

11.16　翻转游戏

　　很早之前，计算机上流行着这样一个双人游戏，初始时计算机会自动生成一个只包含字符 "+" 和字符 "−" 的字符串，对战的双方依次行动，每次行动的时候，玩家可以选择将连续的两个 "+" 字符翻转成 "−" 字符，直到一方再也找不到可以翻转的字符组时，则游戏结束。现在，输入一个游戏初始字符串，将一次翻转后所有可能出现的情况返回。例如输入 "++++"，则一次翻转后所有可能出现的情况为["++−−", "+−−+", "−−++"]。

　　本题非常简单，我们只需要一轮遍历即可，在遍历的过程中只要发现当前字符与下一个字符都是字符 "+"，即可进行翻转操作。需要注意的是，题目中要求找到所有可能的翻转情况，因此对于每次翻转，我们不能修改原字符串，需要将其复制一份进行操作，核心思路如下：

（1）对输入的字符串进行遍历。

（2）每轮遍历时，对字符串数据进行复制。

（3）遍历过程中，如果发现当前字符与下一个字符可以连成"++"，则进行替换。

（4）将所有可能的结果放入列表返回。

示例代码如下：

```
def generatePossibleNextMoves(s):
    res = []
    for i in range(len(s)):
        t = list(s)
        if i < len(t) - 1:
            if t[i] == "+" and t[i+1] == "+":
                t[i] = "-"
                t[i+1] = "-"
                res.append("".join(t))
    return res
```

11.17　井字棋的输赢判定

井字棋是小时候常玩的一种棋类游戏。井字棋需要两个玩家进行对战，棋的规则非常简单，并且棋子和棋盘都非常容易模拟。

首先，参与井字棋的两个玩家将在 3 * 3 的网格上进行游戏，游戏规则如下：

（1）玩家甲乙轮流将棋子放入棋盘的空格处。玩家甲使用 X 棋子，玩家乙使用 O 棋子。

（2）棋子只能放入棋盘的空格子中，已经有棋子的地方不能继续落子。

（3）只要有 3 个相同的棋子连成行、列或者对角线，则对应的玩家获胜。

（4）如果所有的棋子都放满了，则此局平局。

现在，使用程序对井字棋的胜负进行判定。程序会输入一组二维列表，列表中记录的是双方落子的位置坐标。例如输入：[[0, 0], [1, 0], [0, 1], [1, 1], [0, 2]]，则双方的落子情况如下，很明显此局甲获胜。

X	X	X
O	O	

假设输入的列表为[[0,0],[1,1],[0,1],[0,2],[1,0],[2,0]]，则双方的落子情况如下，很明显乙获胜。

X	X	O
X	O	
O		

　　假设，每局游戏都是由甲先开始落子，计算出当前的游戏结果，如果甲获胜，则返回 1，如果乙获胜，则返回2，如果平局，则返回0，如果当前比赛还未结束，则返回–1。

　　本题有一定的复杂性，首先我们需要根据玩家的落子过程进行整理，将数据整合成便于判断输赢的格式。我们可以定义 3 个列表：rows、columns 和 dia，分别用来记录每行、每列和两个对角线的落子情况，之后通过对这 3 个列表的遍历来判定当前棋局的状态。在进行棋局的状态判定时，首先可以先进行输赢判定，即只需要判断是否有连成一行、一列或者对角线的相同棋子即可。如果没有判定出输赢，则需要再次判定是否还有空白格存在，即可得到是平局或者游戏尚未结束。

　　示例代码如下：

```python
def tictactoe(moves):
    # 行列表，其中每个元素为对应行的落子情况
    rows = [[0, 0, 0], [0, 0, 0], [0, 0, 0]]
    # 列列表，其中每个元素为对应列的落子情况
    columns = [[0, 0, 0], [0, 0, 0], [0, 0, 0]]
    # 对角线列表，其中每个元素为对应对角线的落子情况
    dia = [[0, 0, 0], [0, 0, 0]]
    # 通过切换 isA 变量来交替落子
    isA = True
    # 将记录的对战过程数据填充到指定列表中
    for item in moves:
        tip = 0
        # 用 1 表示甲落子，用 2 表示乙落子
        if isA:
            tip = 1
        else:
            tip = 2
        # 填充行列表
        rows[item[0]][item[1]] = tip
        # 填充列列表
        columns[item[1]][item[0]] = tip
        # 填充对角线列表
        if item[0] == 0 and item[1] == 0:
            dia[0][0] = tip
        if item[0] == 0 and item[1] == 2:
            dia[1][0] = tip
        if item[0] == 1 and item[1] == 1:
            dia[0][1] = tip
            dia[1][1] = tip
```

```
        if item[0] == 2 and item[1] == 0:
            dia[1][2] = tip
        if item[0] == 2 and item[1] == 2:
            dia[0][2] = tip
        # 切换落子方
        isA = not isA
    # 进行输赢判定
    # 判定是否有连成一行的相同棋子
    for l in rows:
        if l[0] == 1 and l[1] == 1 and l[2] == 1:
            return 1
        elif l[0] == 2 and l[1] == 2 and l[2] == 2:
            return 2
    # 判定是否有连成一列的相同棋子
    for l in columns:
        if l[0] == 1 and l[1] == 1 and l[2] == 1:
            return 1
        elif l[0] == 2 and l[1] == 2 and l[2] == 2:
            return 2
    # 判定是否有连成对角线的相同棋子
    for l in dia:
        if l[0] == 1 and l[1] == 1 and l[2] == 1:
            return 1
        elif l[0] == 2 and l[1] == 2 and l[2] == 2:
            return 2
    # 若未分出胜负, 则判定是否还有空白格可以落子
    for l in rows:
        for i in l:
            if i == 0:
                return -1
    # 没有空白格, 并且没有输赢结果, 返回平局
    return 0
```

11.18　分发糖果问题

糖果分类问题是趣味编程中常见的一类问题。这类问题通常需要我们进行方案决策，通过设计合适的方案来满足题目中的要求。

11.18.1　怎样分糖果可以尽可能多地使儿童满足

儿童班的老师给学生们分发糖果。每个儿童都有一个能够满意的甜度胃口值，每颗糖果也都有一个表示甜度的甜度值。如果糖果的甜度值不小于儿童的胃口值，则这个儿童会满意。

老师需要如何分发糖果才能让尽可能多地使儿童满意？

输入两个列表 g 和 s，g 中存放的是每个儿童的胃口值，s 中存放的是每个糖果的甜度值。尝试编程找到分发最多可以使多少个儿童满意（儿童数和糖果数并不一定相同）。

对于本题，首先可以思考一下怎样来分发糖果才能使得满意的儿童最多。由于每个儿童的胃口值不同，因此每次分糖果时，我们可以从胃口最小的儿童开始分起，相应地尽量将小甜度值的糖果分发给他。这样，我们可以让尽量多的儿童满意。

对应到程序的编写，我们可以先对两个列表进行排序，之后使用两个指针指向两个列表的头部，对应儿童列表中的儿童胃口值来移动糖果列表的指针，找到可以满足的糖果后，进行计数，之后移动儿童列表的指针，直到所有的儿童都分发到了糖果或者糖果分发完成为止。

示例代码如下：

```python
def findContentChildren(g, s):
    # 对儿童胃口列表与糖果甜度列表进行排序
    g.sort()
    s.sort()
    # 存储可以满足的儿童个数
    count = 0
    # 定义两个指针
    i = 0
    j = 0
    # 通过移动指针来对学生分发糖果
    while i < len(g):
        # 通过移动指针来找到可以满足当前儿童胃口的最小的甜度值
        while j < len(s):
            if g[i] <= s[j]:
                count += 1
                j += 1
                break
            j += 1
        i += 1
    return count
```

11.18.2 给弟弟分糖果

小军有两个弟弟，每当父亲从外面带回种类各样的糖果后，都由小军来分发给两个弟弟。小军在给弟弟分糖果时，首先需要做到均分，即两个弟弟得到的糖果数量应该尽量一样多，之后为了照顾最小的弟弟，小军会试图让最小的弟弟获得的糖果种类最多。

现在，输入一个偶数个元素的列表，列表中的每一个数字元素代表一颗糖果，数字的值表示糖果的类型，例如输入列表[1, 1, 2, 3, 4, 4]表示有两颗"4 类型"的糖果，两颗"1 类型"的糖果，一颗"2 类型"的糖果和一颗"3 类型"的糖果。编程计算在最优的糖果分配策略下，最小的弟弟可以获得的糖果种类有多少种。

解决本题的关键在于如何制定分发的策略。在分发糖果时（假设要分发给 A 和 B），要保证其中一方得到的糖果种类最多（假设使得 B 得到的糖果种类最多），我们可以先将所有重复的糖果挑拣出来，这时糖果会被分为两堆，一堆是完全没有重复种类的糖果，另一堆是剩下的糖果。在分发时，B 优先从无重复种类的一堆糖果中拿去，A 优先从剩余的一堆糖果中拿去，当某堆糖果被拿完后，再平分剩下的即可。

根据上述的分发思路，解决本题会非常简单，示例代码如下：

```python
def distributeCandies(candyType):
    # 获取所有种类不同的糖果有多少个
    diff = len(set(candyType))
    # 余下的种类重复的糖果个数
    rep = len(candyType) - diff
    # 分场景进行处理
    if diff >= rep:
        # 如果种类不同的糖果更多，则有重复的糖果会先被拿完
        return rep + int((diff - rep) / 2)
    else:
        # 如果种类重复的糖果更多，则直接返回糖果的种类即可
        return diff
```

11.18.3　分发糖果

有 n 个小朋友坐成一排，编号为 1~n，我们有一堆糖果将要分发给这 n 个小朋友，分发糖果的策略如下：

（1）从编号 1 的小朋友开始，依次递增地分发糖果给小朋友。例如编号 1 分发 1 颗糖，编号 2 分发 2 颗糖，编号 n 分发 n 颗糖。如果某次分发时剩余糖果的数量不够，则将所有糖果分发给当前编号的小朋友。

（2）如果分完一轮后依然有剩余的糖果，则循环从头开始分发，此时编号 1 的小朋友将分发到 n+1 颗糖，以此类推，第二轮分发时，编号 n 的小朋友将得到 n+n 颗糖。

尝试编程计算糖果的分发情况，输入两个整数分别表示糖果的数量和小朋友的数量，返回一个列表，列表中的每个元素表示对应编号的小朋友被分到的糖果数量。例如输入糖果数为 7，小朋友数为 3，按照规则，第一轮分发完成后将只剩下一颗糖，会在第二轮分给编号为 1 的小朋友，最终需要返回[2, 2, 3]。

本题的逻辑并不复杂，我们只需要按照题目中描述的分发策略以编程的方式进行模拟即可。核心思路如下：

（1）首先定义一个结果列表，其元素个数与小朋友个数相同，初始状态所有元素的值都是 0。

（2）定义一个变量记录剩余的糖果个数。

（3）定义一个变量记录当前分发到的小朋友的编号。

（4）定义一个变量记录当前分发到的糖果数量。

（5）进行循环操作，只要还有剩余的糖果，则进入循环逻辑进行分发。

（6）给当前小朋友完成糖果分发后，修改各个变量的值，进行下一轮循环。

示例代码如下：

```python
def distributeCandies(candies, num_people):
    # 定义结果列表
    res = [0] * num_people
    # 记录剩余糖果的数量
    left = candies
    # 记录当前分发到的小朋友的编号
    i = 0
    # 记录当前分发的糖果数
    currentCount = 1
    # 核心的分发逻辑
    while left > 0:
        # 若已经完成一轮分发，则重新开始下一轮
        if i == num_people:
            i = 0
        # 若剩余糖果数不足，则全部分发给当前的小朋友
        if left > currentCount:
            left -= currentCount
        else:
            currentCount = left
            left = 0
        # 修改对应变量
        res[i] = res[i] + currentCount
        currentCount += 1
        i += 1
    return res
```

11.19 排布硬币

王离有一组硬币，他想将这些硬币排布成一个梯形的图形，即第 1 行一个硬币，第 2 行两个硬币，以此类推，形式如下：

```
*
* *
* * *
* * * *
```

当剩余的硬币不足摆满一行时，这些硬币将被舍弃掉。有一个问题一直困扰着王离，如果他知道手中硬币的个数，那么他能否知道这些硬币可以完整地摆满梯形的多少行呢？尝试使用编程的方式帮他解决。

对于本题，我们可以使用最直接的思路进行解题，首先计算排布每行所需要的硬币个数，每排布一行，就将剩余的硬币个数减少，直到硬币使用完或者剩余的硬币不足以排布当前行为止。

示例代码如下：

```python
def arrangeCoins(n):
    # 当前进行排布的行
    i = 0
    # 剩余的硬币个数
    left = n
    # 排布当前行需要的硬币个数
    need = 1
    # 进行循环排布，直到硬币个数不足
    while need <= left:
        i += 1
        left -= need
        need += 1
    return i
```

可以思考一下，是否可以借助一些数学逻辑来对上面的解题算法进行简化？

11.20　列表变换游戏

输入一个列表，列表中存放一组整数，需要对这个列表不断地进行变换操作，变换的规则如下：

（1）如果一个元素比其左右元素都小，则其进行自增 1。
（2）如果一个元素比其左右元素都大，则其进行自减 1。
（3）首尾元素始终保持不变，一轮变化结束后，如果依然有元素满足变换的条件，将循环进行变换操作。

最终你会发现，当列表变换到某种状态后，就无法再进行变换，例如输入列表[6, 2, 4, 1]，第一轮变换后将变成[6, 3, 3, 1]，之后将无法再进行变换，因此需要返回[6, 3, 3, 1]作为答案。

在解决本题时需要把握一个重点，即一轮变换时，所有元素的值都已经固定，也就是说，在变换时假设第 2 个元素符合条件进行了自增或自减，当对第 3 个元素进行是否需要变换的判定时，我们依然需要用未变换前的第 2 个元素的值作为参考。

示例代码如下：

```python
def transformArray(arr):
    # 首尾元素不变，如果列表中的元素少于 3 个，则直接返回
    if len(arr) < 3:
        return arr
    # 记录是否还需要下一轮变换
    needTransform = True
    # 定义结果列表，存储最终的变化结果
    res = list(arr)
    # 核心的变换逻辑
    while needTransform == True:
        # 使用当前的变换结果作为本轮变换的原始列表
        arr = list(res)
        # 默认本轮变换是最后一轮变换
        needTransform = False
        for i in range(1, len(arr)-1):
            # 如果左右元素小于中间元素，则中间元素自减
            if arr[i-1] < arr[i] and arr[i+1] < arr[i]:
                res[i] = arr[i] - 1
                needTransform = True
            # 如果左右元素小于中间元素，则中间元素自增
            elif arr[i-1] > arr[i] and arr[i+1] > arr[i]:
                res[i] = arr[i] + 1
                needTransform = True
        # 如果本轮有符合条件的变换产生，则需要进行下一轮变换的尝试
    return res
```

11.21 国际象棋中的车

国际象棋的棋盘由 8*8 的格子组成。工程师小王正在开发这样一款国际象棋游戏，在游戏中，小王使用大写字母来表示各种白方棋子，使用小写字母来表示各种黑方棋子。其中使用字母"R"表示白方的"车"，使用字母"p"表示黑方的"卒"。在程序中，使用一个 8*8 的二维列表来模拟棋盘上当前的状况。棋盘上没有任何棋子的格子在列表中会使用符号"."进行填充。

现在，小王正在编写这样一个功能：白方在移动棋子"车"时自动提示有多少种选择可以吃掉对方棋子。国际象棋中"车"的行棋策略如下：

（1）其只能选择向上、下、左、右这 4 个方向之一进行移动。

（2）如果行棋路线上有己方的子存在，则会被己方的子挡住前进的路。

（3）如果敌方棋子在己方"车"可行进的路线上，则可以将敌方棋子吃掉。

可以保证，目前棋盘上只剩下一个白色的"车"，编写代码找到白方，如果操作这个"车"进行行棋，有多少种方式可以吃掉敌方的棋子。

本题与我们之前练习的"井字棋游戏"有着类似的解题思路。首先我们可以将 8*8 的二维列表转换成两个记录行列信息的二维列表。之后根据行棋规则判断 4 个方向上是否有可以吃掉的敌方棋子的判定。

对于棋子的判断，我们可以预先定义两个列表，一个列表中存储 26 个小写字母，另一个列表中存储 26 个大写字母，通过判断代表棋子的字母在哪个列表中，即可知道其是黑方棋子还是白方棋子。

示例代码如下：

```python
def numRookCaptures(board):
    # 定义白棋字母列表
    wChars = ["A", "B", "C", "D", "E", "F", "G", "H", "I", "J", "K", "L",
            "M", "N", "O", "P", "Q", "R", "S", "T", "U", "V", "W", "X", "Y",
"Z"]
    # 定义黑棋字母列表
    bChars = ["a", "b", "c", "d", "e", "f", "g", "h", "i", "j", "k", "l",
            "m", "n", "o", "p", "q", "r", "s", "t", "u", "v", "w", "x", "y",
"z"]
    # 行组与列组列表
    rows = board
    columns = [[0, 0, 0, 0, 0, 0, 0, 0], [0, 0, 0, 0, 0, 0, 0, 0], [0, 0, 0,
0, 0, 0, 0, 0], [0, 0, 0, 0, 0, 0, 0, 0], [
        0, 0, 0, 0, 0, 0, 0, 0], [0, 0, 0, 0, 0, 0, 0, 0], [0, 0, 0, 0, 0, 0,
0, 0], [0, 0, 0, 0, 0, 0, 0, 0]]
    # 白棋子"车"所在的位置
    currentRow = 0
    currentColumn = 0
    # 构建列组列表
    for i in range(len(board)):
        for j in range(len(board)):
            columns[j][i] = board[i][j]
            if board[i][j] == "R":
                currentRow = i
                currentColumn = j
    # 棋子"车"可以行走的行和列
    tRow = rows[currentRow]
    tColumn = columns[currentColumn]
    res = 0
    # 判断往右行棋是否有子可吃
    for i in range(currentColumn+1, len(tRow)):
        if tRow[i] in bChars:
            res += 1
            break
```

```
        if tRow[i] in wChars:
            break
    # 判断向左行棋是否有子可吃
    for i in range(0, currentColumn-1):
        if tRow[currentColumn-1-i] in bChars:
            res += 1
            break
        if tRow[currentColumn-1-i] in wChars:
            break
    # 判断向下行棋是否有子可吃
    for i in range(currentRow+1, len(tColumn)):
        if tColumn[i] in bChars:
            res += 1
            break
        if tColumn[i] in wChars:
            break
    # 判断向上行棋是否有子可吃
    for i in range(0, currentRow-1):
        if tColumn[currentRow-1-i] in bChars:
            res += 1
            break
        if tColumn[currentRow-1-i] in wChars:
            break
    return res
```

上面的代码逻辑清晰，但是实际上有很多冗余代码存在，能否尝试对其进行优化，尽量减少代码的行数？

11.22　计算员工的平均工资

工程师小王被分配了这样一份工作，其需要为当前的财务系统新增一个计算平均工资的功能。平均工资的计算方式为：输入一组员工的工资（员工的人数不小于 3 人），去掉一个最低工资，去掉一个最高工资，对剩下的员工工资求平均数。

根据题目的描述，使用 Python 解决本题非常简单。我们只需要对输入的列表进行排序，之后将首尾元素删掉再求平均值即可。

示例代码如下：

```
def average(salary):
    tmp = list(salary)
    # 对列表进行排序
    tmp.sort()
    # 去掉尾元素(工资最高的)
```

```
tmp.pop()
# 去掉首元素(工资最低的)
tmp.pop(0)
all = 0
# 进行平均值计算
for i in tmp:
    all += i
return all / len(tmp)
```

11.23　比赛计分

记分员小李为一场特殊的比赛进行计分。比赛的初始状态分数为 0，之后计算机会根据选手的动作将影响分数的行为以列表的形式记录下来。列表中可能存在的元素有如下几种：

（1）正数：表示当前动作所得的分数。

（2）负数：表示当前动作所扣的分数。

（3）符号"+"：表示当前动作的得分为前两个动作得分的和。

（4）符号"D"：表示当前动作的得分为前一个动作的分数的两倍。

（5）符号"C"：表示前一次得分无效。

帮助小李完成这个功能的开发。需要注意，输入的列表中所有的元素都是字符串。

由于记录比赛行为的列表中除了分数信息外，还有表示特殊逻辑的符号。因此，我们可以先想办法将特殊符号消除，之后纯粹地计算得分即可。对于特殊符号的处理，我们可以借鉴栈的逻辑，当遇到"C"时，即让栈顶元素出栈即可。

示例代码如下：

```
def calPoints(ops):
    # 定义纯粹的得分列表
    tmp = []
    # 处理特殊字符的逻辑
    for i in ops:
        if i == "C":
            tmp.pop()
        elif i == "D":
            n = int(tmp[-1])
            tmp.append(str(n*2))
        elif i == "+":
            n = int(tmp[-1]) + int(tmp[-2])
            tmp.append(str(n))
        else:
```

```
        tmp.append(i)
    res = 0
    # 计算最终得分
    for i in tmp:
        res += int(i)
    return res
```

11.24　股票买卖的最大盈利

计算机上有一款计算股票盈利的软件，只要输入一组股票的每日价格列表，它就能计算出在这段时间内这只股票最多可以盈利多少。设计这款软件的核心计算程序。

首先，输入的列表中所有的元素都是整数，表示当日股票的价格。你需要尽量在价格低的时候买入，价格高的时候卖出，但是有一点需要注意，只有一次的买卖机会，买入的日期必须在卖出的日期之前，列表中的数据是按照日期的先后顺序排列的。

对于本题，我们可以对列表进行遍历，从而找到最大值与最小值的差值，即为最大盈利。但是需要注意，在寻找差值时，有一定的限制条件，买入的日期必须在卖出的日期前，因此我们可以从前向后对列表进行遍历，将到当前日期为止最低的价格进行存储，当遍历到比其大的价格时，即进行差价计算，当遍历到比其小的价格时，则将存储的最低价格进行更新。

示例代码如下：

```
def maxProfit(prices):
    # 元素少于两个，直接返回 0
    if len(prices) < 2:
        return 0
    # 记录最小的价格
    preMin = prices[0]
    # 记录最大的盈利
    maxP = 0
    # 核心的遍历逻辑
    for p in prices:
        if p > preMin:
            t = p - preMin
            maxP = max(maxP, t)
        else:
            preMin = p
    return maxP
```

本题题目中有要求我们只能进行一次买卖操作，这项条件实际上使得题目的难度降低了很多。如果要求不限制买卖次数（但是不能同时持有多笔交易），如何求得最大盈利？

将投资策略修改后，本题其实就变成了一道经典的动态规划题目。我们可以对每一天投资人持有股票时的最大收益和不持有股票时的最大收益进行计算。每一天的情况只与前一天的状态相关，因此可以用递推的方式解决。

示例代码如下：

```
# 定义一个模型类
# 用来存储每一日投资者不持有股票时的最大收益和持有股票时的最大收益
def __init__(self, noHaveProfit, haveProfit):
    # 不持有股票
    self.noHaveProfit = noHaveProfit
    self.haveProfit = haveProfit
def maxProfit(prices):
    if len(prices) == 0:
        return 0
    # 定义递推列表
    dp = []
    # 添加首元素
    dp.append(Opt(0, -prices[0]))
    for i in range(1, len(prices)):
        # 计算不持有股票时的最大收益
        noHaveMax = max(dp[i-1].noHaveProfit,
                        dp[i-1].haveProfit + prices[i])
        # 计算持有股票时的最大收益
        haveMax = max(dp[i-1].haveProfit, dp[i-1].noHaveProfit - prices[i])
        dp.append(Opt(noHaveMax, haveMax))
    # 最后一天且不持有股票时的收益一定是最大的，返回即可
    return dp[-1].noHaveProfit
```

其实本题还有一种更加简单的解法，我们可以采用贪心的思路来解题，即每日与上一日相比只要有收益，就进行买卖操作。按照这样的思路，编写的代码将非常简洁。

示例代码如下：

```
def maxProfit(prices):
    m = 0
    for i in range(1, len(prices)):
        # 只要有收益，就进行买卖操作
        m += max(0, prices[i] - prices[i-1])
    return m
```

11.25　单词组合游戏

输入一个字符串，可以将组成字符串的所有字符理解为一个字符池，游戏的规则为：使用字符池中的字符组合成尽量多的气球单词"balloon"。尝试通过编写程序完成这个游戏，将能组成的最多的"气球"个数返回。

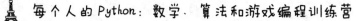

　　根据题目的要求，首先我们可以将输入的字符串中包含的字符拆解出来组成字符池。之后使用字符池中的字符尝试组成指定的"balloon"单词，每使用一个字符，都要将此字符从字符串中删除。最终，我们只需要记录能够组成多少个完整的"气球"单词即可。

　　示例代码如下：

```python
def maxNumberOfBalloons(text):
    # 定义字符池
    pool = []
    # 将输入字符串的所有字符遍历出来放入字符池
    for i in text:
        pool.append(i)
    tmp = "balloon"
    res = 0
    i = 0
    while len(pool) > 0:
        # 从字符池中找出当前所需要的字符
        if tmp[i] in pool:
            # 使用后的字符要从字符池中删除
            pool.remove(tmp[i])
            i += 1
        else:
            break
        # 组成了一个完整的单词后，进行计数，并重新尝试组装单词
        if i == len(tmp):
            res += 1
            i = 0
    return res
```

❀ 本章结语 ❀

　　编程本身就有很多乐趣，当编程与实际问题、游戏结合后，就更有意思了。本章提供的示例题目相对入门，相信对你来说并没有特别大的难度，下一章将挑选一些难度相对较大的应用类编程题，快去挑战吧！

第12章
烧脑游戏编程——进阶篇

读万卷书，行万里路。

——古语有云

上一章中，我们练习了许多非常有趣的编程题，其中很多都是以游戏的场景描述的。本章将继续给大家介绍更多应用场景的编程题。相比第 11 章，本章提供的题目难度将更高，需要使用更加灵活的解题思路与更加复杂的算法。

刚开始，这些题目可能会给你造成不小的困扰，但是相信只要经过适当的练习，最终将会游刃有余地解决这类问题。当然，对于编程问题来说，解法永远都不是唯一的，解题算法也总有优化与更新的可能，对于本章的每一道题目，本书都会提供一个经典的思路与解题方法，如果你有兴趣，可以再深入地思考一下是否有其他的解题方法或更优的解题方法。

12.1 统计战舰个数

输入一个二维列表表示一块空地，其中使用字符"X"表示被战舰占据的位置，字符"."表示空位。以行或者列连在一起的"X"将组成更大的战舰。例如下面的二维列表描述的场景中有两艘战舰。

X		X
		X
		X

其中第一艘战舰占据在[0, 0]的位置，其是一艘只占据一个空位的小战舰，第二艘战舰占据了[0, 2]、[1, 2]和[2, 2]三个空位。下面的二维列表描述的场景同样有两艘战舰：

X	X	X
	X	X

但是需要注意，战舰的排布有一项严格的标准：两艘战舰之间必须至少有一行（一列）空隙。因此，下面的列表描述的战舰排布是不合法的：

X	X	X
X		

现在，输入一个有效的战舰排布列表，统计战舰的个数。

题目中约定了输入的战舰排布列表都是有效的，这将题目难度降低了很多，我们无须再对战舰排布的有效性做逻辑判断，只需要找到统计战舰个数的方法即可。仔细观察战舰的排布方式你会发现，我们从前向后对二维列表进行遍历，如果遍历到的当前元素为"X"，则可以继续检查其右侧和下侧的格子中的元素是否为"X"，如果是，则表明当前格子并不是组成当前战舰的"最后一个格子"，我们只对组成战舰的"最后一个格子"的个数进行计数，即可得到战舰的个数。

示例代码如下：

```python
def countBattleships(board):
    # 记录战舰个数
    count = 0
    # 对二维列表进行全遍历
    for i in range(len(board)):
        # 获取当前行数据
        row = board[i]
        for j in range(len(row)):
            # 获取当前格子的元素
            item = row[j]
            # 记录右边是否有"X"
            right = False
            # 记录下边是否有"X"
            bottom = False
            if j < len(row)-1:
                right = row[j+1] == "X"
            if i < len(board)-1:
                bottom = board[i+1][j] == "X"
            # 当前格子是组成当前战舰的最后一个有效格子，进行计数
            if not right and not bottom:
                count += item == "X"
    return count
```

12.2 田忌赛马

我们都听过田忌赛马的故事，田忌赛马是一个经典的对策问题。

相传春秋战国时期，田忌经常与齐国众公子赛马，设重金赌注。孙膑发现他们的马脚力都差不多，马分为上、中、下三等，于是对田忌说："您只管下大赌注，我能让您取胜。"田忌相信并答应了他，与齐王和各位公子用千金来赌注。比赛即将开始，孙膑说："现在用您的下等马对付他们的上等马，用您的上等马对付他们的中等马，用您的中等马对付他们的下等马。"三场比赛结束后，田忌一场败而两场胜，最终赢得了齐王的千金赌注。

故事中描述了一个典型的拥有优势资源却输掉了比赛的场景。假设我们使用编程来模拟赛马过程，输入两个列表 A 和 B，列表中的元素对应每匹马的马力，如何排布 A 列表中马的顺序，才能使 A 相对于 B 的优势最大？编程将能够取得最大优势时 A 列表中马的排布情况返回（不一定唯一，只要可以取得最大优势即可）。

按照田忌赛马的思路，若想一方优势最大，在马力的匹配上，我们应该选择刚好大于对方当前马匹马力的马匹与其匹配，对应到程序设计，我们可以先将A列表进行排序，之后遍历B列表，对于每个B列表中的元素，找到排序后的A列表中第一个大于其的元素，将其选出来即可。

示例代码如下：

```python
def advantageCount(A, B):
    # 创建用来存放最终结果的列表
    res = [0] * len(B)
    # 将尚未安排出场的马匹的位置记录下来
    tmpIndex = []
    # 对 A 列表进行排序
    A.sort()
    # 对 B 列表进行遍历
    for i in range(len(B)):
        # 记录是否找到了可以刚好获取优势的马匹
        isHandle = False
        itemB = B[i]
        for j in A:
            if j > itemB:
                # 找到合适的马匹后停止遍历
                res[i] = j
                A.remove(j)
                isHandle = True
                break
        # 如果没有找到合适的马匹，对位置进行记录，最后使用剩余的马匹进行填充
```

```
    if not isHandle:
        tmpIndex.append(i)
# 将未安排马匹的位置任意填充上剩余的马匹
for j in A:
    index = tmpIndex.pop()
    res[index] = j
return res
```

12.3 炸弹人游戏

你玩过一个叫作"炸弹人"的游戏吗？在游戏中，有一个二维的网络表示地图，地图中由3种元素填充："W"表示墙体，"E"表示敌人，"0"表示空位。游戏时，你可以将炸弹放置在任意一个空位。炸弹的威力不能穿透墙体，现在输入一个二维列表表示当前游戏地图的状态，计算将炸弹放置在何处时，可以炸到最多的敌人，将能够炸到的敌人个数返回。例如输入的二维列表情况如下：

0	E	0	0
E	0	W	E
0	E	0	0

当在第2行第2列放置炸弹时，可以炸到最多的3个敌人，因此需要返回3作为答案。

按照最直接的解题思路进行分析，我们可以遍历整个地图，对每个空位格子进行测试，测试的时候分别向上、下、左、右4个方向进行扩展，如果遇到的格子有敌人，则进行计数，如果遇到的是空位，则继续延伸，直到遇到墙体或者到达地图的边界位置。

示例代码如下：

```python
def maxKilledEnemies(grid):
    # 记录在每个空位放置炸弹可以炸到的敌人
    res = [0]
    # 对地图进行全遍历
    for i in range(len(grid)):
        row = grid[i]
        for j in range(len(row)):
            item = row[j]
            # 定义变量，记录4个方向上可以炸到的敌人个数
            left = 0
            right = 0
            top = 0
            bottom = 0
            if item == "W" or item == "E":
                continue
```

```
# 4 个方向可以炸到的敌人计数
x = j - 1
while x >= 0:
    if grid[i][x] == "W":
        break
    if grid[i][x] == "E":
        left += 1
    x = x - 1
x = j + 1
while x < len(row):
    if grid[i][x] == "W":
        break
    if grid[i][x] == "E":
        right += 1
    x = x + 1
y = i - 1
while y >= 0:
    if grid[y][j] == "W":
        break
    if grid[y][j] == "E":
        top += 1
    y = y - 1
y = i + 1
while y < len(grid):
    if grid[y][j] == "W":
        break
    if grid[y][j] == "E":
        bottom += 1
    y = y + 1
# 将结果存放到列表中
res.append(left+right+top+bottom)
# 将列表中最大的元素返回
return max(res)
```

12.4　消除数字

对于一个从 1 到 n 排好序的整数列表，我们可以对其进行如下操作：

（1）从左到右，删除所有偶数位的数字。

（2）从右到左，删除所有偶数位的数字。

对列表重复进行上面两步操作，直到列表中只剩下一个元素为止，将此元素返回。

现在，输入一个数字 n 表示构建一个从 1 到 n 排序的整数列表，编程返回最终剩余的数字。

对于本题来说，我们可以构建出一个包含 n 个元素的列表来重复进行上述操作，将最终留下的数字返回。理论上说，这种解法是可行的，示例代码如下：

```python
def lastRemaining(n):
    l - []
    for i in range(n):
        l.append(i+1)
    while len(l) > 1:
        res = []
        for i in range(len(l)):
            if i % 2 != 0:
                res.append(l[i])
        # 通过逆序来交替进行操作
        l = res[::-1]
    return l[0]
```

上面的示例代码演示的思路比较直接，但是这并不是题目的本意，首先题目中只输入了一个整数，这个整数可能非常大，并且我们需要返回的也仅仅是一个整数，构建庞大的列表数据会浪费很多内存，并且模拟消除数字的操作过程也会非常耗时。对于本题，我们应该思考每次操作后消除掉的数字的规律，从规律入手找到更加便捷高效的解题方法。

首先，我们可以枚举一些输入与输出的数据来归纳规律，输入与输出对应关系如下：

```
1   -> 1        1   -> 1        1   -> 1
3   -> 2        2   -> 2        5   -> 2
6   -> 4        4   -> 2        10  -> 8
12  -> 6        8   -> 6        20  -> 6
24  -> 12       16  -> 6        40  -> 30
48  -> 22       32  -> 22       80  -> 22
96  -> 54       64  -> 22       160 -> 118
182 -> 86       128 -> 86       320 -> 86
```

通过分析输入输出关系对照表，我们很容易发现它们之间的递推关系，即如果输入的数值为 x，输出的数值为 y，则输入数值为 2x 的时候，输出的数值将变为 2*(x–y+1)。有了这个递推公式，解题就变得非常简单了，示例代码如下：

```python
def lastRemaining(n):
    if n == 1:
        return n
    # 使用递推公式计算
    return 2 * (n // 2 - lastRemaining(n // 2) + 1)
```

上面的示例代码简单了很多，并且存储和运行效率都更加优异。

12.5　为赛车加油

在一款赛车游戏中，你将驾驶一辆拥有无限大油箱的赛车在环形跑道上行驶。环形跑道上有多个加油站，每个加油站拥有的汽油升数是有限的，第 i 个加油站的汽油存量存储在列表 gas[i]中，同时，各个加油站间的距离也不同，从第 i 个加油站行驶到第 i+1 个加油站所需要消耗的汽油数为 cost[i]。

现在，输入两个列表gas和cost，列表中存储的都是数值，初始状态时，赛车的油箱是空的，找到从哪个加油站出发可以保证赛车能够在环形公路上行驶一周，将加油站的编号返回（编号从0开始）。如果没有可以满足条件的答案，则返回-1即可。可以保证gas列表和cost列表中的元素个数一致。

按照我们一贯的解题思路，首先使用最直接的解法，即通过遍历来检查以每个加油站作为起点时是否可以跑完全程。核心思路如下：

（1）依次将每个加油站作为起点进行验证。

（2）验证过程中，可以使用一个变量存储当前剩余的油量，如果为负数，则表明不能跑完全程。

（3）如果从某个加油站出发，跑完全程剩余的油量始终不是负数，则此加油站可以作为起点。

示例代码如下：

```
def canCompleteCircuit(gas, cost):
    # 起点位置
    start = 0
    # 加油站个数
    count = len(gas)
    # 通过遍历进行验证
    while start < count:
        # 路程是环形的，根据起点重组加油站顺序
        g = gas[start:] + gas[0:start]
        c = cost[start:] + cost[0:start]
        # 剩余油量
        left = 0
        for i in range(len(g)):
            left += g[i] - c[i]
            # 油量为负数，当前加油站不适合作为起点
            if left < 0:
                break
```

```
        # 行驶结束后，如果油量不为负，则找到答案
        if left >= 0:
            return start
        start += 1
    return -1
```

阅读上面的示例代码，你会发现，上面的解法中存在大量的重复计算。我们可以继续深入思考一下，当加油站的存油总量和路程的耗油总量有怎样的关系时，赛车能够跑完整个路程？这其实显而易见，只要耗油的总量不大于存油的总量，那么一定存在一个加油站可以作为起点来使赛车跑完全程的，剩下的问题就变成了如何找到这个合适的起点。

假设路程的总耗油量与加油站的总存油量一致，那么赛车在起点和终点时的油量都一定是 0，我们可以从第 1 个加油站开始依次计算经过每个加油站时的剩余油量，当在某个加油站时剩余油量最小时，下一个加油站就是我们要找的起点。因为当赛车行驶到某个加油站时，理论上的油量最小（假设为负），而到达终点时剩余油量为 0，则之后剩余的加油站的油量一定会将之前加油站缺少的油量补充回来。

示例代码如下：

```
def canCompleteCircuit(gas, cost):
    # 依次记录到每个站时的剩余油量（理论上可能为负）
    lefts = []
    left = 0
    for i in range(len(gas)):
        # 计算当前剩余油量，并存入列表
        left += gas[i] - cost[i]
        lefts.append(left)
    # 如果最终剩余油量小于 0，则无法跑完全程
    if left < 0:
        return -1
    # 找到剩余油量最小时所在的加油站
    index = 0
    mi = lefts[0]
    for i in range(len(lefts)):
        l = lefts[i]
        if l < mi:
            mi = l
            index = i
    if index == len(lefts)-1:
        return 0
    return index + 1
```

12.6　马走日

在中国象棋中，棋子"马"是一种非常特殊的角色，在象棋高手手中，"马"的作用往往会被发挥得淋漓尽致。假设我们有一张无限大的棋盘，横轴和纵轴的坐标都是从负无穷到正无穷。在坐标系的原点有一颗棋子"马"，输入一个坐标点（x, y），尝试找到将棋子"马"移动到指定的坐标点最少需要走几步。

"马"的行棋规则：其可以选择向左（右）走一步，之后向前（后）走两步，或者先选择向前（后）走一步，再向左（右）走两步。也就是说，棋子"马"每走一步有 8 个方向可以选择。其路线非常类似汉语中的"日"字。

解决本题不能从常规的思路入手，首先棋子"马"的行棋方向有 8 个，向 8 个方向去遍历找到最短路径是不现实的，我们可以采用一种小范围内计算最短路径，大范围内进行逐步逼近的思路来解决本题。

棋子"马"的行棋特点比较特殊，这将造成在小范围内并非离目标点越近，所需走的步数就越少。例如，从（0, 0）坐标走到（1, 2）的位置只需要 1 步，但是从（0, 0）出发走到（1, 1）的位置却需要两步，即先走到（–1, 2），再移动到（1, 1）。因此，我们可以将小范围内行棋到每个位置的最小行棋步数计算出来。

如果棋子离目标点非常远，则我们可以采用逐步逼近的思路处理，每次在行棋时，都尽量行走至离目标的绝对距离最近的地方。还有一个细节需要注意，题目规定从原点（0, 0）开始行棋，因此无论目标点在第几象限，我们都可以通过取绝对值的方式将其映射到第一象限进行处理。

根据上面提供的思路，解题第一步，需要先计算小范围内的行棋最短路径，以 4 * 4 的网格地图为例，从（0, 0）出发到地图上的每一个点的最少步数可以先计算出来。

行棋到（0, 0）位置无须额外步数，步数为 0。

行棋到（0, 1）位置的最少步数为 3。

行棋到（0, 2）位置的最少步数为 2。

……

以此类推，将 4*4 的地图的每个位置都计算完成后，我们可以将其放入一个二维列表，用来确定最终 4*4 的小范围内最少需要的步数。

示例代码如下：

```
def minKnightMoves(x, y):
    # 小范围内的最少行棋数据
    dic = [[0, 3, 2, 3, 2], [3, 2, 1, 2, 3], [
        2, 1, 4, 3, 2], [3, 2, 3, 2, 3], [2, 3, 2, 3, 4]]
```

```python
# 对负值取绝对值, 尽量都在坐标轴和第一象限内处理
x = abs(x)
y = abs(y)
# 记录当前棋子走到的位置
currentX = 0
currentY - 0
# 记录当前的行棋步数
step = 0
# 记录当前离目标点的 x 方向的距离和 y 方向的距离
diffX = abs(x - currentX)
diffY = abs(y - currentY)
# 如果当前离目标位置较远, 则使用逼近的思路行棋
while diffX > 4 or diffY > 4:
    # 若 x 方向距离目标点更远, 则优先减少 x 方向的距离, 否则优先减少 y 方向的距离
    if diffX > diffY:
        # 通过目标点与当前位置的差值来判断行棋方向
        if currentX < x:
            currentX += 2
        else:
            currentX -= 2
        if currentY < y:
            currentY += 1
        else:
            currentY -= 1
    else:
        if currentX < x:
            currentX += 1
        else:
            currentX -= 1
        if currentY < y:
            currentY += 2
        else:
            currentY -= 2
    diffX = abs(x - currentX)
    diffY = abs(y - currentY)
    step += 1
# 当距离目标点较近时, 采用计算好的数据来确定步数
return dic[diffX][diffY] + step
```

本题提供的解题算法比较巧妙，并非是常规的解决这类题目的算法，如果有兴趣，也可以尝试使用广度遍历加剪枝的方式来解决本题。

12.7 最大的岛屿面积

计算机中的游戏地图实际上都是二进制数据模拟的，在某个游戏中，游戏开始时玩家需要选择一块岛屿作为自己的根据地。在这款游戏的开发过程中，岛屿是这样定义的：输入一个二维列表，列表中存放的是数字 1 或者数字 0。输入的二维列表描述了一块地图区域，其中 0 表示此处是海洋，1 表示此处是岛屿。假设此二维网格中的一个格子代表单位面积 1，请你找到输入的地图区域中最大的岛屿的面积是多少。需要注意，只有在水平方向或竖直方向上相邻的"1"才会组成整体作为岛屿。例如输入的列表如下，则其最大的岛屿面积是 4，而不是 5，因为第一行第一列的格子中虽然填充了 1，但是其在水平和竖直方向上都没有和其他岛屿连在一起。

1	0	0	0
0	1	1	0
0	1	1	0
0	0	0	0

本题是一道经典的 n 叉树的深度遍历应用题目。因为我们需要找到最大的岛屿，因此在遍历地图时，如果遇到了数字 1，则需要以此位置为原点，分别向上、下、左、右 4 个方向进行遍历查找，每当在周围遇到表示陆地的数字 1 时，都需要以此点为原点继续向 4 个方向遍历，这其实就类似于 4 叉树的深度遍历，但是需要注意，地图是一种图结构，其并不像 n 叉树那样是有方向的，因此在遍历的过程中我们非常容易遇到环，解决这个问题有一个通用的做法，即每当我们遍历到一个陆地元素数字 1 时，将其进行面积计数，并将其置为 0，之后就不会再重复计算此块陆地的面积了。

根据上面的思路，编写示例代码如下：

```
# 深度遍历的核心逻辑
def handle(i, j, grid):
    # 当前格子元素为 0，直接返回
    if grid[i][j] == 0:
        return 0
    # 向 4 个方向做递归的深度遍历
    left = 0
    right = 0
    top = 0
    bottom = 0
```

```
        grid[i][j] = 0
        # 进行边界判断
        if i > 0:
            left = handle(i-1, j, grid)
        if j > 0:
            top = handle(i, j-1, grid)
        if i < len(grid)-1:
            right = handle(i+1, j, grid)
        if j < len(grid[i])-1:
            bottom = handle(i, j+1, grid)
        return left + right + bottom + top + 1
# 功能入口函数
def maxAreaOfIsland(grid):
    res = [0]
    # 通过深度遍历计算所有岛屿的面积并进行记录
    for i in range(len(grid)):
        for j in range(len(grid[i])):
            if grid[i][j] != 0:
                res.append(handle(i, j, grid))
    # 将最大的岛屿面积返回
    return max(res)
```

树与图的深度与广度遍历有着非常广泛的实际应用。在许多计算模型的游戏逻辑中都有它们的身影。

12.8 跳跃游戏

输入一个列表，列表中存放的都是非负整数。游戏开始时，你的角色定位在列表的第一个元素的位置，元素的值表示可以向列表后面跳跃的最大长度。尝试编程判断是否有一种决策方式可以让你的角色最终跳跃到列表的最后一个位置。如果有，则返回 True，否则返回 False。

本题看上去是一个决策问题，可以通过回溯和递归的方式对所有可能做的决策路径进行验证。但是这并不是最优的解法。分析题目，我们可以发现，如果某个位置 a 可以跳跃到最远的目标位置 t，则 a 到 t 之间的任意一个位置应该都是可以到达的。例如列表中下标为 2 的位置的元素是 4，则其能够跳转到列表中下标为 3、4、5、6 的位置。因此，要解决问题，我们实际上只需要维护好当前可以跳跃到的最远位置，遍历列表中最远位置之前的元素，如果有更远的可以到达的位置，则对当前可跳跃到的最远位置进行更新，最多通过一轮遍历来验证是否能够跳跃到终点。

示例代码如下：

```
def canJump(nums):
    if len(nums) <= 1:
```

```
        return True
    # 起始可以到达的最远位置
    maxIndex = nums[0]
    # 当前遍历到的下标
    currentIndex = 0
    # 核心的遍历逻辑
    while currentIndex <= maxIndex:
        # 找到当前遍历到的位置可以跳跃到的最远的位置
        tmp = nums[currentIndex] + currentIndex
        # 判断是否需要更新可以到达的最远位置
        if tmp > maxIndex:
            maxIndex = tmp
        currentIndex += 1
        if currentIndex == len(nums):
            break
    return maxIndex >= len(nums)-1
```

现在，我们对游戏的模式做一些修改，依然是输入一个非负整数列表，假设在任意一个下标 i 处的元素数值为 a，则表示角色在当前下标时，可以选择跳跃到 i+a 的位置，也可以选择跳跃到 i–a 的位置，需要注意，角色不能跳出到列表之外。输入这样一个列表和一个角色的起始位置，尝试找到是否有方法跳跃到某个元素为 0 的位置，返回布尔值。例如输入的列表为：[4, 2, 3, 0, 3, 1, 2]，输入的起始位置为 0，则可以通过如下路径进行跳跃，需要返回 True 作为答案：

下标 0(4)->下标 4(3)->下标 1(2)->下标 3(0)

修改后的题目并不复杂，核心是从某个点出发，按照跳跃的规则进行角色移动时是否可以跳到某个元素为 0 的位置，每次在进行跳转时，我们可以选择向前跳转，也可以选择向后跳转。如此，问题实际上就变成了图的深度遍历，每当我们遍历到某个位置的元素为 0 时则结束遍历，或者所有能跳跃到的节点都被遍历一遍，则也标志遍历结束。

示例代码如下：

```
# 核心的遍历方法
def search(arr, index):
    # 超出列表范围，终止遍历
    if index < 0 or index >= len(arr):
        return [False]
    # 遇到 0 直接返回
    if arr[index] == 0:
        return [True]
    # 遇到负数表示当前位置之前遍历过，直接返回
    if arr[index] == -1:
        return []
    tmp = arr[index]
```

```
    # 当前元素置为负数，表示遍历过
    arr[index] = -1
    return search(arr, index+tmp) + search(arr, index-tmp)
# 入口函数
def canReach(arr, start):
    res = search(arr, start)
    for i in res:
        if i:
            return True
    return False
```

关于这个跳跃游戏，其实还有第 3 种玩法。输入一个非负列表和一个整数 k，起始时，你的角色在列表中下标为 0 的位置，每次可以让角色最多向前跳跃 k 个单位。例如当前角色在下标为 0 的位置，k 为 3，则可以跳跃到下标为 1、2 或 3 的位置。列表中每个元素的值表示角色停留在此位置时可以获得的分数。现在，我们的目标是跳跃到列表的最后一个位置，尝试编程找到一种跳跃方法可以获得最大的得分，并将最大的得分返回。

分析这种模式下的游戏规则，核心目标是找到到达最后一个格子并且得分最高。可以发现，当跳跃到某个位置时，当前的最高得分与其来源位置的最高得分是相关的，因此这是一道非常经典的动态规划题目，我们通过计算每个位置的最高得分来推导它所能跳跃到的下一个位置的最高得分，最终只需要将最后一个位置的最高得分找到即可。

示例代码如下：

```
def maxResult(nums, k):
    # 记录每个位置当前的最高得分
    res = [None] * len(nums)
    res[0] = nums[0]
    # 记录最后一个位置的得分情况
    fin = []
    # 核心的动态规划推导过程
    for i in range(len(nums)):
        for j in range(1, k+1):
            if i + j < len(nums):
                numsV = nums[i + j]
                resV = res[i + j]
                # 这个位置的最高得分还没计算过
                if resV == None:
                    # 取来源位置的
                    if res[i] != None:
                        res[i + j] = numsV + res[i]
                    else:
                        res[i + j] = numsV + nums[i]
                # 已经计算过最高得分
                else:
                    if res[i] != None:
```

```
                        res[i + j] = max(resV, numsV + res[i])
                    else:
                        res[i + j] = max(resV, numsV + nums[i])
            if i + j == len(nums) - 1:
                fin.append(res[i + j])
    return max(fin)
```

12.9　拿石子游戏

我们有奇数个石子，这些石子分成 n 堆有序地进行排列。小王和小李依次从这一行石子堆中的首或者尾取石子。当所有石子都被取完时，小王和小李谁手中的石子多，谁就将获得游戏的胜利。因为石子的个数是奇数，因此不可能存在平局的情况，假设每一局游戏都是小王先手开始，并且小王和小李都发挥到最佳水平，编程分析小王是否可以获取胜利。

在解题时，我们可以将其抽象为输入一个正整数列表，列表中的元素值表示当前石子堆的个数，每次取石子时，只能从列表的头部或尾部取出。

看到题目，你可能会想到使用动态规划的方式来推导答案。这的确是一种解题思路，可以将石子的堆数与小王和小李手中所拥有的石子个数差建立关系进行递推推导。

其实，仔细分析题目，其实不需要做任何逻辑运算就可以得到答案。我们假设石子有 10 堆，如下所示：

A	B	A	B	A	B	A	B	A	B

上面的列表中，为每一堆石子进行编号，你会发现，如果小王先选，其可以选择 A 编号的石子堆，也可以选择 B 编号的石子堆，如果小王选择了 A 编号的石子堆，则其可以逼迫小李只能选择 B 编号的石子堆，反之亦然。因此，只要保证石子的个数是奇数，并且每次游戏开始都是小王先选，则他一定会获胜，他只需要计算出属于 A 堆的石子个数多还是属于 B 堆的石子个数多即可。

因此，这是一个可以保证先手必赢的游戏：

```
def stoneGame(piles):
    return True
```

12.10　分割绳子

现在，有一根长度为 n 的绳子，n 的值大于 1。将其分割成 m 段，分割的段数需要大于 1 且分割的每段长度都是整数。如何进行绳子的分割，可以使每段绳子的长度乘积最大？例如输入 n=8 时，需要将其分割成长度分别为 2、3、3 的三段，这时其乘积最大为 18。

认真阅读题目，首先题目中规定初始时绳子的长度大于1，而且分割的段数也需要大于1，当绳子的长度为2时，我们只能将其分割成两段长度为1的绳子，此时乘积为1。对于本题，我们可以采用递归遍历的方式尝试对所有可能的分割方案进行验证，最终将乘积最大的方案的乘积返回。

在实际编码时，我们可以考虑进行分割与不进行分割两种场景。例如，当前绳子长度为5，第一次分割已经分割出了一段长度为2的绳子，则剩下长度为3的绳子可以选择继续分割，也可以选择不再分割，如果不再分割，则当前的乘积结果为6，如果继续分割，则长度为3的绳子可以再分割成长度为1和2的两个绳子，此时乘积的结果为4，因此最终需要返回的结果为6。

示例代码如下：

```python
# 对递归函数进行优化
import functools
@lru_cache(maxsize=1000, typed=False)
def cut(n):
    # 如果当前要分割的绳子长度为2，则只有一种分割方式，直接返回
    if n == 2:
        return 1
    # 记录绳子的最大长度
    l = 0
    # 进行递归遍历
    for i in range(2, n):
        # i为当前绳子进行分割的位置
        # i * (n-i)表示之后不再分割的话，最终的乘积结果
        # i * cut(n-i)表示之后再进行递归分割最终的最大乘积结果
        # 选择"不再分割"与"继续分割"两种方案中乘积大的作为结果
        current = max(i * (n - i), i * cut(n-i))
        if current > l:
            # 更新最大乘积
            l = current
    return l
# 功能入口函数
def cuttingRope(self, n: int) -> int:
    return cut(n)
```

很多时候，递归会造成很大的性能消耗，在 Python 中，如果我们使用了递归函数，则应该尽量使用缓存装饰器对其进行性能优化。

12.11　载人过河

有一群人需要过河，人们的体重存储在一个列表中。过河需要搭乘的船的载重标准是一

定的，我们将其定为 limit，并且每艘船只可以搭乘一个人或者两个人（可以保证没有哪个人自己的体重超出船的载重标准）。现在，输入一个列表表示要过河的一群人，同时输入一个整数 limit 表示船的载重量，编程计算将所有人都载过河的话，最少需要多少艘船。

　　分析题目可以发现，我们要找到将所有人载过河的最少的船只数量，就要尽量使每艘船都载最多的人数过河（即两人）。因此，本题是一道经典的进行最佳决策的问题，也是贪心算法的一种经典应用场景。

　　对于本题，我们可以尝试按照这样的思路解决。首先要让每艘船发挥最大的价值，则每艘船都应该尽量载两人，我们可以将列表中的元素进行从小到大排序，之后依次使用最大的元素和最小的元素进行组合来尝试同乘一条船，如果当前最大元素和当前最小元素的和没有超出船的载重，则让其进行组合乘船，如果体重和超出了船的载重，则当前最大体重的人无论再怎么与其他人组合，体重都会超出船的载重，因此当前最大体重的人只能单独乘坐一艘船过河，按照这样的思路，在编写程序时，我们可以使用两个指针来维护当前尚未过河的人的范围，使用贪心算法的思路来进行船只的分配。

　　示例代码如下：

```python
def numRescueBoats(people, limit):
    # 人数小于两个，直接处理
    if len(people) <= 1:
        return len(people)
    # 根据体重大小进行排序
    people.sort()
    # 首指针，始终指向当前体重最轻的
    left = 0
    # 尾指针，始终指向当前体重最重的
    right = len(people) - 1
    # 计数所需要的船只数
    count = 0
    while left <= right:
        # 最后只剩下一个人，结束循环
        if left == right:
            count += 1
            break
        # 如果最小与最大的元素的和不超重，则进行组合乘船
        elif people[left] + people[right] <= limit:
            # 移动首尾指针
            left += 1
            right -= 1
        # 如果最小与最大的元素的和超重，则体重最大的人单独乘船
        else:
            right -= 1
        count += 1
    return count
```

12.12　迅捷斥候——提莫

《英雄联盟》是一款非常火热的游戏，在《英雄联盟》游戏中，有一名叫作提莫的英雄，此英雄在攻击敌人的时候会使敌人中毒。毒性可以持续地对敌人造成伤害。现在我们输入一个列表中的元素记录某个时刻提莫对敌人进行了攻击，同时输入一个整数 n 表示受到提莫攻击后会持续的中毒时间。计算在提莫攻击的这段时间内，敌人一共持续了多久的中毒状态。

例如，输入列表为[1, 4]，输入的 n 值为 2，表示提莫在第 1 秒时攻击了一次，敌人中毒持续 2 秒，之后提莫又在第 4 秒时攻击了一次，此时敌人再中毒两秒，因此最终敌人的中毒持续时间是 4 秒，返回结果 4 即可。注意，中毒状态可能会叠加，例如输入列表为[1, 2]，输入的 n 值为 2，则敌人的中毒持续时间为 3 秒。

本题比较简单，我们只需要使用一个变量记录当前敌人中毒的剩余持续时间即可，在下一次攻击时，判断攻击的时间和敌人中毒的剩余持续时间是否有重合，如果没有重合时间，则上次攻击剩余的中毒时间都会完整地计算进总中毒持续时间，如果有重合时间，我们不做处理，则其会被重复计算，因此我们需要将重合时间从总的中毒持续时间中减去。

示例代码如下：

```python
def findPoisonedDuration(timeSeries, duration):
    # 当前敌人中毒的剩余持续时间
    leftTime = 0
    # 敌人积累的总中毒时间
    result = 0
    # 记录当前攻击的时刻
    currentTime = 0
    for i in timeSeries:
        # 到下一次攻击之间的时间间隔是否大于剩余中毒持续时间
        if i - currentTime > leftTime:
            currentTime = i
            result += leftTime
        else:
            result += i - currentTime
            currentTime = i
        # 更新剩余中毒持续时间
        leftTime = duration
    result += leftTime
    return result
```

12.13 水壶问题

水壶问题是一个古老而有趣的问题，假设有两个水壶，其分别可以盛放水的体积为 x 升和 y 升，如果有无限多的水，那么有办法使用仅有的两个水壶而获得 z 升的水吗？可以通过如下操作来测量水量：

（1）装满任意一个水壶。

（2）清空任意一个水壶。

（3）从一个水壶向另一个水壶倒水，直到清空当前水壶或倒满另一个水壶。

例如，如果输入的 x 为 5、y 为 3、z 为 4，则可以通过如下操作来最终获取 4 升水：

（1）先把 3 升的水壶装满。

（2）将 3 升水倒入 5 升的水壶中。

（3）使用 5 升的水壶向 3 升的水壶倒水，直到 3 升的水壶倒满，这时 5 升的水壶还剩下 2 升水。

（4）将 3 升的水壶清空。

（5）将 5 升水壶中剩下的两升水倒入 3 升的水壶，此时 3 升的水壶还空余一升的容量。

（6）将 5 升的水壶倒满水。

（7）用 5 升的水壶向 3 升的水壶倒水，当 3 升的水壶倒满后，5 升的水壶中刚好还剩下 4 升水。

尝试编程解决这个水壶问题，通过输入 x、y 和 z 三个整数，返回最终是否可以得到指定量的水。

首先，最终如果能够获取到 z 升的水，水壶盛水的状态只能有 3 种，即：

（1）x 容量的水壶中剩余了 z 升的水。

（2）y 容量的水壶中剩余了 z 升的水。

（3）x 容量的水壶和 y 容量的水壶中的水合起来刚好是 z 升的水。

因此，只要确定了两个水壶中剩余水量的状态，即可确定能否获取到指定量的水。而水壶中剩余水的状态可以通过题目中所描述的三种操作来改变，我们将其抽象一下，实际上可以归纳出如下几种状态改变方式：

（1）将第 1 个水壶盛满水。

（2）将第 2 个水壶盛满水。

（3）将第 1 个水壶倒空。

（4）将第 2 个水壶倒空。

（5）将第1个水壶的水倒入第2个水壶，直到第2个水壶倒满或第1个水壶倒空。

（6）将第2个水壶的水倒入第1个水壶，直到第1个水壶倒满或第2个水壶倒空。

对于本题，我们可以采用深度优先遍历的方式来遍历出所有可能存在的状态进行验证。注意，遍历的过程是递归的，对于已经遍历过的状态，后面如果再出现，我们应该直接结束递归，避免无限循环的产生。在实际编程中，可以采用一个集合来存储所有出现过的状态。

示例代码如下：

```python
def canMeasureWater(x, y, z):
    # 用来存储遍历过的状态
    tmp = set()
    # 核心的深度优先遍历函数，leftX 和 leftY 分别为当前两个水壶中的剩余水量
    def measure(leftX, leftY):
        # 判断是否可以满足题目要求
        if leftX == z or leftY == z or leftX + leftY == z:
            return True
        # 判断当前状态是否已经被遍历过
        if (leftX, leftY) in tmp:
            return False
        # 将当前状态添加到集合中
        tmp.add((leftX, leftY))
        # 将第1个水壶倒满
        if measure(x, leftY):
            return True
        # 将第2个水壶倒满
        if measure(leftX, y):
            return True
        # 将第1个水壶倒空
        if measure(0, leftY):
            return True
        # 将第2个水壶倒空
        if measure(leftX, 0):
            return True
        # 从第1个水壶向第2个水壶倒水
        if measure(leftX - min(leftX, y-leftY), leftY + min(leftX, y-leftY)):
            return True
        # 从第2个水壶向第1个水壶倒水
        if measure(leftX + min(leftY, x - leftX), leftY - min(leftY, x - leftX)):
            return True
        return False
    return measure(0, 0)
```

思考一下，如果不使用递归，能否实现上面的逻辑？

其实非常简单，在编程中，使用栈来代替递归逻辑是常用的代码优化思路，即我们可以使用栈来存储尚未进行过验证的状态，在遍历过程中产生的新状态都进行入栈即可。

示例代码如下：

```python
def canMeasureWater(x, y, z):
    # 记录遍历过的状态
    tmp = set()
    # 存储需要进行验证的状态
    stack = [(0, 0)]
    while len(stack) > 0:
        item = stack.pop()
        leftX = item[0]
        leftY = item[1]
        # 验证逻辑
        if leftX == z or leftY == z or leftX + leftY == z:
            return True
        # 去重逻辑
        if (leftX, leftY) in tmp:
            continue
        tmp.add((leftX, leftY))
        #新衍生出的状态进行入栈，通过循环进行验证
        stack.append((x, leftY))
        stack.append((leftX, y))
        stack.append((0, leftY))
        stack.append((leftX, 0))
        stack.append((leftX - min(leftX, y-leftY),
                    leftY + min(leftX, y-leftY)))
        stack.append((leftX + min(leftY, x - leftX),
                    leftY - min(leftY, x - leftX)))
    return False
```

12.14　叠罗汉

叠罗汉是马戏团中常见的节目。叠罗汉节目在表演时，一个人要站在另一个人的肩膀上，在上面的人需要比在下面的人更轻，也更矮。现在，已知马戏团中每个人的身高和体重，编程计算如果表演叠罗汉节目，最多可以叠多少层？

程序会输入两个列表：height 和 weight，可以保证列表中的元素个数是一致的，两个列表中对应下标的元素存储的是对应演员的身高和体重数据。需要返回一个整数，表示这些演员表演叠罗汉时，最多可以叠多少层。

根据题目的描述，在进行叠罗汉时，要严格地保证下面的人的身高和体重值都比上面的人的身高和体重值大。因此，实际上是由两个变量来控制排列的顺序的。对于此类题目，我们首先可以一个变量为标准进行排序，例如先以身高为标准进行排序，之后可以得到一个身高有

序的演员列表，将其体重重新组成列表，此时问题就转换成了计算新的体重列表中最长的有序序列的长度问题，使用动态规划解决即可。

示例代码如下：

```python
def bestSeqAtIndex(height, weight):
    # 首先将演员的身高和体重进行关联
    peoples = []
    for i in range(len(height)):
        peoples.append((height[i], weight[i]))
    # 以身高为标准进行演员的排序
    peoples.sort(key=lambda item: item[0], reverse=True)
    # 构建新的体重列表
    w = []
    for i in peoples:
        w.append(i[1])
    # 进行动态规划，dp列表中第i个元素表示前i个演员可以表演的叠罗汉的最高层数
    dp = [0] * len(w)
    for i in range(len(w)):
        tmp = 1
        for j in range(i):
            # 有i个演员时叠罗汉的最高层数与有i-1个演员时叠罗汉的最高层数相关
            if w[i] < w[j] and peoples[i][0] < peoples[j][0]:
                tmp = max(tmp, dp[j]+1)
        dp[i] = tmp
    return max(dp)
```

需要注意，上面的示例代码使用了两层循环来实现动态规划逻辑，这使得算法的性能并不十分优秀，你有办法进行优化吗？

12.15 活字印刷术

活字印刷术是我国四大发明之一。其核心原理是将完整的刻板中的每个字单独地分割出来，通过字的组合构成各种需要的刻板。现在，输入一个列表，其中存放的是一套活字字模，编程返回其最多可以组成的不同字母序列个数（字母序列非空，其使用的字模个数不受限制，且每个字模只能使用一次）。例如，输入列表["a", "b"]，需要返回4，因为其可以组成的不同字母序列为："a" "b" "ab" 和 "ba" 4种。

对于本题，规定了一个字模只能够使用一次。一个字模一旦被使用，后面可选择使用的字模中就会少一个。因此，本题属于当前的决策会改变后续决策路径的场景，对于此类题目，需要使用回溯递归的思路解决。还有一点需要注意，题目中并没有要求每个字符都必须使用，这里需要进行特殊处理。

示例代码如下：

```python
def numTilePossibilities(l):
    # 将列表转化成字符串
    tiles = "".join(l)
    # 核心的递归函数
    def tileP(l):
        if len(l) == 1:
            return l
        # 存储可组成的所有字符序列
        res = []
        # 进行回溯递归
        for i in range(len(l)):
            c = l[i]
            res.append(c)
            # 需要注意，因为要回溯，不能修改原字符串
            newL = list(l)
            newL.pop(i)
            newS = "".join(newL)
            for s in tileP(newS):
                res.append(c+s)
        return res
    res = []
    res = tileP(tiles)
    # 将去重后的数量返回
    return len(set(res))
```

❀ 本 章 结 语 ❀

如果你坚持学习到此，那么笔者要对你的毅力点一个大大的赞了。回头想想，经过那么多编程关卡的考验，你的编程思路是否比之前提升了不少？尝试将这些收获应用到实际的工作生活中吧。

第13章
巧用编程工具

学而不思则罔，思而不学则殆。

——《论语》

到本章为止，相信你已经过关斩将，突破了重重编程关卡，练就了一身绝世武功。内功在编程中非常重要，但称手的装备也是必不可少的。本章将抛开编程题目本身，更多地给大家介绍强大的编程工具，已经提供了各种各样功能的编程框架。有了编程工具的支持，我们可以更加方便地进行代码的测试和调试。借助 Python 中各种各样的编程框架和模块，我们可以快速地开发出实用的应用程序，例如桌面游戏、网页系统等。

本章是本书的最后一章，但如果你是编程初学者，本章也将是你探索更加丰富多彩的编程世界的起航。本章将介绍 Python 在许多编程方向上的应用，你可以选择自己感兴趣的领域进行更加深入的学习与探索，并且可以将编程技能应用于实际的需求中，开发出更多有趣有用的软件。

13.1 更加强大的编辑器

在本书的第一章中，我们介绍了一个名叫 Sublime Text 的编辑器软件，这个软件的特点是非常小巧，扩展丰富，启动和运行速度都非常快，并且可以通过简单的配置来支持运行 Python 代码，这些特点很适合用来编写和运行代码片段，对于我们解决编程题来说，这个工具非常好用，但是如果开发大型的 Python 项目，这个工具就力不从心了。以大型的网站项目为例，可能需要对非常多的 Python 源文件进行组织，需要安装各种 Python 依赖，以及遇到问题时，需要逐行进行断点调试，这些都需要更加强大的编辑器来支持。本节将给大家介绍的就是这样一款编程编辑器：Visual Studio Code。

Visual Studio Code 简称 VSCode。Microsoft 公司于 2015 年的开发者大会上正式宣布了 VSCode 项目，其是一个开源的、跨平台的源代码编辑器。VSCode 集成了所有现代编辑器所需的优秀特性，例如语法高亮、可定制化的热键绑定、函数方法的快速跳转、括号匹配以及代码片段定义等。同时，VSCode 也提供了非常丰富的插件库供开发者选择安装。通过插件安装，VSCode 可以很方便地扩展 Git 管理、Docker 管理以及对各种编程语言的支持。

VSCode 开放了编辑器完整的源代码，如果你有兴趣，可以从如下网站下载源代码以及相关文档：https://github.com/microsoft/vscode。

可以在 VSCode 的官方网站获取新版的 VSCode 编辑器，并且可以获取到非常多的使用指南。官网地址为 https://code.visualstudio.com/。

 ### 13.1.1 下载与配置 VSCode

打开 VSCode 的官方网站，在网站的最下方可以看到 VSCode 的下载按钮，如图 13-1 所示。

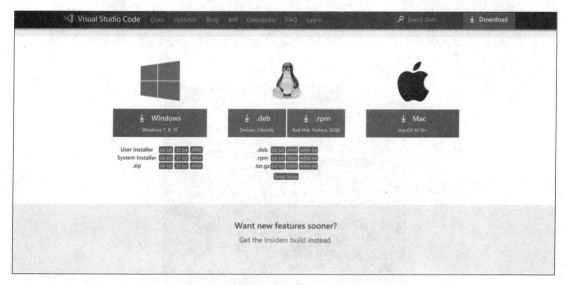

图 13-1 下载 VSCode

如图13-1所示，官网提供了多个平台的VSCode下载地址，包括Windows、Linux和MacOS。以MacOS为例，VSCode的下载安装非常简单，和安装其他MacOS上的软件一样，下载完成后双击将其打开，将可执行的应用程序拖入应用程序文件夹中即可。

打开 VSCode 后，首先会进入 VSCode 的欢迎页面，编辑器的界面布局如图 13-2 所示。

页面的最左侧一栏是工具区，其中有 VSCode 默认提供的一些必备工具，比如文件管理器、检索器、Git 版本管理器以及 Debug 调试器等。如图 13-2 所示，工具栏中还会显示用户安装的插件工具。

首先，我们可以为 VSCode 安装 Python 扩展，在插件管理器中搜索 Python，其会搜索出很多与 Python 相关的 VSCode 插件，选择其中名为 Python 的一款插件安装即可，如图 13-3 所示。

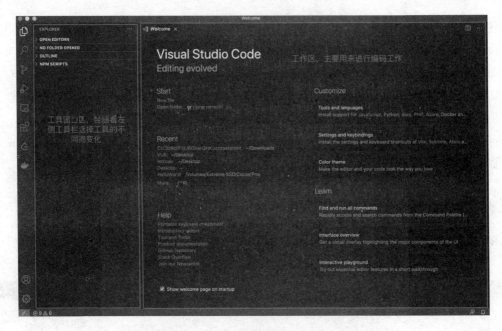

图 13-2　VSCode 编辑器主页面示意图

图 13-3　搜索和安装 Python 插件

安装完成后，我们的 VSCode 编辑器就可以支持 Python 项目的编译运行、调试、代码高亮提示与快速跳转等功能。

 13.1.2　进行 Python 代码的调试

在前面的章节中，我们编写过很多 Python 代码，大多是独立的 Python 函数或代码片段。在实际应用中，更多时候我们的编程工程会非常复杂，当出现问题的时候，往往不是仅仅通过阅读代码就可以解决的，通常需要逐行运行代码，实时地观察当前程序中的变量数据是否正常来查询问题，这就需要用到 VSCode 的代码调试功能。

首先，我们可以使用 VSCode 打开一个之前编写的 Python 文件或者创建一个新的 Python 文件，在其中编写一段代码，例如：

```python
def lastRemaining(n: int) -> int:
    l = []
    for i in range(n):
        l.append(i+1)
    while len(l) > 1:
        res = []
        for i in range(len(l)):
            if i % 2 != 0:
                res.append(l[i])
        l = res[::-1]
    return l[0]
# 运行函数
lastRemaining(9)
```

上面的代码定义了一个函数，并且直接调用函数进行运行。在 VSCode 中，我们可以在行号的左侧单击来添加断点。在代码调试过程中，断点的作用非常重要，其可以定义程序运行过程中停止在某一行代码，并且可以观察此时的变量数据情况。例如，我们可以对上面的代码添加如图 13-4 所示的断点。

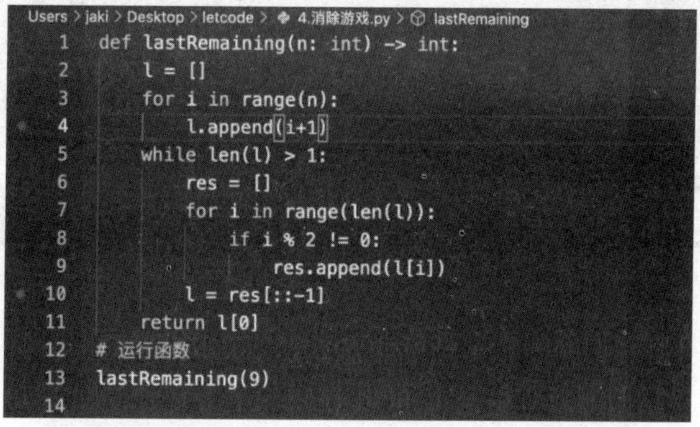

图 13-4　断点示意图

之后，我们可以尝试对程序进行调试，在 VSCode 的菜单栏上找到 Run→Start Debugging 选项（如果选择 Run Without Debugging，则会直接运行，不会被断点影响），如图 13-5 所示。

如图 13-4 所示，我们添加了两个断点，一个断点添加在了第一个 for 循环内部，我们可以通过这个断点来观察每次 for 循环内部代码的执行情况；另一个断点添加在了程序的最后，我们可以观察最终构建出的结果列表是否满足期望。

之后，如果代码运行到了添加了断点的位置，就会被阻塞停止，如图 13-6 所示。选中调试工具后，在工具窗口中会显示当前程序运行过程中的本地变量和全局变量的值。

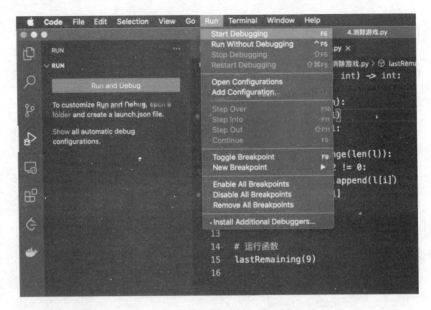

图 13-5 使用 VSCode 进行程序的调试

图 13-6 观察程序运行过程中变量的值

同样，在调试的过程中，我们可以使用调试工具栏下的按钮来控制程序的继续运行方式，如图 13-7 所示。

图 13-7 调试工具栏

在调试工具栏中，第 1 个按钮控制程序继续向后运行，直到遇到下一个断点或程序运行结束；第 2 个按钮控制程序向后执行一行代码，第 3 个和第 4 个按钮分别用来实现跳进和跳出函数；第 5 个按钮的功能是重新以调试的方式运行程序；最后一个按钮用来结束程序的运行。

学会了使用 VSCode 的 Python 代码调试功能，相信你的编程效率与解决问题的能力都将得到提升。

13.2　编写有趣的界面应用

我们前面所编写的 Python 程序几乎都是描述算法的代码片段，虽然逻辑和算法是应用程序的核心，但是仅有这些是远远不够的。在使用计算机时，几乎任何面向用户的应用程序都有精美的界面，用户可以使用键盘和鼠标等输入设备与应用程序进行交互。

桌面应用程序又称为 GUI（Graphical User Interface）程序。桌面应用使普通人使用计算机的难度大大降低，并且为冷冰冰的应用程序赋予了活力。

13.2.1　使用 Python 开发桌面应用

使用 Python 开发桌面应用非常简单，并且是跨平台的。我们只需要编写一套 Python 代码，即可在 Windows、MacOS 甚至 Linux 系统上运行。对于桌面应用的开发，需要借助一些 Python 模块的支持，例如 PyQt、Tkinter、wxPython 等。其中 Tkinter 是 Python 内置的一个 GUI 开发模块，使用其可以方便地进行桌面应用的开发，例如定义一个窗口，向其中添加列表、按钮、标签等视图组件。

首先，使用 VSCode 新建一个 Python 源代码文件，在其中编写如下代码：

```
# 导入 tkinter 模块
import tkinter
# 创建一个 tkinter 应用实例
main = tkinter.Tk()
# 开启主循环
main.mainloop()
```

上面仅仅 3 行代码，我们就创建了一个基本的桌面应用窗口，运行程序，效果如图 13-8 所示。

图 13-8　最简单的应用窗口

下面尝试向窗口中添加一些元素，开发出一个桌面应用版的"HelloWorld"程序。修改代码如下：

```
import tkinter
main = tkinter.Tk()
label = tkinter.Label(main, text="Hello World; 你好，世界", font=("宋体", 26))
label.pack()
main.mainloop()
```

如以上代码所示，使用 Tkinter 中的 Label 组件可以方便地创建文本标签，我们可以为创建的标签设置内容、字体等属性，效果如图 13-9 所示。

图 13-9　在窗口中展示文本标签

与 Label 组件类似，Tkinter 中提供了非常丰富的组件库供开发者选择使用，包括用来进行交互的按钮组件、用来展示多行文本的 Text 组件、渲染图片的 Image 组件、构建列表的 List 组件等。如果 Tkinter 本身提供的组件不能满足需求，我们也可以使用其中提供的 Canvas 组件通过绘图的方式渲染我们需要的自定义组件。

13.2.2　进行用户交互

用户交互是指程序的使用者通过键盘输入或鼠标点击等交互方式对程序进行数据或行为的输入，程序根据用户的输入进行指定的反馈。程序的反馈可能是界面上的，如弹出提示框、更新界面的布局等，也可能是逻辑上的，如执行某段逻辑代码等。

在 Tkinter 中，以简单的交互组件 Button 为例，我们可以编写一个程序，当用户单击按钮后，弹出一个提示框。实现这个功能的代码非常简单，示例如下：

```
# 导入相关模块
import tkinter
import tkinter.messagebox
# 创建实例
top = tkinter.Tk()
# 定义按钮的交互函数
```

```
def helloCallBack():
    # 弹出提示框
    tkinter.messagebox.showinfo("标题", "HelloWorld")
# 定义按钮组件，command 参数设置用户单击时的回调处理函数
B = tkinter.Button(top, text="点我", command=helloCallBack)
B.pack()
top.mainloop()
```

运行程序，可以看到出现的窗口上会展示一个按钮组件，单击后会弹出系统的提示框，
如图 13-10 所示。

图 13-10 简单的用户交互

有关 Tkinter 的更多使用文档，如果你有兴趣，可以从如下网站得到：

https://docs.python.org/3/library/tkinter.html

更多关于使用 Python 开发桌面应用的资料也都可以在互联网上找到，你也可以进行更深
入的学习。

13.3 看得见的游戏

电子游戏作为一种新时代的消遣娱乐项目，受到了广大青年朋友的喜爱。游戏本身也是
一种程序。幸运的是，使用 Python 借助相关强大的游戏框架可以非常快速地开发出游戏软件。

使用 Pygame 游戏开发框架

游戏的界面通常是动态的，因此作为一个强大的游戏开发框架，拥有强大的动画与页面
刷新能力是非常重要的。在 Python 相关的框架中，Pygame 是一款非常强大的游戏开发框架，
由于在安装 Python 时默认并没有安装这个框架，因此在使用前，我们首先需要安装 Pygame
框架。

Pygame 框架的安装非常容易，打开终端，在其中输入如下指令即可：

```
pip install pygame
```

安装完成后，我们就可以像使用其他 Python 框架一样使用它。Pygame 提供了非常丰富的页面组件，原则上我们也可以使用这个框架来开发桌面应用。除此之外，Pygame 中也提供了非常实用的组件移动、形变、转换等方法，非常方便对游戏界面进行动态更新。

Pygame 的官方网址如下，在其中可以获得大量的文档及教程：

https://www.pygame.org/

下面我们通过一个官方提供的简单游戏示例来体验一下使用 Pygame 开发游戏的畅快感觉。

首先，示例代码中需要使用到一张圆球图片素材，新建一个 Python 源文件，找到一张图片素材，将其放入与 Python 源文件相同的目录下。本示例使用的图片素材如图 13-11 所示。

图 13-11　球行素材图片

在本示例中，此图片素材命名为 intro_ball.gif，后面在编写代码时，我们会通过素材的名称来加载图片数据。

在新建的 Python 文件中编写如下代码：

```python
# 引入所需模块
import sys
import pygame
# 对 Pygame 引擎进行初始化
pygame.init()
# 定义游戏窗口的尺寸
size = width, height = 640, 480
# 定义球体运动的速度
speed = [1, 1]
# 创建窗口实例
screen = pygame.display.set_mode(size)
# 定义窗口颜色
black = 0, 0, 0
# 加载球体元素
ball = pygame.image.load("intro_ball.gif")
# 获取球体元素的位置和尺寸
ballrect = ball.get_rect()
# 进行游戏循环
while 1:
    # 如果监听到关闭游戏的时间，则退出程序
    for event in pygame.event.get():
        if event.type == pygame.QUIT:
            sys.exit()
    # 对小球进行移动
    ballrect = ballrect.move(speed)
```

```
# 如果水平方向上，小球超出了窗口边界，则将水平方向的速度逆向
if ballrect.left < 0 or ballrect.right > width:
    speed[0] = -speed[0]
# 如果竖直方向上，小球超出了窗口边界，则将竖直方向的速度逆向
if ballrect.top < 0 or ballrect.bottom > height:
    speed[1] = -speed[1]
# 将窗口渲染成黑色
screen.fill(black)
# 将球渲染到窗口指定的位置
screen.blit(ball, ballrect)
# 进行页面的刷新
pygame.display.flip()
```

运行程序，效果如图 13-12 所示。

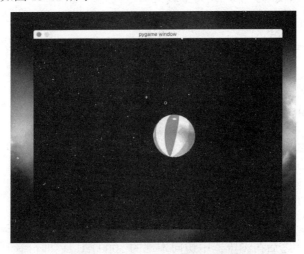

图 13-12　Pygame 示例游戏程序

其实，页面上元素的动画本质是不停地对页面进行刷新，在每次刷新时，通过改变当前页面渲染的状态来实现运动的效果。

13.4　各种有趣而强大的 Python 模块

Python 之所以如此流行，很大一部分原因要归功于其有丰富的第三方模块支持。几乎在计算机的各个应用领域，都可以使用 Python 进行开发，这也是如今 Python 编程语言热度很高的原因之一，入门简单、应用广泛吸引了越来越多的开发者投身 Python 开发的行列。

本节将通过几个常用的 Python 模块来向大家介绍 Python 在各个编程领域的基本应用。如果你对某个领域非常感兴趣，可以继续做更深入的学习与研究。

13.4.1　快速搭建网站

基于 Python 有非常多的 Web 应用开发框架，其中流行的有两种：Django 和 Flask。Django 是一款开源的 Web 应用框架，其采用 MTV（模型、模板、视图）的架构模式，并且提供了一套网站的后台管理系统，使用起来非常方便。因此，相对而言，Django 也是非常重要的一款 Web 开发框架。与 Django 相比，Flask 是一款卫星的 Web 开发框架，比较轻量，更加容易上手。本节将简单介绍 Flask 框架的使用。

首先，使用 pip 进行 Flask 模块的安装，在终端输入如下指令：

```
pip install Flask
```

新建一个 Python 源代码文件，在其中编写如下代码：

```python
# 引入所需模块
from flask import Flask
# 创建应用实例
app = Flask(__name__)
# 使用注解的方式来定义路由
# 这里定义访问首页时，返回静态文本“hello, World!”
@app.route('/')
def hello_world():
    return 'Hello, World!'
# 运行 Web 应用
if __name__ == "__main__":
    app.run()
```

运行上面的代码，之后在浏览器中访问本地的 5000 端口，即可看到网站的运行效果，如图 13-13 所示。

图 13-13　Web 应用示例

在 Flask 中，网站中每个网页都可以映射到一个路由函数中，例如我们可以在上面的示例应用中添加一个用户页面，增加如下代码即可：

```
@app.route('/user')
def user():
    return "User"
```

之后访问 http://127.0.0.1:5000/user 地址即可进入用户页面。上面的代码中，每个页面都只是返回了一个简单的字符串，实际上 Flask 也提供了很强大的模板功能，使用模板可以方便地渲染出漂亮的 HTML 文档。

 13.4.2　智能爬虫

网络爬虫又称网页蜘蛛或网络机器人，其本质是按照一定的规则抓取互联网网页上的各种信息。网络爬虫在搜索、数据分析、数据整理上都有广泛的应用。

Scrapy 是基于 Python 的强大的网络爬虫编写框架，使用它，开发者只需要简单地配置一些规则，即可实现复杂的数据抓取任务。

使用 Scrapy 之前，我们首先需要安装这个模块，由于 Scrapy 模块相对较大，在安装时可能会消耗一些时间，在终端输入如下指令：

```
pip install scrapy
```

安装完成后，使用如下指令即可创建一个 Scrapy 爬虫项目：

```
scrapy startproject [name]
```

上面的指令中，[name]为要创建的项目名称。例如输入如下命令将在当前目录下生成一个名为 articles 的文件夹，其中存放了此爬虫项目的相关文件：

```
scrapy startproject article
```

在生成的项目目录中，spijers 文件夹下需要存放核心的爬虫文件。首先，新建一个命名为 article_list.py 的文件，在其中编写如下代码：

```
# -*- coding: utf-8 -*-
import scrapy
from article.items import ArticleItem
from article.items import ArticleDetailItem
# 定义获取文章列表的爬虫程序
class ArticleListSpider(scrapy.Spider):
    name = 'article_list'
    # 抓取数据的地址
    allowed_domains = ['www.huisao.cc']
    # start_urls = ['http://www.huisao.cc/']
    def start_requests(self):
        urls = []
        # 抓取前 3 页的数据
        for x in xrange(1,3):
            if x > 1 :
```

```
                    url = "http://www.huisao.cc/"+"page/%d/"%x
                else :
                    url = "http://www.huisao.cc/"
                urls.append(scrapy.Request(url))
            return urls
    # 进行解析
    def parse(self, response):
        item = ArticleItem()
        articles = response.xpath("//*[@id='layout']/div[1]/div/ div")
        for x in articles:
            # 获取文章数据的标题、内容和分类
            item["title"] = x.xpath("h2/a/text()")[0].extract()
            item["date"] = x.xpath("div[1]/p/span[1]/text()")[0]. extract()
            item["category"] = x.xpath("div[1]/p/span[2]/a/
text()")[0].extract()
            yield item
    # 定义一个抓取文章详情的爬虫程序
    class ArticleDetail(scrapy.Spider):
        name = 'article_detail'
        allowed_domains = ['www.huisao.cc']
        def start_requests(self):
            urls = []
            for x in xrange(1,3):
                if x > 1 :
                    url = "http://www.huisao.cc/"+"page/%d/"%x
                else :
                    url = "http://www.huisao.cc/"
                urls.append(scrapy.Request(url))
            return urls
        def parse(self, response):
            articles = response.xpath("//*[@id='layout']/div[1]/div/div")
            for x in articles:
                url = x.xpath("h2/a/@href")[0].extract()
                url = "http://www.huisao.cc"+url
                yield scrapy.Request(url,callback=self.parse_detail)
        def parse_detail(self,response):
            item = ArticleDetailItem()
            item["title"] = response.xpath('//*[@id="layout"]/div[1]/
div/div/h1/text()')[0].extract()
            contentStr = ''
            contents = response.xpath('//*[@id="layout"]/div[1]/div/div/
div[2]/p')
            for p in contents:
                strs = p.xpath('text()')
                for line in strs:
                    contentStr = contentStr + line.extract()+'\n'
```

```
    item["content"] = contentStr
    yield item
```

在项目的文件夹中新建一个名为 items.py 的文件，用来存放爬虫抓取数据后的整理规则，在其中编写代码如下：

```
import scrapy
# 定义文章目录需要抓取的字段
class ArticleItem(scrapy.Item):
    # define the fields for your item here like:
    # name = scrapy.Field()
    title = scrapy.Field()
    date = scrapy.Field()
    category = scrapy.Field()
# 定义文章详情需要抓取的字段
class ArticleDetailItem(scrapy.Item):
    title = scrapy.Field()
    content = scrapy.Field()
```

完成了核心逻辑的编写后，我们需要在 sesttings.py 文件中进行一些配置，修改其中的代码如下：

```
BOT_NAME = 'article'
# 配置爬虫列表
SPIDER_MODULES = ['article.spiders']
NEWSPIDER_MODULE = 'article.spiders'
FEED_EXPORT_ENCODING = 'utf-8'
ROBOTSTXT_OBEY = True
ITEM_PIPELINES = {
   'article.pipelines.ArticlePipeline': 300,
}
```

修改 pipelines.py 文件如下：

```
import json
import sys;
reload(sys);
sys.setdefaultencoding("utf8")
# 将数据写成文件
class ArticlePipeline(object):
    def __init__(self):
        self.file = open('article_list.json', 'w')
    def process_item(self, item, spider):
        if spider.name == 'article_list':
            lines = json.dumps(dict(item), ensure_ascii=False) + "\n"
            self.file.write(lines)
            return item
        if spider.name == 'article_detail':
```

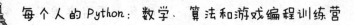

```
art = open('./data_articles/%s.txt'%item["title"],'w')
art.write('%s\n'%item["title"])
art.write(item["content"])
art.close()
```

之后，在终端运行如下指令即可进行爬虫程序的运行，会将抓取的数据按照我们指定的规则生成最终的数据文件：

```
scrapy crawl article
```

有关 Python 爬虫更深入的用法，感兴趣的读者可以自行深入研究。

❀ 本 章 结 语 ❀

如果在阅读本书前，你只是一个编程初学者，那么本书的结束反而应该是你编程生涯的开始。本章简单介绍了 Python 在实际工作中的几个应用场景，其中任意一个应用场景都可以进行更深入的学习，从而开发出高效、美观、实用的应用程序。